동물보건영양학

동물보건 영양학

김옥진 · 이미진 · 오승민 · 이경동 · 이라미 · 조현정 · 최영복 · 최 혁 · 함희진 공저

dm 동문사

머리말

동물보건영양학은 동물의 생명 유지에 필수적인 영양소와 소화생리와 사양관리를 위한 과학적 접근 방법을 연구하는 학문입니다. 따라서 동물보건영양학은 동물보건 분야에서 필수적으로 알아야 할 동물의 영양학적 전문 지식을 체계적으로 학습할 수 있는 과목이라 할 수 있습니다.

동물보건영양학을 체계적으로 학습하기 위한 교과목의 개설은 늘고 있으나 학생들에 효율적 학습을 제공할 수 있는 관련 교재가 많지 않은 실정입니다. 더욱이 기존 동물영양학 학습 교재가 축산 분야 전공을 위한 산업동물 관련 내용을 주로 다루고 있어 동물보건 분야에서 그 비중이 높아지고 있는 반려동물의 영양학에 대한 체계적인 학습서가 부족한 상황입니다. 또한 동물보건사 국가고시의 시험과목으로서의 '동물보건영양학'은 동물병원에 내원하는 주 환자 동물 그룹인 반려동물(Companion Animals)에 대한 영양학을 위주로 구성되어 있습니다. 저자들은 이러한 문제점을 개선하고자 최신 지견을 수집하고 정리하여 동물보건영양학을 학습할 수 있는 필수 교재를 만들고자 하였습니다.

본 교재를 통하여 동물의 성장 및 동물 영양관리에 필요한 영양소의 종류와 화학적 특성 및 대사 작용의 기본 이론을 습득하고 과학적이고 체계적인 동물 사양관리를 위한 기초적인 지식을 함양할 수 있을 것으로 기대됩니다.

본 교재는 동물보건사가 알아야 할 필수 동물영양학 내용으로 구성하였습니다. 따라서 본 교재는 동물보건사 필수 교과목인 동물보건영양학의 핵심 기본서로 효율적인 학습을 도모할 수 있는 기본 지침서라 할 수 있습니다.

본 교재의 출간이 동물보건영양학에 대한 이해와 학습에 크게 기여할 것으로 기대하며 본 교재의 완성을 위하여 인용 및 발췌를 허락하여 주신 여러 선배님들에게 또한 감사드립니다. 본 교재가 동물보건영양학을 학습하고자 하는 예비 동물보건사와 관련 분야 학습자분들에게 효율적인 배움의 지침서로 활용될 수 있으면 하는 바람으로 이 글을 맺을까 합니다.

2024년 6월

저자 일동

차 례

CHAPTER 05

사료의 에너지 및 급여량

CHAPTER 06

사료의 종류와 특징

CHAPTER 07

건강한 개의 성장단계별 영양관리

CHAPTER 08

건강한 고양이의 성장단계별 영양관리

CHAPTER 09
반려동물의 주요 질병과 영양관리

CHAPTER 10
입원 환자의 영양관리

CHAPTER

01

동물보건영양학의 이해

Ⅰ. 동물보건영양학 정의

Ⅱ. 반려동물식품의 역사와 발달

CHAPTER 01

동물보건영양학의 이해

동물보건영양학은 동물보건사가 숙련되고 전문성 있는 동물보건사의 역량을 키우기 위해 가장 필수적인 학문이며 반려동물 산업에서 가장 초석이 되는 학문이라고 할 수 있다.

반려동물 식품이 어떻게 발달해왔는지 그 역사를 보면서 반려동물의 영양이 반려동물의 건강에 얼마나 중요한 영향을 미치는지 이해할 수 있기를 바란다.

I 동물보건영양학의 정의

학습목표

1. 동물보건영양학의 정의를 이해할 수 있다.
2. 동물보건영양학의 목표를 이해할 수 있다.

1. 동물보건영양학의 정의

동물 간호 업무와 동물 진료 보조 업무를 수행하는 동물보건사가 반려동물의 영양문제를 개선하는 데 응용하기 위해 동물이 생명을 유지하는 데 필요한 영양소와 대사과정, 그리고 동물 체내에서 일어나는 다양한 생화학적 변화를 연구하는 학문이다.

2. 동물보건영양학의 목표

동물 진료보조 업무를 수행하면서 보호자에게 반려동물의 영양에 대한 올바른 지식을 전달함으로써 반려동물이 건강한 삶을 유지하는 데 도움을 주는 것을 목표로 한다.

Ⅱ 반려동물 식품의 역사와 발달

학습목표

1. 반려동물 식품의 발달과정을 이해할 수 있다.

1. 상업적 반려동물 식품 개발 전

사람과 같이 먹거나 먹고 남은 음식을 섭취, 또는 반려동물만을 위하여 특별히 가정에서 만든 음식을 섭취했다.

2. 상업적 사료의 시작

최초의 상업적 사료는 1860년, 영국의 사업가인 제임스 스프래트(James Spratt)가 처음으로 만든 개 사료였으며 이것은 밀가루, 야채류, 비트 뿌리, 소의 혈액을 혼합한 비스킷 사료였다.

이후 1922년에 말고기를 주원료로 만든 습식 개 사료인 'Ken-L Ration'가 최초로 출시되었다.

사료가 출시되면서 가정에서 매번 음식을 만들 필요가 없고 한꺼번에 대량 구매하여 보관할 수 있어 편리해졌으며 1900년대 초 미국의 비스킷 회사인 나비스코(Nabisco)에서 최초로 사람의 음식을 판매하는 식료품점에서도 사료를 판매할 수 있도록 유통망을 확장하면서 상업용 사료의 구입이 더 편리해졌다.

그림 1-1 SPRATT'S 사료

https://www.thefarmersdog.com/digest/the-history-of-commercial-pet-food-a-great-american-marketing-story/

3. 팽화(extrusion) 사료의 개발과 산업 발달

Ralston Purina Company에서 시리얼 기계로 기호성이 좋고 보관 기간이 긴 사료를 개발하기 위해 실험을 시작하였으며, 1956년 팽화(extrusion) 사료를 생산하기 시작했다.

팽화 사료는 대량생산이 가능하고 보관 기간이 길며 제조과정에서 전분 등의 영양소 소화율이 좋아지고 기호성이 증가되는 장점이 있어 1960~1970년대에 반려동물 사료 산업을 크게 발달시키는 데 기여하였다. 이후 새로운 향과 다양한 맛의 사료가 개발되었다.

1964년, 미국 펫사료협회(The Pet Food Institute)에서 강아지 사료 먹이기 캠페인 광고를 시작하면서 미국에서 알갱이 사료가 대중화되었다.

1980년, Hill's Pet Nutrition에서 처방사료를 도입하여 1990년대까지 처방사료를 다양화시켰다.

4. 반려동물 식품 발달에 따른 제도적 변화

개와 고양이가 가축의 개념에서 애완동물 그리고 반려동물의 개념으로 발전되면서 동물이 먹는 식품 역시 사료에서 반려동물 식품으로 발전하였다.

초기에는 단순한 에너지 및 영양소 요구량을 기준으로 제조되었으나 요즘은 모든 영양소가 균형을 이루고 있는 완전한 식품의 관점으로 제조되고 있고 개, 고양이 사료의 구분도 없었으나 영양학적인 지식이 쌓이면서 현재는 개와 고양이의 생애주기, 생활 패턴, 품종별, 질병별로 세분화하여 사료를 제조하고 있다.

상업용 반려동물 식품이 시장에서 큰 비중을 차지하면서 발생되는 위험과 부작용을 최소화하기 위해 각 국가별로 정부 차원에서 또는 민간 기구를 중심으로 규제 및 권고사항을 점차 확립하고 있다.

Q & A

동물보건영양학의 정의?

동물보건사가 반려동물의 영양문제를 개선하는 데 응용하기 위해 동물이 생명을 유지하는 데 필요한 영양소와 대사과정, 그리고 동물 체내에서 일어나는 다양한 생화학적 변화를 연구하는 학문이다.

알아두기

상업적 반려동물 사료 산업이 발달하게 된 결정적 사건은?

1956년 팽화(extrusion) 사료가 생산되면서 사료 산업이 급격히 발달하였다.

단원 학습 정리

01. 동물보건영양학은 동물보건사가 숙련되고 전문성 있는 동물보건사의 역량을 키우기 위해 가장 필수적인 학문이며 반려동물 산업에서 가장 초석이 되는 학문이라고 할 수 있다.

02. 동물보건영양학의 목표는 동물 진료보조 업무를 수행하면서 보호자에게 반려동물의 영양에 대한 올바른 지식을 전달함으로써 반려동물이 건강한 삶을 유지하는 데 도움을 주는 것이다.

03. 상업적 반려동물 식품 개발 전에는 사람과 같이 먹거나 먹고 남은 음식 섭취, 또는 반려동물만을 위하여 특별히 가정에서 만든 음식을 섭취했다.

04. 최초의 상업적 반려동물 사료는 1860년 영국의 사업가인 James Spratt가 개발한 비스킷 형태의 개 사료이다.

05. 1956년에 팽화(extrusion) 사료가 개발되기 전에는 캔사료를 주로 먹였으나 팽화 공법이 개발되면서 시장 규모가 급속하게 성장하였고 사료산업에도 많은 발전이 이루어졌다.

06. 상업용 반려동물 식품 시장이 커지면서 위험과 부작용의 가능성도 있어 이를 최소화하기 위해 규제 및 권고사항이 증가하게 되었다.

쉬어가기

Pet Humanization?

개와 고양이가 가축 개념에서 애완동물 그리고 반려동물로 발전되면서, 반려동물 식품 역시 사람의 식품 트렌드와 유사해지고 있다.
1950~1960년대에 생육과 야채를 섭취하는 대신 사용하기 편리하게 포장된 가공식품과 패스트푸드와 같은 초가공식품을 섭취하는 트렌드였지만 현재는 다시 신선한 자연 식품을 섭취하는 것으로 트렌드가 바뀌고 있다.
반려동물 식품 역시 지금까지 주로 팽화 사료를 비롯한 건사료를 주식으로 급여해왔으나 안전문제로 인한 리콜과 건강에 유해하다는 논란이 대두되면서 신선한 휴먼그레이드 푸드를 먹이는 것이 옳다는 의견도 나오고 있다.

출처: https://en.wikipedia.org/wiki/Pet_humanization

CHAPTER 02

동물의 소화기관 및 과정

Ⅰ. 소화기관의 기능

Ⅱ. 개의 소화기관 및 대사 특징

Ⅲ. 고양이의 소화기관 및 대사 특징

CHAPTER 02

동물의 소화기관 및 과정

동물의 **소화기관**(digestive system)은 기본적으로 입(구강), 인두, 식도, 위, 작은창자[소장=(샘창자(십이지장), 빈창자(공장), 돌창자(회장))], 큰창자[대장=(막창자; 맹장), 결장, 직장)]로 구성되며, 부속 장기로 침샘, 간장, 췌장(이자) 등이 있다. 동물은 섭취하는 먹이에 따라 육식동물, 잡식동물, 초식동물로 구분하며, 소화기관의 특성과 기능에 따라 단위동물, 비반추초식동물, 반추동물 등으로 구분한다.

2장에서는 동물의 소화기관의 기능과 개, 고양이의 소화기관과 섭취한 영양소가 체내에서 소화 흡수되는 과정에 대해 학습한다.

I 소화기관의 기능

학습목표

1. 소화기관의 구조를 이해할 수 있다.
2. 동물에 따른 소화기관을 이해할 수 있다.
3. 소화 기능을 이해할 수 있다.
4. 단위동물과 반추동물의 소화기관을 구분할 수 있다.

1. 소화기관의 구조

1) 입(구강, oral cavity)

입은 사료 등의 먹이 섭취에 적합한 구조인데, 입술은 운동이 자유롭고 예민하여 풀을 뜯거나 사료를 먹는 데 적합한 구조로 되어있다. 양과 말의 경우, 윗입술로 목초를 고정시키고 앞니로 절단하여 섭취하며, 곡류는 입술과 혀를 이용하여 섭취하고, 소는 혀로 풀을 감아 섭취한다.

입술 · 혀 · 아래턱은 입안에 음압(陰壓)을 일으켜 물을 섭취하는 데 적합한 구조로 되어 있으며, 위와 아래턱에는 동물의 종류에 따라 특성적으로 발달된 이빨이 있어 사료의 저작이나 반추작용을 할 때 주로 이용한다. 초식동물은 사료를 잘 분쇄하기 위하여 어금니가 잘 발달되어 있고, 육식동물은 송곳니가 잘 발달되어 있다.

2) 식도(Esophagus)

후두로부터 위까지 연결되는 관 모양의 기관으로 섭취한 사료는 식도 윤층근(circular muscle)의 연동운동(peristasis)에 의하여 이동하며, 일부의 조류 중에는 식도에 소낭(crop)이 발달해 있으며, 이곳에서 단단한 사료의 연화가 이루어진다.

3) 위(Stomach)

식도에 연결되어 있는 주머니 모양의 근육성 기관으로, 끝부분은 십이지장에 이어져 있으며, 단위동물의 위는 분문부(cardiac region), 위저부(fundic region), 위체부(gastric body), 유문부(pyloric region) 등으로 구성되며, 분문부는 식도에 연결되어 있고, 유문부는 십이지장과 연결되어 있다.

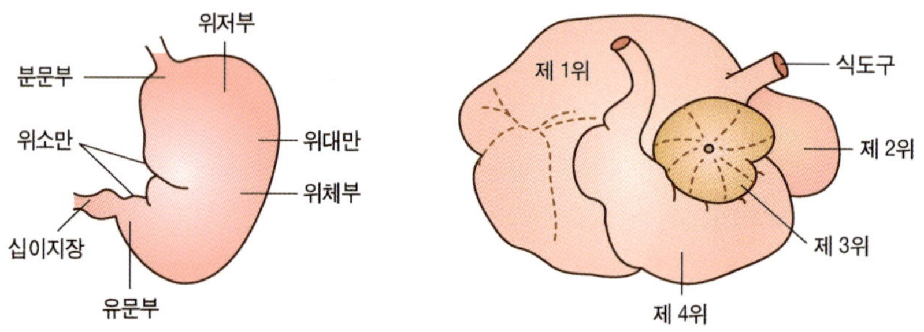

그림 2-1 위의 구조

출처: 정천용, 김유용(2018). 가축영양학. 서울: 한국방송통신대학교출판문화원.

4) 작은창자(소장: Small intestine)

위에 연결되는 작은창자(소장)는 샘창자(십이지장: duodenum)와 빈창자(공장: jejunum), 돌창자(회장: ileum)로 구성되어 있는 소화기관이다.

샘창자(십이지장)의 상부에는 췌장관(pancreatic duct)과 담관(bile duct)이 열려 있어, 췌장액과 담즙이 장내로 분비되는 곳이다. 장점막에는 장선과 십이지선이 있으며, 이곳을 통하여 작은창자액(소장액: intestinal juice)을 분비하고 있다.

5) 큰창자(대장: Large intestine)

큰창자는 막창자(맹장: cecum), 결장(colon), 직장(rectum)으로 구성되어 있다.

초식동물은 맹장과 결장이 발달하여 섬유질 사료의 미생물 소화에 적합한 구조로 되어 있는데, 결장의 역연동 운동과 팽기수축은 내용물의 혼합 및 소화에 도움을 주고, 직장의 집단운동은 배설에 도움을 준다.

2. 동물에 따른 소화기관

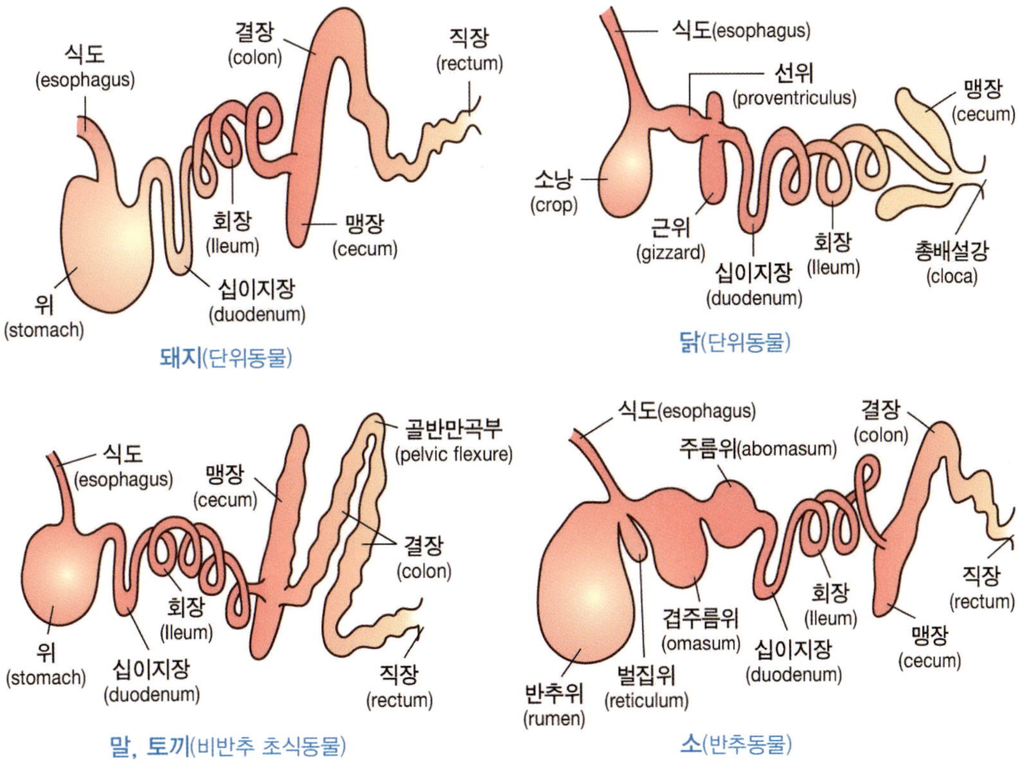

그림 2-2 동물별 소화기관

출처: 김유용(2022). 동물영양학(제3판). 라이프사이언스.

1) 단위동물의 소화기관의 특징

단위동물은 위가 1개로 소화기관의 구조가 간단한 동물이다.

단위동물의 소화작용은 효소에 의한 소화작용이 활발하고, 주로 큰창자(대장)에서 일어나는 미생물의 소화작용은 제한적이고, 단위동물은 섭취하는 사료의 종류에 따라 잡식동물과 육식동물로 나누어질 수 있으며, 큰창자(대장)의 기능에 차이가 있다.

개, 고양이와 같은 육식동물은 소화기관이 비교적 짧고 맹장의 기능이 거의 없으며, 큰창자(대장)에 비교적 소량의 미생물만 서식한다.

반면에 돼지는 단위동물이지만, 잡식동물로서 작은창자(소장)와 큰창자(대장)의 길이가 상대적으로 길고, 맹장과 결장이 팽창된 주머니 형태여서 큰창자(대장)에서의 미생물 발효에 의한 소화작용이 활발한 편이고 이에 의해 일정 수준의 영양소를 공급받는다.

단위동물은 주기적으로 고열량 사료를 섭취하는 경향을 보이며, 소화액도 주기적으로 분비되는 특징과 소화관 내에서 소화물의 통과속도는 반추동물에 비해 빠른 편이다.

2) 비반추 초식동물의 소화기관의 특징

말, 토끼와 같은 비반추 초식동물은 단위동물과 같이 위가 1개로 구성되어 있으나, 섭취하는 사료의 종류가 육식동물과 잡식동물과는 차이가 있다.

비반추 초식동물은 주로 조사료(forages)를 섭취하며, 단위동물과 비슷한 소화기관과 소화작용을 가지고 있지만, 큰창자(대장)에서의 미생물 발효에 의해 필요한 에너지와 영양소를 공급받을 수 있다. 따라서 비반추 초식동물은 큰창자(대장)이 다른 동물에 비해 크고, 발달되어 있으며 반추동물과 비슷하게 조사료를 섭취하지만 반작용을 하지 않는다는 특징이 있다.

3) 반추동물의 소화기관의 특징

소, 염소, 면양과 같은 반추동물은 위가 4부분으로 나뉘어 각각의 기능을 하며, 맹장을 비롯한 큰창자(대장)도 상당히 발달되어 있는 편이다.

반추동물의 위는 전체 소화관의 70~80%를 차지하며, 위 내용물 또한 전체 소화기관 중 가장 큰 비율을 차지하고 있으며, 섭취된 영양소의 소화작용은 주로 반추위 내 미생물에 의해 진행된 후, 소화물이 작은창자(소장)으로 이동하고 있다.

이 중 제1위는 혹위(rumen)로 전체 위 용적 중에 약 70~80%를 차지하며, 반추위벽에는 유두(papillae)가 밀집되어 있고, 제2위는 벌집위(reticulum)로 위벽의 모양이 벌집 모양, 제3위는 겹주름위(omasum)로 위벽이 겹주름으로 이루어져 수분흡수가 일어나며, 제4위는 주름위(abomasum)로 제3위에서 넘어온 건물(dry matter)에 대한 소화가 일어나는 곳이다.

반추동물의 소화기관에서 일어나는 소화작용은 크게 두 가지로, 첫 번째는 반추동물에서 가장 잘 발달 된 소화작용으로, 반추위 등의 전위(前)와 큰창자(대장)에서 일어나는 미생물의 발효 작용이며, 두 번째는 다른 단위동물처럼 작은창자(소장)에서 일어나는 효소에 의한 소화작용으로 구분된다.

반추동물의 소화물 이동속도는 단위동물에 비해 상당히 느리며, 이로 인하여 다량의 소화액이 지속적으로 분비되는 특징을 가지고 있다.

4) 조류의 소화기관의 특징

조류의 소화관은 입, 식도(esophagus), 소낭(crop), 선위(proventriculus), 근위(gizzard), 작은창자(소장: small intestine), 큰창자(대장: large intestine), 총배설강(cloaca)의 구조로 되어 있다.

조류는 분류상 단위동물에 속하지만, 입술과 턱 대신에 부리가 있으며, 이빨이 없고, 혀도 각질화되어 미뢰가 잘 발달되지 않았다. 입에서는 침이 소량 분비되고, 아밀라아제(amylase)도 소량 존재하지만, 사료가 머무는 시간이 매우 짧아 전분(starch)의 소화는 거의 일어나지 않는다. 조류는 포유동물과 다르게 쌍으로 된

맹장을 가지고 있으며, 큰창자(대장)는 비교적 짧고 결장과 직장의 구분이 명확하지 않다.

조류에서는 맹장의 중요성이 낮은 것으로 보이며, 총배설강으로 들어간 뇨가 연동운동에 의해 결장으로 들어간 후 수분의 일부가 맹장을 통해 다시 체내로 흡수되는 기능이 존재한다. 또한 포유동물과 다르게 총배설강에서 뇨와 분변이 함께 배설된다.

3. 소화기능 및 작용

동물이 사료를 섭취하고 배설할 때까지 다양한 소화기능에 의해 영양소의 분해와 흡수작용이 일어난다.

소화기능은 입에서부터 식도, 위, 작은창자(소장), 큰창자(대장)를 거쳐 항문에 이르기까지 점막상피세포로 덮여 있는 하나의 관 모양의 구조로 된 주요 소화기관(gastrointestinal tract)과 소화작용을 도와주는 침샘(salivary gland), 췌장(pancreas), 간(liver), 담낭(gall bladder) 등의 부속기관들이 연결되어 영양소가 분해되고, 흡수되는 일련의 과정을 의미한다.

1) 섭취(ingestion): 입을 통해 음식물이 들어가는 것을 말하며 동물의 사료선별 및 선택도 포함되어 있다.
2) 기계적 소화(mechanical digestion): 섭취부터 소화 과정 중에 일어나는 물리적 과정을 의미하며 삼키기, 물어뜯기, 씹기, 섞기 등이 포함되는데, 이때 혀, 위, 작은창자(소장) 등의 소화기관이 직접 관여하고 있다.
3) 소화(digestion): 섭취된 사료의 영양소들이 작은 유기물 분자로 분해되어 체내에서 흡수될 준비를 하는 일련의 과정, 사료에 포함된 영양소 중 포도당, 아미노산, 지방산 등과 같은 최종 분해물질은 추가적인 소화과정을 거치지 않고 그대로 흡수되지만, 단백질, 지방, 탄수화물 등은 소화과정 중에 소화

효소(digestive enzyme)의 도움을 받아 흡수가 가능한 형태인 분자의 크기가 작은 물질로 분해된다.

4) 분비(secretion): 수분, 산(acid), 효소, 완충물질, 유화제, 담즙 등이 소화과정 중에 나오게 되는 과정이다.

5) 흡수(absorption): 탄수화물, 단백질, 지방 등이 소화과정을 거쳐 포도당, 아미노산, 지방산 등의 최종 분해물질로 분해된 유기물질들과 광물질(미네랄), 비타민, 수분 등이 소화기관 내의 상피세포를 통해 체내로 이동되는 과정이다.

6) 배설(excretion): 체액으로 분비된 부산물(waste product), 비소화물들이 체외로 나가는 것으로, 배변(defecation) 또는 배출(egestion)이라고도 하며, 분(feces)이나 요(urine)의 형태로 몸 밖으로 나오는 것을 말한다.

4. 단위동물의 소화기관

1) 혀(Tongue)

정확하게 움직일 수 있도록 발달된 근육기관으로 사료를 입속으로 가져오는 동시에, 입속에서 섭취된 음식물을 다루는 중요한 기능을 담당하고 있다.

혀의 기능은 음식물의 압축 마찰 및 뒤집기도 하고, 음식물을 씹거나 삼키는 것을 도움을 주기도 하고, 음식물과 접촉하여 감촉의 온도 맛을 느끼기도 하고, 점액 및 효소(lingual lipase)의 분비 등을 하고 있다.

2) 침샘(Salivary gland)

동물의 입 주변에 발달한 기본적인 샘으로, 포유동물에는 이하선(귀밑샘), 설하선(혀밑샘), 악하선(턱밑샘)이 존재하고 있으며, 단위동물은 세 쌍의 침샘이 발달하지만 반추동물은 모두 8개의 침샘(5개는 쌍을 이루고 3개는 1개씩)으로 구성되어 있다.

(1) 침샘의 역할

① 이하선(귀밑샘, parotid gland)

상대적으로 끈끈하며, 타액 아밀라아제(salivary amylase)를 많이 함유한 장액과 비슷한 침이 이하선 도관(parotid duct)을 통하여 분비되며, 사료 속에 있는 가용성 탄수화물을 분해한다.

② 설하선(혀밑샘, sublingual gland)

혀 밑에 여러 개의 분비공이 발달되어 수용성의 점액질 침을 분비하며, 입안에서 완충제나 윤활제(lubricant)로 작용한다.

③ 악하선(턱밑샘, submandibular gland)

뮤신(mucin)이라 불리는 당단백질(glycoprotein)을 분비하며, 혀 밑의 양쪽으로 턱밑샘관(submandibular duct)이 발달, 뮤신은 위산으로부터 위벽을 보호하는 작용한다.

(2) 침의 역할

침(타액)은 수분과 점액단백질(mucoprotein)로 구성되어 있으며, 점성이 높은 액체 형태로 입에서 윤활작용을 통해 사료를 덩어리로 만들어 쉽게 삼킬 수 있도록 한다. 침의 분비는 부교감신경(parasympathetic nerve)의 자극에 의해 시작되며, 반추행동 및 사료를 떠올리는 행위 등은 침의 분비를 촉진하고, 입, 식도, 위, 작은 창자(소장) 내의 소화물의 존재도 침의 분비를 촉진한다.

단위동물에서는 침이 주로 기계적 자극에 의해 3개의 침샘(이하선, 설하선, 악하선)에서 분비되기 때문에 그 분비량이 섭취하는 사료의 양과 질에 많은 영향을 받고 있다.

잡식동물인 돼지나 비반추 초식동물인 말의 침은 중성에 가깝고, 99%의 수분과 약 1%의 무기염류와 점액단백질로 되어 있다.

반추동물인 소나 면양은 침의 pH가 8 이상으로 약한 알칼리성으로 되어 있다.

(3) 침의 특징

① 분비되는 침의 약 70%는 턱밑샘에서 분비되며 25%는 귀밑샘, 나머지 5%는 혀밑샘에서 분비된다.

② 지속적인 침의 분비는 구강 내를 청결하게 하는 데 도움이 된다.

③ 돼지 등의 침 pH 7.0에 가까운 중성으로 입속에서 세균에 의해 생산되는 산(acid)의 축적을 방지한다.

④ 침은 IgA와 라이소자임을 함유하여 구강 내 세균의 증가를 억제한다.

⑤ 침의 분비가 비정상적이면 구강 내 세균의 성장이 급격히 증가하여, 병원균 감염뿐만 아니라 치아와 잇몸을 마모시킨다.

3) 식도(Esophagus)

4개 근층(외부 결합조직, 근층, 점막하층, 점막층)으로 이루어진 중층 상피세포 조직을 가지고 있으며, 분비세포가 없는 유일한 소화기관이며, 사료와 음수의 섭취 통로로 이용되고 있다.

동물의 식도는 횡문근으로 되어 있지만, 말과 고양이 등은 식도의 끝부분이 평활근이며, 조류는 식도 전체가 평활근으로 이루어져 있다.

식도부에는 인두와 식도 사이, 식도와 위 사이에 2개의 괄약근이 존재하며, 식도 내압이 위의 내압보다 약간 높게 유지된다.

저작된 사료를 위(stomach)로 보낼 때에는 반사적으로 괄약근이 열려, 액상은 중량에 의해 위(stomach)로 이동하고, 고형물질은 식도의 연동운동(peristalsis)에 의해 이동, 이와 같은 연동운동에 의해 동물의 머리가 몸보다 낮아도 섭취한 사료가 식도에서 위로 내려갈 수 있다.

식도와 위가 만나는 지점에는 하부 식도 괄약근(lower esophageal sphincter)이 존재하여, 위로 넘어온 사료와 산(acid)이 역으로 이동하는 것을 예방할 수 있다.

전체 식도부의 70%가 평활근으로 구성되어 있는 말은 식도와 위 사이의 괄약근 수축작용이 강력하여 위장이 파열되더라도 구토가 일어나지 않는 특징이 있다.

4) 위(Stomach)

위(胃)는 주머니 모양의 기관으로 다음과 같은 기능을 수행한다.

(1) 섭취된 음식물의 저장

(2) 섭취된 음식물의 물리적 분해

(3) 염산(HCl)과 소화효소의 작용에 의한 음식물의 화학적 소화

(4) 염산, 펩시노겐(pepsinogen) 등과 당단백질인 내인성 인자(intrinsic factor)를 분비하여 내인성 인자가 비타민 B_{12}와 결합하여 흡수를 촉진한다.

위의 내부는 주름(rugae)이 발달해 있으며, 음식물이 가득 차면 사라지고, 비어 있으면 다시 위의 수축을 촉진한다. 위에서는 일반적으로 영양소의 소화만 진행되며, 흡수는 일어나지 않지만, 알코올과 아스피린과 같은 물질은 위에서 흡수될 수 있다. 지방이 많은 음식을 섭취하면 알코올의 흡수 속도를 늦출 수 있다.

위의 구조(그림 2-3)는 분문부(cardia), 위저부(fundus), 위체부(body), 유문부(pylorus)의 4부분으로 나뉘며, 유문부에는 유문 괄약근(pyloric sphincter)이 존재하여 위의 내용물이 십이지장으로 이동하는 것을 제어한다.

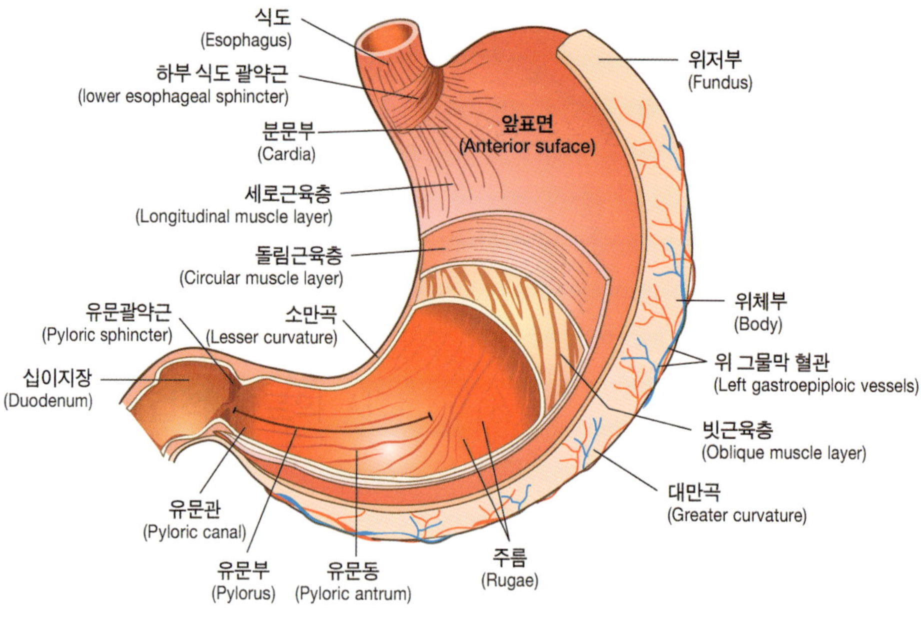

그림 2-3 동물 위의 구조

출처: 김유용(2022). 동물영양학(제3판). 라이프사이언스.

(1) 위선(Gastric gland)

위선은 위저부와 위체부 부분에 발달되어 있으며 크게 벽세포(parietal cell)와 주세포(chief cell)로 나뉜다.

① 벽세포

벽세포에서는 돌창자(회장) 말단에서 비타민 B의 흡수에 필요한 당단백질인 내인성인자(intrinsic factor)와 염산(HCl)이 분비된다.

위산은 염산의 형태로 직접 분비되는 것이 아닌, 수소이온(H^+)과 염소이온(Cl^-)이 합쳐져 염산(HCl)으로 전환된다.

이 과정에서 이산화탄소(CO_2)와 수분(H_2O)이 탄산무수화효소(carbonic anhydrase)의 작용에 의해 탄산(H_2CO_3)으로 합성된 후 해리되어 H^+와 HCO_3^-로 분해된다.

해리된 H^+ 이온은 능동수송에 의해 벽세포로 유입되고, 남아 있는 HCO_3^- 이온은 혈류로 유입된다.

이를 통해 벽세포에서 분비된 Cl^- 이온과 H^+ 이온이 결합하여 위로 분비되어 위를 산성 상태(pH 1.5~2.0)로 유지한다.

위산은 위벽을 보호하기 위해 분비된 점액물질과 함께 위 내에서의 기능을 수행한다. 이는 사료와 함께 유입되는 미생물을 사멸시키고, 사료 내 단백질을 변성시키며, 효소의 활성을 유발하고, 사료 내 식물 세포벽을 분해하거나 동물성 사료의 결합조직을 분해하는 등의 역할을 한다. 또한, 벽세포에서 분비되는 염산은 주세포에서 분비되는 펩시노겐의 활성을 갖도록 한다.

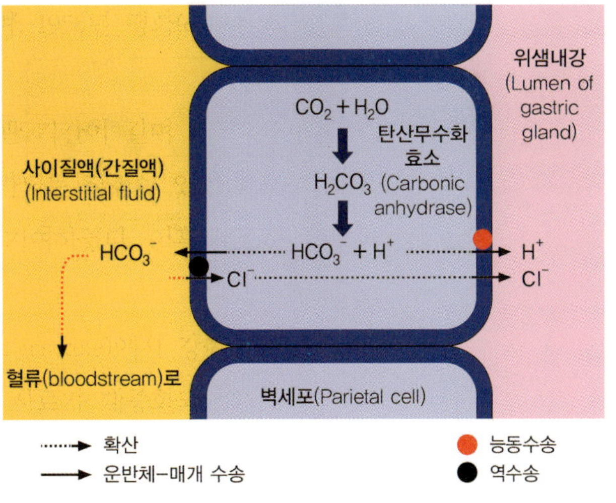

그림 2-4 위 내 염산(HCl)의 생성 및 분비 기전

출처: 김유용(2022). 동물영양학(제3판). 라이프사이언스.

② 주세포(Chief cell)

펩시노겐(pepsinogen)은 비활성 상태이지만, 벽세포에서 분비되는 염산(HCl)의 도움을 받아 활성을 갖는 펩신(pepsin)으로 변환된다. 펩시노겐은 위에서 가수분해에 의해 활성화되는데, 이 과정에서 염산이 펩시노겐을 처음으로 활성화시키고 이후 펩신도 펩시노겐을 활성화시킨다. H^+ 이온은 펩신이 활성을 유지할 수 있도록 위 내의 pH를 산성으로 유지하는 역할을 한다. 펩신의 최적 pH는 약 3.5이며, H^+ 이온은 단백질을 변성시켜 펩신 소화효소가 효율적으로 작용할 수 있도록 도와준다.

신생 동물은 레닌(rennin)이나 키모신(chymosin)과 같은 단백질 응고효소를 분비하며, 위장 리파아제(gastric lipase)도 분비하여 우유 속의 단백질 및 지방을 효율적으로 소화를 시작한다. 레닌과 키모신의 분비는 우유 속의 수용성 단백질(카세인, casein)을 응고시켜 위장 내 체류시간을 증가시키고 단백질 구조를 응고시켜 우유 속 단백질의 효율적 소화를 도와준다.

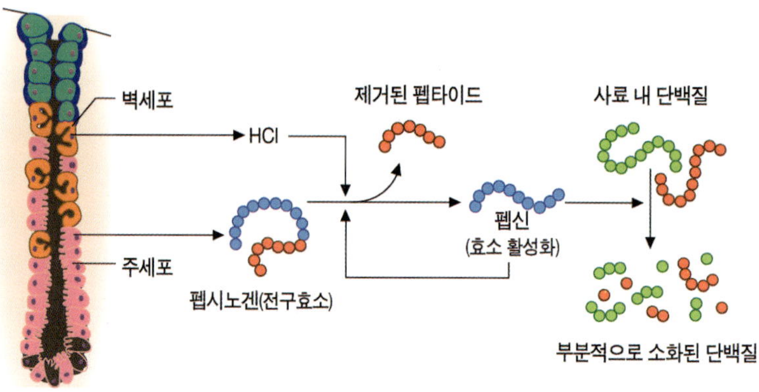

그림 2-5 위에서 펩시논겐의 활성화 과정

출처: 김유용(2022). 동물영양학(제3판). 라이프사이언스.

③ 점액세포

점액세포는 강산성 환경에 노출되어 있는 위의 세포를 보호하기 위해 중탄산염(bicarbonate)이 다량 포함된 점액을 분비한다. 이 점액은 위벽에 막을 생성하여 위를 보호하고, 위액이 세포 사이로 침투하지 못하도록 방지한다. 또한, 중탄산염을 이용하여 위벽 세포를 위액의 강한 산성으로부터 보호하고, 비활성화된 소화효소인 펩시노겐과 같은 소화효소의 활성화를 방지하여 위 세포를 보호한다. 췌장과 작은창자(소장)에서 분비되는 소화효소들도 전구효소 형태로 분비된 후 작은창자(소장) 내에서 활성화된다.

④ 유문샘(Pyloric gland)

유문샘은 주로 점액을 분비하는데, G-세포(gastrin-secreting cell)는 가스트린을 분비하고 D-세포는 소마토스타틴을 분비한다. 가스트린은 벽세포와 주세포에서의 분비를 촉진하며, 위 내용물이 섞일 수 있도록 도와준다. 반면에, 소마토스타틴은 가스트린의 분비를 억제하는데, 위 내 pH가 1.5 이하로 저하되면 가스트린의 분비가 억제된다(그림 2-6).

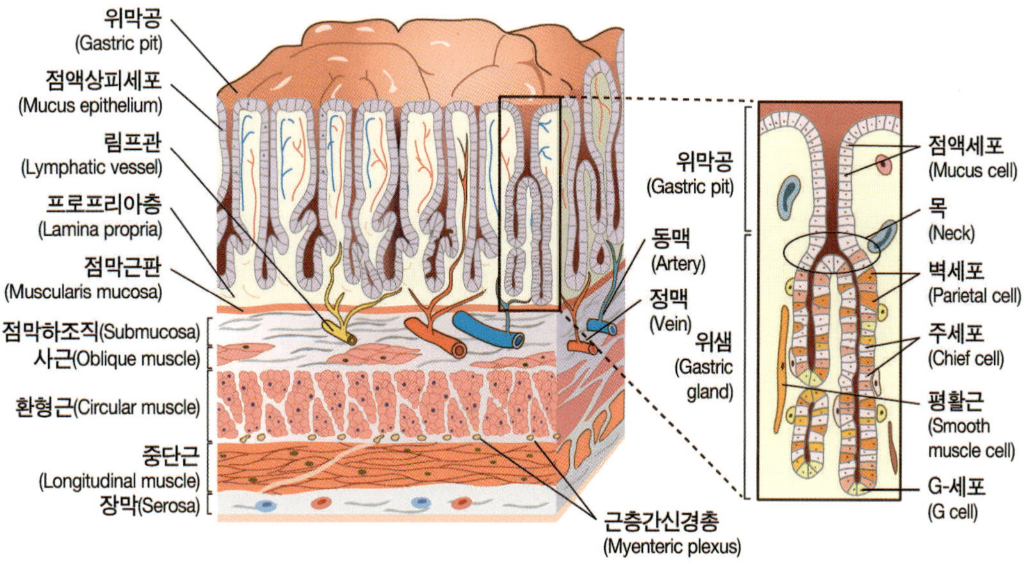

그림 2-6 위벽의 구조

출처: 김유용(2022). 동물영양학(제3판). 라이프사이언스.

(2) 위 운동의 조절

위 점막에 의해 생성되는 산과 효소는 중추신경계의 통제를 받으며, 위벽 내에서의 자체 조절과 소화기관 호르몬에 의한 조절이 가능하며, 위 운동의 조절(regulation of gastric activity)은 뇌상(cephalic phase), 위상(gastric phase), 장상(intestinal phase)으로 나뉜다.

① 뇌상(Cephalic phase)

뇌상 단계는 시각, 후각, 맛, 음식에 대한 생각과 같은 중추신경계(central nervous system; CNS)의 작용에 의해 시작된다. 부교감신경의 신호로 뇌상이 시작되며, 신경자극에 의해 위액의 분비가 촉진된다. 이 과정에서는 미주 절후 신경에서 아세틸콜린이 분비되어 벽세포에서의 염산분비와 G세포에서의 가스트린의 분비가 시작된다.

② 위상(Gastric phase)

위상 단계는 음식물이 위에 도달하면 시작된다. 이 단계를 유발하는 자극으로는 ㉮ 위의 용적 증가, ㉯ 위 내용물의 pH 저하, ㉰ 위 내용물 중에 소화되지 않은 단백질 및 펩티드(peptide)의 존재 등이 있다. 화학수용체의 자극에 의해 위벽 운동이 유도되며, 가스트린과 위산 및 효소의 분비가 촉진된다. 위상은 산과 효소의 작용이 주로 일어나는 단계이며, 위의 운동이 시작되면 소화되지 않은 단백질 양이 감소하여 가스트린과 위산 및 효소의 분비가 점차 감소된다.

③ 장상(Intestinal phase)

위에서 소화물이 작은창자(소장)로 이동할 때에는 여러 가지 효소와 호르몬이 작용하여 소화 및 흡수 과정을 조절한다. 이러한 과정은 소화물의 효율적인 소화 및 영양소의 흡수를 보장하기 위해 중요하다.

위 내용물이 십이지장에 도달하면 팽창 자극에 의해 위의 수축이 감소하고 유문괄약근(pyloric sphincter)의 수축이 촉진된다. 이로 인해 위 내용물이 소장으로 흐르게 되며, 소장에서 소화 및 흡수가 시작된다.

콜레시스토키닌(cholecystokinin; CCK)과 위억제펩티드(gastric inhibitory peptide;

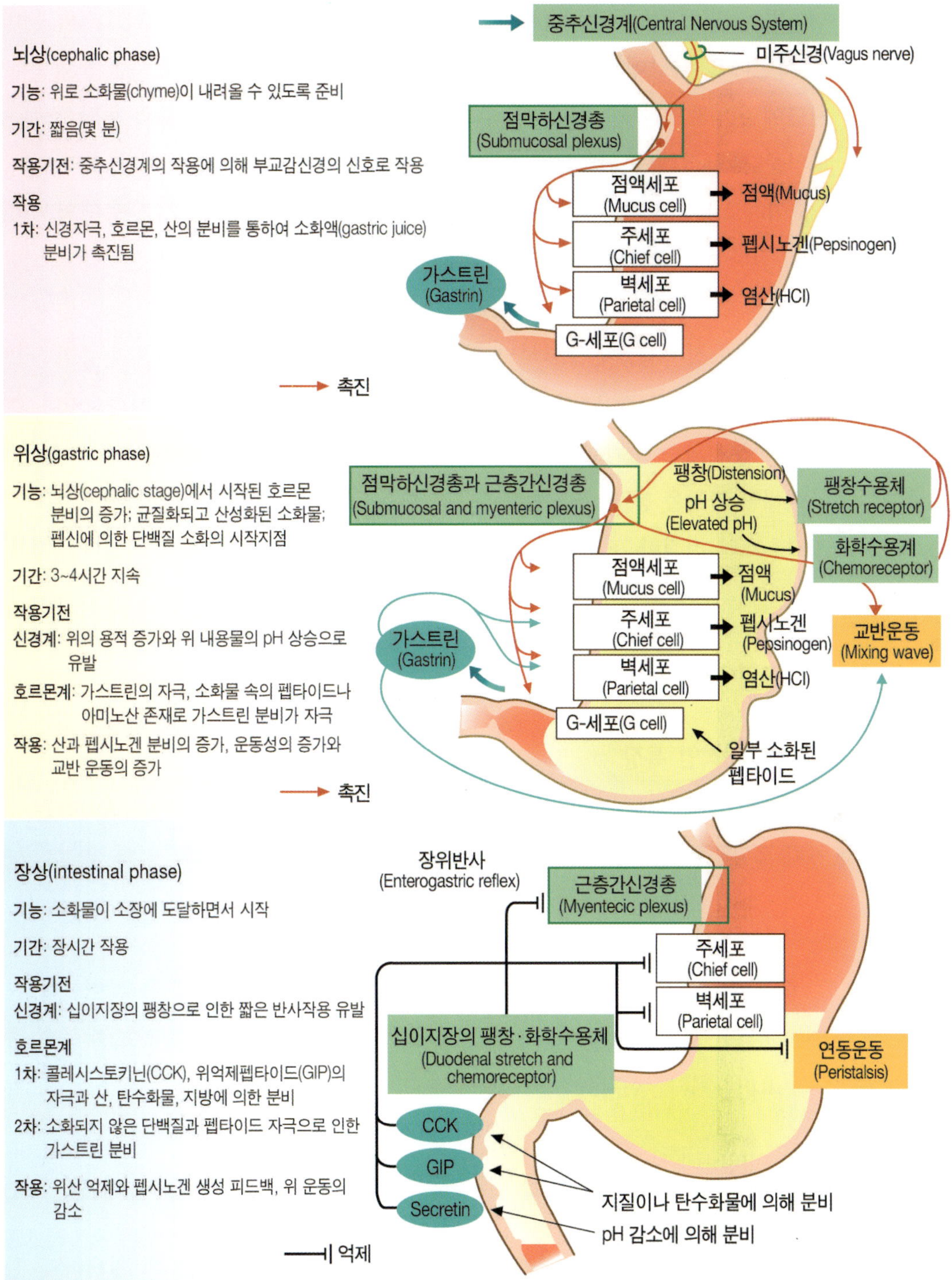

그림 2-7 위의 단계별 작용기전

출처: 김유용(2022). 동물영양학(제3판). 라이프사이언스.

GIP)의 분비가 자극된다. 콜레시스토키닌은 췌장(pancreas)에서 소화효소의 분비를 촉진하고, 담낭에서 담즙의 분비를 촉진하여 지방의 소화 및 흡수를 도와준다. 반면에 위억제펩티드는 위산 및 효소의 분비를 억제하고, 식사 후의 혈당 조절을 도와준다. 세크레틴(secretin)의 분비가 촉진된다. 세크레틴은 십이지장 내의 pH가 4.5 이하로 낮아지면 분비되어 위산의 분비를 억제하고, 췌장에서 완충액의 분비를 촉진하여 소화물의 중화(neutralization)를 돕고, 간에서 담즙의 분비를 촉진한다.

소화물이 십이지장에 도달하면 위액과 혼합된 산성 소화물(chyme)의 중화가 발생한다. 이 과정은 작은창자(소장) 세포들을 보호하고, 펩신을 비활성화시키며, 췌장에서 분비되는 소화효소를 활성화하고 유지하는 데 필수적이다.

이러한 과정을 통해 소화물은 효율적으로 소화되고 영양소가 흡수된다. 위액과 소화효소의 적절한 조절은 소화 및 영양소의 효율적인 이용을 보장한다.

5) 췌장(Pancreas)

(1) 일반적인 특징

췌장은 머리, 몸통, 꼬리로 구성되어 있다. 이는 내분비샘과 외분비샘이라는 두 가지 주요 기능을 수행하는 다음과 같은 구성요소를 포함한다.

① 내분비샘(Endocrine gland)

- 내분비샘은 인슐린(insulin), 글루카곤(glucagon) 등의 호르몬을 분비한다.
- 이러한 호르몬들은 혈액순환을 통해 몸 전체에 작용하여 혈당 조절 등의 중요한 기능을 한다.

② 외분비샘(Exocrine gland)

- 외분비샘은 소화효소를 분비한다.
- 이러한 소화효소는 탄수화물, 단백질, 지방 등을 소화하는 데 필요하다.

췌장의 외분비샘은 췌도세포(췌관세포)와 선세포(포상세포)로 구성된다.

• 췌도세포에서는 주로 완충물질을 분비한다.

• 선세포에서는 소화효소를 분비하여 소화를 도와준다.

췌도관은 췌장에서 소화효소와 완충물질을 분비하는 데 중요한 역할을 한다. 십이지장으로 분비되는 췌도관은 담관과 만나 십이지장으로 운반된다. 이를 십이지장 팽대부라고 한다.

소화물이 십이지장에 도달하면 세크레틴이 분비되어 완충용액의 분비를 촉진한다. 이 완충용액은 소화물의 pH를 중화시켜 소화를 도와준다. 콜레시스토키닌은 또한 췌장에서 분비되는 소화효소의 분비를 촉진하여 소화를 도와준다.

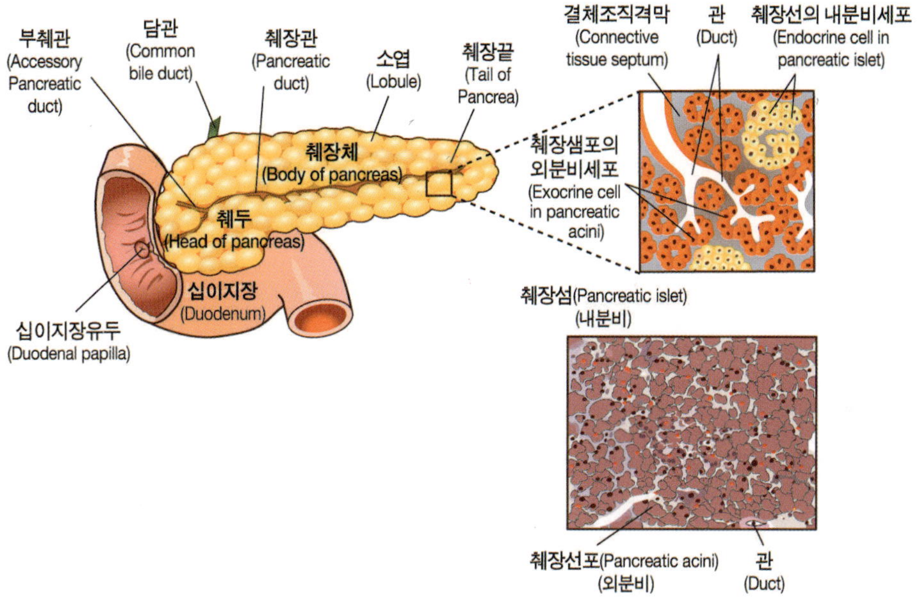

그림 2-8 췌장의 구조

출처: 김유용(2022). 동물영양학(제3판). 라이프사이언스.

(2) 췌장에서 분해되는 소화효소(Pancreatic digestive enzyme)

트립시노겐(trypsinogen), 키모트립시노겐(chymotrypsinogen), 프로카르복시펩티다아제(procarboxypeptidase), 프로엘라스타아제(proelastase), 프로리파아제(prolipase) 등의 활성이 없는 전구효소 형태로 췌장에서 분비된다. 이러한 전구효소는 소화를 시작하기 전에 비활성 상태로 유지된다.

작은창자(소장) 내 미세융모층(brush border)에 존재하는 엔테로키나아제(enterokinase)가 트립시노겐과 키모트립시노겐을 트립신(trypsin)과 키모트립신(chymotrypsin)으로 활성화시킨다. 이러한 활성화는 소화효소로서의 기능을 갖도록 전환됨을 의미한다.

따라서 췌장에 염증이 발생하거나 기능이 저하되면 소화효소의 분비 이상이 발생할 수 있으며, 이는 소화불량 증상을 초래할 수 있다. 이러한 상황은 소화효소가 소화되기 전에 비활성 상태로 유지되는 중요성을 강조한다.

① 췌장 아밀라아제(pancreatic α-amylase)

탄수화물인 전분을 분해하는 소화효소로 다당류의 α-1,4 글리코시드 결합을 가수분해하여 다양한 단당류로 분해한다. 이당류(maltose), 삼당류(maltotriose), 올리고당(oligosaccharide), α-덱스트린(α-dextrin)으로 가수분해하며, 타액 아밀라아제와 비슷한 작용을 하지만, 보다 강력한 활성을 가지고 있다. 따라서 전분의 소화와 탄수화물의 분해에 중요한 역할을 한다.

② 췌장 리파아제(pancreatic lipase)

지방을 분해하여 지방산과 모노글리세리드로 분해하는 효소는 리파아제(lipase)이다. 리파아제는 지방분해효소 중의 하나로, 지방을 공격하여 지방산과 모노글리세리드로 분해한다. 이러한 지방산과 모노글리세리드는 미셀(micelle)을 형성하여 작은창자(소장) 상피세포에 흡수된다. 그 후, 이들은 다시 중성지방으로 합성되고, 카일로미크론(chylomicron)이 형성되어 체내로 흡수된다.

췌장 리파아제의 기능은 포유동물에서 매우 중요하며, 췌장의 기능이 불량할 경우 탄수화물이나 단백질의 소화장애보다는 지방의 소화에 심각한 영향을 줄 수 있다. 따라서 리파아제는 소화 과정에서 핵심적인 역할을 한다.

③ 단백질 분해효소(Proteolytic enzyme)

위의 설명에 따르면, 다음과 같은 주요 소화효소와 그 역할이 있다.

㉮ 트립시노겐(Trypsinogen) 및 키모트립시노겐(Chymotrypsinogen): 단백질 분해효소로서, 트립신과 키모트립신으로 활성화되어 다른 단백질을 소화시킨다.

㉯ 펩티드 내부 가수분해효소(Endopeptidase): 펩신, 트립신, 키모트립신 등은

단백질의 폴리펩티드 사슬 내부의 펩티드 결합을 분해하여 짧은 펩티드를 생성한다.

㉰ 펩티드 말단 가수분해효소(Exopeptidase): 카르복시펩티다아제는 펩티드 말단 가수분해효소로서, 폴리펩티드 사슬의 카로복실기 말단에 작용하여 아미노산을 1개씩 유리시킨다.

㉱ 엘라스타아제(Elastase): 엘라스틴 단백질의 펩티드 결합을 분해하여 엘라스틴을 소화한다.

이러한 소화효소들은 췌장에서 중요한 역할을 하며, 췌장의 기능이 저하되면 소화에 심각한 영향을 줄 수 있다.

소화효소들이 지방, 탄수화물, 단백질 등을 효과적으로 소화하는 과정은 소화 과정 중 매우 중요하다. 특히 췌장에서 분비되는 소화효소들은 소화에 필수적인 역할을 하며, 그 중에서도 트립시노겐과 키모트립시노겐이 활성화된 트립신과 키모트립신은 다른 단백질을 소화하는 주요 효소이다. 또한 펩티드 내부 가수분해효소와 펩티드 말단 가수분해효소는 폴리펩티드 사슬 내부 및 말단의 펩티드 결합을 분해하여 아미노산을 생성하고, 엘라스타아제는 엘라스틴을 소화하여 소화 과정을 도와준다. 이러한 소화효소들은 소화 과정에서 조화롭게 작용하여 영양소의 흡수 및 대사에 필요한 아미노산, 당분, 지방 등을 생성한다.

6) 작은창자(소장: Small Intestine)

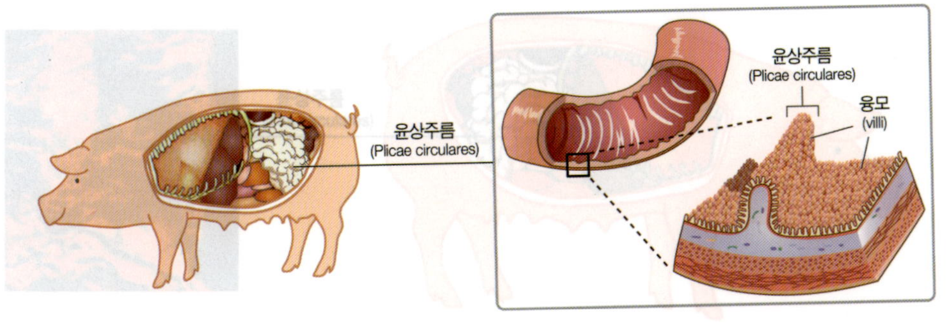

그림 2-9 소화기관의 주름 단면

출처: https://sscaandp.weebly.com/24-6-small-intestine.html

(1) 일반적 특징

모든 동물에서 작은창자(소장)는 소화 및 영양소의 흡수에 중요한 역할을 하는 장기이다. 작은창자는 위의 유문괄약근과 맹장괄약근 사이에 위치하며 근층 및 점막조직으로 이루어진 관상 구조로 되어있으며, 샘창자(십이지장), 빈창자(공장), 돌창자(회장)로 구성되어 있다.

다음은 작은창자의 주요 특징이다.

① 영양소의 소화 및 흡수

- 샘창자(십이지장): 단위동물의 샘창자의 길이는 약 25cm 내외로 산성화된 소화물이 중화되고, 일부 영양소의 소화가 시작된다.
- 빈창자(공장): 단위동물의 빈창자(공장)는 길이가 약 2.5m 내외로 많은 영양소의 소화가 이루어지며, 최종적으로 분해된 영양소를 흡수한다.
- 돌창자(회장): 길이가 약 3.5m 정도이며, 영양소의 흡수가 주로 일어나며, 큰창자(대장)로의 소화물 이동을 조절한다.

② 구조적 특징

- 작은창자의 내부에는 여러 개의 주름(plicae)이 수평으로 존재하며, 약 800개가 지속적으로 유지된다(그림 2-10).
- 주름과 융모(villi)의 발달로 영양소의 흡수 표면적이 증가하고, 작은창자 내부에는 손가락 모양의 융모가 있어 영양소 흡수 효율을 높인다.
- 유미관(lacteal)이 발달하여 모세혈관으로 들어가지 못하는 지용성 물질들이 유입된 후, 간으로 이동한다.

③ 운동 및 통제

- 작은창자의 평활근은 부교감신경과 함께 작용하여 소화물의 이동을 촉진하는 연동운동(peristalsis)과 혼합운동(segmentation)을 조절한다.

작은창자는 영양소의 소화 및 흡수에 중요한 장기로, 구조와 기능이 조화롭게 작용하여 소화물을 효율적으로 처리한다.

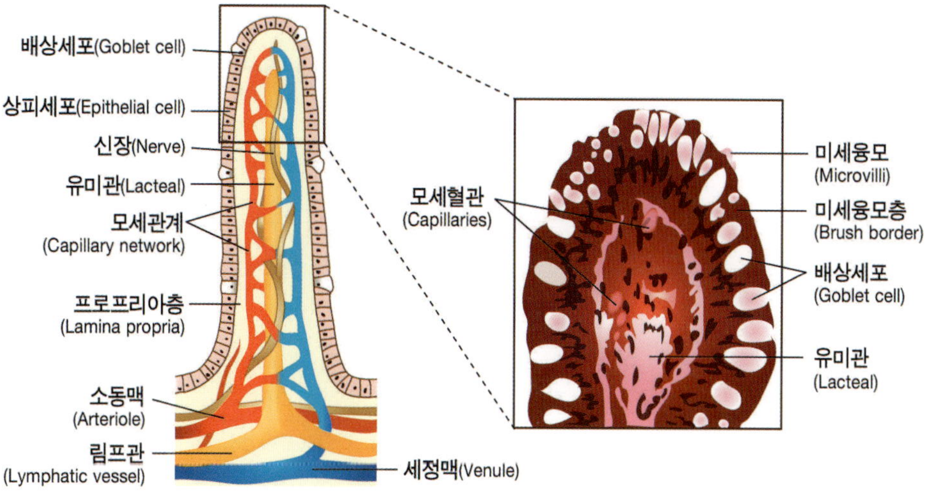

그림 2-10 작은창자(소장) 융모의 모양

출처: 김유용(2022). 동물영양학(제3판). 라이프사이언스.

(2) 작은창자(소장)의 운동

작은창자(소장)에서는 영양소의 소화를 도와주고 흡수 면적을 넓히기 위해 다양한 운동 작용이 진행된다. 이 중 주요한 운동은 혼합운동(segmentation)과 연동운동(peristalsis)이다.

① 혼합운동(segmentation)

혼합운동은 작은창자(소장) 벽이 주기적으로 수축과 이완을 반복하여 소화물과 소화액을 잘 섞는 운동이다. 이러한 운동은 소화물과 소화액을 혼합하여 흡수 면적을 확대하고, 작은창자(소장) 벽의 혈류와 림프액 순환을 촉진하여 영양소의 흡수를 촉진한다. 세 가지 혼합운동 유형인 시계추운동, 비추진성 운동, 융모운동이 있다.

- 작은창자(소장)의 수축파가 교대로 일어나는 시계추운동
- 연동파가 십이지장에서 항문 쪽으로 전파되어 내용물을 혼합하는 비추진성 운동
- 소화가 진행되는 동안 융모의 수축과 이완이 활발하게 진행되어 소화물과 융모의 접촉을 활발하게 하는 융모운동

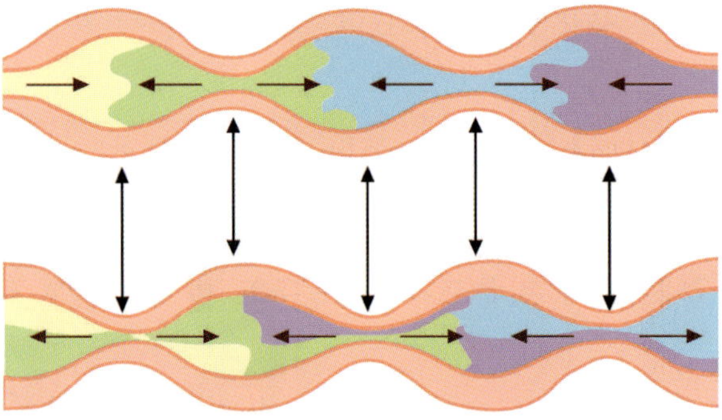

그림 2-11 작은창자(소장)의 혼합운동 과정

출처: 김유용(2022). 동물영양학(제3판). 라이프사이언스.

② 연동운동(peristalsis)

연동운동은 작은창자(소장)의 주요 운동으로, 소화물을 항문으로 밀어내는 파동 운동이다. 작은창자(소장)의 상부는 수축하고 하부는 이완하여 소화물을 전진시킨다. 보통은 구강에서 항문을 향하는 방향으로 이루어지지만, 때로는 반대 방향인 역 연동운동이 발생하여 소화물을 장의 상부로 밀어낼 수도 있다.

역 연동운동은 특히 십이지장과 돌창자(회장)에서 발생하여 맹장에 이르는 부위에서 소화물을 잘 혼합시켜 준다.

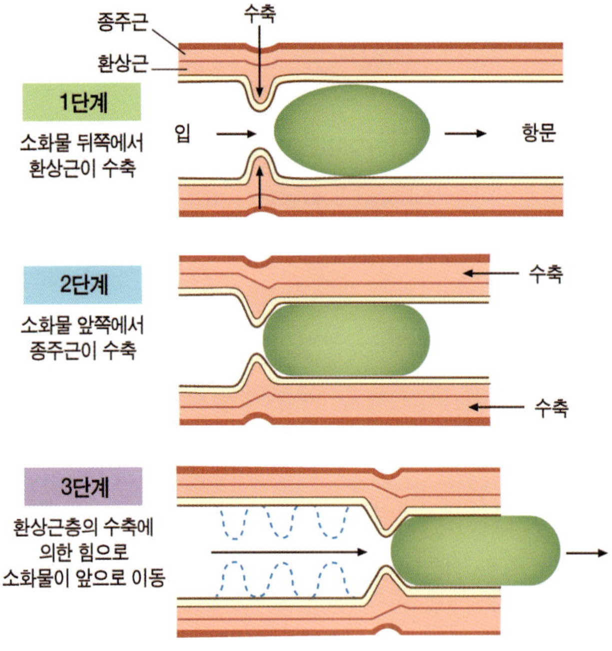

그림 2-12 작은창자(소장)의 연동운동 과정

출처: 김유용(2022). 동물영양학(제3판). 라이프사이언스.

이러한 운동 작용은 소화물과 소화액을 잘 혼합시켜 소화를 촉진하고, 영양소의 흡수를 효율적으로 이루어지게 한다.

(3) 장액선(Intestinal gland)

작은창자(소장)는 소화와 영양소의 흡수를 위해 여러 구조와 기능적인 특성을 갖추고 있다.

① 리버샘(Lieberkühn gland)과 십이지장액(Brunner's gland)

작은창자(소장)에는 장액을 분비하는 리버샘과 브루너샘이 발달해 있다.

리버샘에서 분비되는 알칼리성 십이지장액은 점액과 전해질을 함유하고 있어 소화액과 혼합되어 소화를 돕고, 염산과 같은 강산성을 중화시켜 장벽을 보호한다.

또한 브루너샘은 소화물의 중화를 도와주고 위산의 분비와 위 운동을 억제하며, 상피세포의 분화를 촉진하는 유로가스트론을 분비한다.

② 미세융모(microvilli)와 미세융모층(brush border)

작은창자(소장)의 표면에는 미세융모가 존재하며, 이들은 소화효소와 함께 소화물을 분해하고 흡수를 촉진한다.

미세융모층에는 수크라아제, 말타아제, 락타아제와 같은 소화효소가 분비되어 당류와 탄수화물을 소화하고, 펩티드말단 가수분해효소가 아미노산을 생성하여 흡수를 도와준다. 또한 엔테로키나아제와 같은 효소도 미세융모층에서 분비되어 소화효소를 활성화한다.

③ 당질피질(glycocalyx)

미세융모층 위에는 뮤코다당질을 포함한 당질피질이 존재하며, 이 안에는 소화효소들이 포함되어 있다. 미세융모층 소화효소에 의해 소화가 완료되면 최종 분해 산물이 당질피질을 통해 바로 흡수된다.

작은창자(소장)의 이러한 구조와 효소의 작용은 소화물을 효과적으로 소화하고 영양소를 흡수하여 전체적인 소화 및 영양 공급을 보장한다.

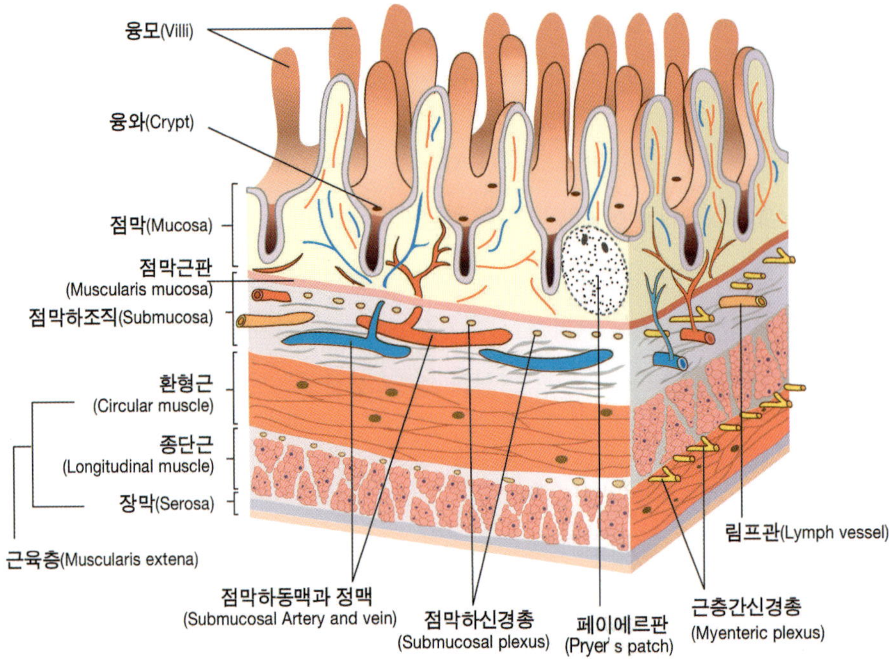

그림 2-13 작은창자벽(소장벽)의 단면

출처: 김유용(2022). 동물영양학(제3판). 라이프사이언스.

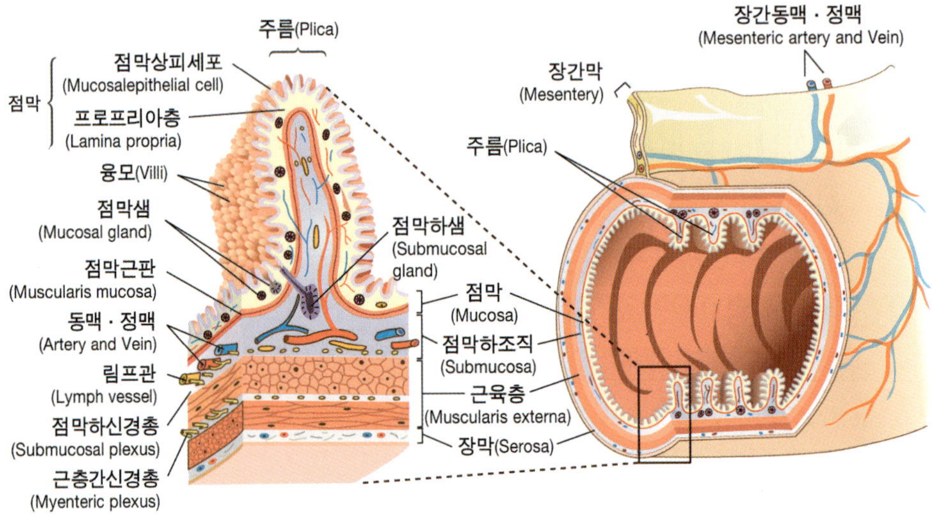

그림 2-14 작은창자(소장) 단면과 융모의 모습

출처: 김유용(2022). 동물영양학(제3판). 라이프사이언스.

(4) 작은창자(소장)에서의 영양소 흡수

작은창자(소장)는 다양한 영양소의 흡수를 담당하는 중요한 역할을 한다. 각각의 영양소에 대한 흡수 기전은 다소 다르지만, 전반적으로 작은창자의 상피세포에서 활발하게 일어나는데 각각의 영양소에 대한 흡수과정을 살펴보면 다음과 같다.

① 탄수화물 흡수

- 전분이나 당류는 소화과정을 거쳐 덱스트린이나 엿당과 같은 단당류로 분해된다.
- 이러한 단당류는 작은창자점막 상피세포의 미세융모에 존재하는 이당류 분해효소에 의해 단당류로 분해되고, 능동수송 또는 촉진 확산을 통해 세포 내로 흡수된다.
- 포도당과 갈락토스는 능동수송을 통해 흡수되고, 과당, 만노스, 아라비노스 등은 촉진 확산으로 흡수된다.

② 단백질 흡수

- 단백질과 펩티드는 카르복시펩티드분해효소, 아미노펩티드분해효소, 디펩티다아제와 같은 효소에 의해 아미노산으로 분해된다.
- 이러한 아미노산은 미세융모의 포도당 흡수기전과 유사한 능동수송을 통해 흡수된다.
- 아미노산은 중성, 염기성, 산성 아미노산 등 다양한 수송체를 이용하여 흡수된다.

③ 지방 흡수

- 지방은 샘창자에서 췌장 리파아제의 작용에 의해 유리지방산과 2-모노글리세리드로 분해된다.
- 이러한 분해산물은 담즙산염과 결합하여 수용성 미셀을 형성하고, 이들은 미셀 성분으로 미세융모를 통해 쉽게 흡수된다.
- 흡수된 지방산과 글리세리드는 다시 중성지방으로 합성되어 카일로미크론을

형성하고, 카일로미크론은 림프로 이동하여 혈액으로 유입된다.

④ 비타민 흡수

- 지용성 비타민은 미셀을 통해 미세융모로 흡수되며, 수용성 비타민은 수동적 또는 능동적으로 흡수된다.
- 특히 비타민 B는 내인성 인자와 결합하여 돌창자에서 흡수된다.

⑤ 미네랄(광물질) 흡수

- 미네랄의 흡수는 종류에 따라 능동수송이나 단순확산에 의해 이루어진다.
- 특히 칼슘과 철은 능동적으로 흡수되며, 나트륨과 염소는 주로 샘창자에서 흡수된다. 마그네슘은 돌창자에서 흡수되는 것으로 알려져 있다.

작은창자(소장)는 이러한 다양한 흡수 과정을 통해 영양소를 체내로 효과적으로 공급한다. 이러한 과정은 영양소의 생리적 요구량을 충족시키고, 건강한 생리적 기능을 유지하는 데 중요한 역할을 한다.

(5) 소화액의 분비조절

소화액의 분비는 자율신경계의 신경 전달물질과 소화관 호르몬에 의해 조절된다. 소화관 호르몬은 위, 췌장, 작은창자 등에서 생성되며 각각의 기관의 기능을 조절한다.

① 위

- 가스트린(gastrin)이 분비되어 위의 산성분비와 운동을 촉진한다.

② 췌장

- 세크레틴(secretin): 소장에서 산성도가 증가하면 분비되어 췌장액의 분비를 촉진한다.
- 판크레오지민(pancreozymin): 지방산과 아미노산이 소장으로 유입되면 분비되어 췌장액의 분비를 촉진한다.
- 콜레시스토키닌(cholecystokinin): 지방이 소장으로 유입되면 분비되어 담낭의

수축과 담즙의 배출을 촉진한다.

- 췌장 폴리펩티드(pancreatic polypeptide): 췌장액의 분비를 억제한다.

③ 작은창자

- 위억제펩티드(gastric inhibitory peptide): 소장의 효소 분비를 억제한다.
- 엔테로크리닌(enterocrinin): 장액의 분비를 촉진한다.

이러한 소화관 호르몬들은 각각의 분비세포에서 생성되어 혈액으로 방출되고, 소화액 분비를 조절한다. 단위동물의 경우, 사료섭취로 인해 위의 저부가 확장되면 미주신경이 자극되어 췌장액 분비가 증가한다. 지방이 소장에 유입되면 콜레시스토키닌이 분비되어 담낭의 수축과 담즙의 배출을 촉진하며, 미주신경은 담낭을 수축하여 담즙의 배출을 촉진한다. 일반적으로 담즙 분비는 사료를 섭취하면 증가하고, 절식하면 감소한다.

7) 간(Liver)

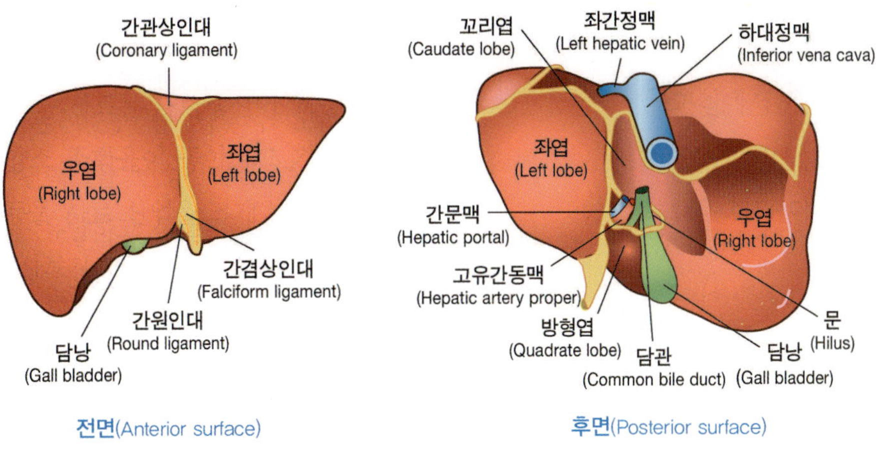

그림 2-15 간의 구조

출처: 김유용(2022). 동물영양학(제3판). 라이프사이언스.

(1) 일반적 특징

간은 인체에서 가장 큰 내장기관 중 하나이며, 다양한 기능을 수행한다.

① 크기와 위치: 간은 체중의 약 2~3%를 차지하며, 겸상인대로 고정되어 있다. 큰 부위는 우엽이고 작은 부위는 좌엽이다. 담낭은 주로 우엽 아래에 위치한다.

② 기능: 간세포(hepatocyte)는 영양소를 소화관으로부터 공급받아 처리하고, 온몸으로 영양소를 운반한다. 또한, 간에는 쿠퍼세포(Kupffer cell)가 존재하여 외부에서 들어오는 이물질, 독성물질 등을 삼켜서 청소하는 역할을 한다. 이러한 기능을 통해 간은 체내 환경을 유지하고 독성 물질을 제거하여 몸의 건강을 유지한다.

(2) 생리적 기능

간은 담즙을 생산하는 기능뿐만 아니라 영양소 대사에 중요한 역할을 하는 곳으로 간은 다양하고 복잡한 형태로 구성되어 있으며, 주요 기능은 다음과 같다.

① 탄수화물 대사

혈당을 조절하는 데 인슐린(insulin)과 글루카곤(glucagon)의 역할이 중요하며, 간은 혈당 조절에 관여하여 과도한 혈당을 저장하거나 분해한다.

② 지방 대사

간은 혈액 속에 순환하는 중성지방(triglyceride; TG), 지방산(fatty acid; FA), 콜레스테롤(cholesterol) 등의 함량을 조절하고, 필요에 따라 지방을 분해하거나 합성한다.

③ 아미노산 대사

간은 혈액 속의 아미노산을 조절하여 단백질, 지방, 포도당 등으로 변환하고, 필요 시 체외로 배출한다.

④ 노폐물 배설

독성 물질을 요소로 변환하여 신장을 통해 체외로 배출하고, 중금속, 약물 등을 체내에 저장하거나 체외로 배출한다.

⑤ 비타민 및 미네랄의 저장

지용성 비타민, 비타민 B_{12}, 담즙, 철분(ferritin) 등을 체내에 저장하고 있다가 필요할 때 사용한다.

⑥ 혈액의 저장

혈액의 약 25%를 저장하는 중요한 기관이며, 손상된 세포, 독성물질을 쿠퍼세포(Kupffer cell)가 식세포 과정을 거치면서 제거하며, 쿠퍼세포 자체가 항원(antigen) 역할을 하면서 면역반응을 유도하기도 한다.

⑦ 혈장 단백질의 합성

혈액의 삼투압과 다양한 생리학적 기능을 위해 단백질을 합성한다.

⑧ 순환되는 호르몬의 파괴

에피네프린(epinephrine), 노르에피네프린(norepinephrine), 인슐린, 갑상샘호르몬, 성호르몬 등이 기능을 마치면 간에서 파괴하기도 한다.

⑨ 담즙의 합성과 분비

담즙을 합성하고 소화를 돕는 역할을 한다.

⑩ 항체(antibody) 및 독소(toxin)의 분해

항체를 분해하고 독성물질을 해독하여 체내를 보호한다.

이러한 기능들을 통해 간은 인체의 대사 활동에 중요한 역할을 한다.

(3) 담즙의 생리적 기능

담즙은 지방을 소화하기 위한 중요한 역할을 한다.

① 담즙의 구성성분: 담즙은 수분, 콜레스테롤, 인지질, 담즙산, 빌리루빈 등으로 구성되어 있다.

② 유화작용(emulsification): 담즙은 지방을 유화시키는 역할을 한다. 이는 지방구를 작게 만들어 지방 소화를 촉진하며, 이를 통해 리파아제가 효과적으로 작용할 수 있도록 한다.

③ 담즙의 작용 메커니즘: 담즙은 수용성과 지용성 부분을 모두 가지고 있어 지용성 부분이 지방구 입자 표면에 흡착되고, 수용성 부분이 노출되어 지방이 소화물과 소화효소와 잘 섞일 수 있도록 도와준다.

④ 장간순환(enterohepatic circulation): 담즙은 장간순환을 통해 재활용된다. 이는 담즙이 사용된 후 약 90% 이상이 돌창자의 말단부에서 재흡수되어 사용됨을 의미한다.

담즙은 지방 소화 및 영양소 흡수에 필수적이며, 그 역할은 소화 과정을 효율적으로 유지하는 데 중요하다.

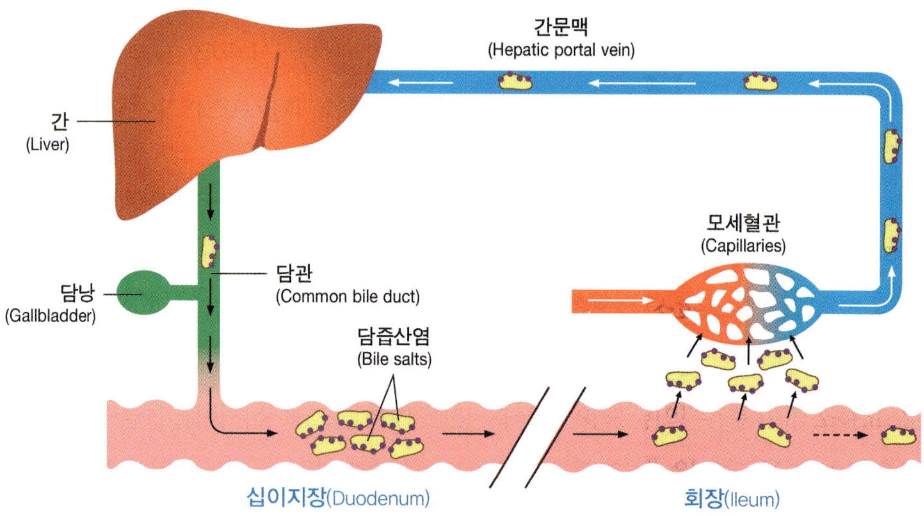

그림 2-16 장간순환

출처: 김유용(2022). 동물영양학(제3판). 라이프사이언스.

(4) 담낭(gall bladder)의 기능

담즙의 저장과 농축 두 가지 주요 기능을 수행한다.

① 담즙의 저장: 간에서 생성된 담즙은 담관을 통해 담낭으로 이동하여 저장된다. 이는 소화 과정에서 담즙이 필요한 때에 사용할 수 있도록 한다.

② 담즙의 농축: 담낭은 저장된 담즙을 농축하는 역할을 한다. 담낭 내부에서 물의 재흡수가 일어나면서 담즙의 농도가 증가한다.

③ 담즙 분비: 담낭이 수축되면서 저장된 담즙은 담관을 통해 소화관으로 분비된다. 이 과정은 콜레시스토키닌이라는 호르몬에 의해 조절된다. 콜레시스토키닌은 소장에서 분비되며, 담낭벽의 괄약근을 느슨하게 만들고 담낭을 수축시켜 담즙의 분비를 유도한다. 이러한 과정은 소화 과정을 원활하게 유지하고 영양소의 흡수를 도와준다.

8) 큰창자(대장: Large intestine)

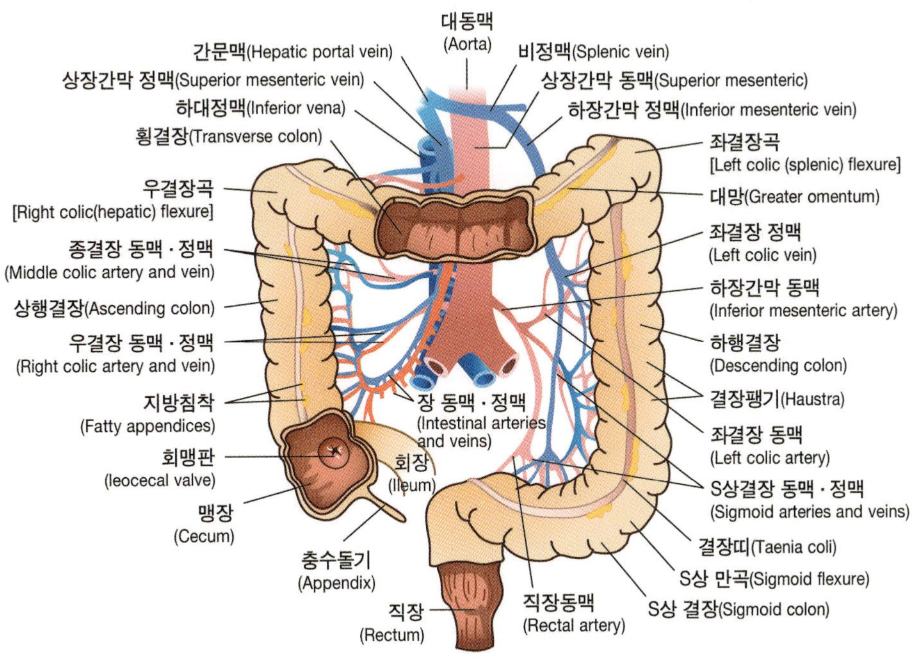

그림 2-17 큰창자(대장)의 구조

출처: 김유용(2022). 동물영양학(제3판). 라이프사이언스.

(1) 일반적인 특징

돌창자(회장)는 소장(작은창자)의 끝에서 항문까지 이어지는 구조로, 포유동물의 소화관에서 중요한 부분이다.

① 수분 흡수: 돌창자는 소화물에 남아 있는 수분을 제거하는 주요 장기이다. 소장에서는 대부분의 영양소가 흡수되며, 남아 있는 물은 돌창자에서 흡수된다. 이 과정은 체내 수분 및 전해질의 균형을 유지하는 데 중요하다.

② 비타민 흡수: 미생물이 돌창자에서 활동하며 여러 종류의 비타민을 합성한다. 돌창자는 이러한 비타민들의 흡수를 촉진하여 체내에 활용될 수 있도록 한다.

③ 분변 저장: 돌창자는 분변을 일시적으로 저장하는 역할을 한다. 소장에서 소화되지 못한 물질들이 돌창자로 이동하고, 거기서 수분이 흡수되면서 분변이 형성된다. 돌창자는 이러한 분변을 저장하여 체내의 적절한 시점에 항문으로 배출될 수 있도록 한다.

이러한 기능들은 소화관의 전체적인 기능을 유지하고 소화물의 처리 및 배설을 조절하여 올바른 소화 및 배설 과정을 유지하는 데 중요한 역할을 한다.

(2) 생리적 기능

큰창자(대장)는 소화 과정의 마지막 단계를 담당하며 다양한 중요한 기능을 수행하며, 이러한 기능은 대장 내의 미생물 활동과 함께 조절되어 있다. 주요 기능과 특징은 다음과 같다.

① 미생물 서식지: 큰창자(대장)는 다양한 종류의 미생물이 서식하는 환경을 제공한다. 이러한 미생물들은 식이섬유 및 다른 미소한 영양소를 분해하여 체내에 필요한 화합물을 생성한다.

② 소화 및 흡수: 대장 내에서 일부 소화가 이루어진다. 작은창자(소장)에서 내려온 소화효소와 함께 소화물이 큰창자로 이동하며 일부 영양소가 여기서 흡수될 수 있다.

③ 섬유소 분해 및 발효: 미생물들은 대장 내의 섬유소를 분해하고 발효시켜서 휘발성 지방산과 다양한 비타민 등을 생성한다. 특히, 결장에서의 미생물 활

동은 이러한 과정을 촉진한다.

④ 수분 및 전해질 흡수: 대장은 수분과 다양한 전해질을 흡수하는 역할을 한다. 이러한 흡수 과정은 체내 수분 및 전해질의 균형을 유지하는 데 중요하다.

⑤ 분변 형성: 대장에서는 미소화된 사료 성분, 소화액, 미생물, 탈락된 상피세포 등이 합쳐져 분변을 형성한다. 이는 항문을 통해 체외로 배출된다.

⑥ 빌리루빈의 대사: 대장 내 미생물에 의해 빌리루빈이 유로빌리노겐과 스테르코빌리노겐으로 변환된다. 이러한 과정은 분변의 색깔을 노랑이나 갈색으로 만드는 데 중요한 역할을 한다.

⑦ 가스 생성: 대장 내의 미생물은 일부 펩티드를 분해하여 암모니아이온, 인돌, 스카톨, 황화수소 등을 생성한다. 이러한 가스는 때로는 불쾌한 냄새를 일으킬 수 있다.

이러한 기능들은 대장이 소화 및 배설 과정에서 중요한 역할을 하는 데에 큰 도움을 준다. 대장은 소화관의 마지막 단계이지만, 체내의 영양소 흡수와 분비물의 처리 등 다양한 기능을 담당하여 전반적인 소화 과정에 필수적이다.

(3) 맹장(Cecum)

충수돌기(vermiform appendix)는 소화기관의 일부로서 큰창자(대장)의 돌창자(회장)과 연결되는 부분에 위치한 기관이다. 이 기관은 일반적으로 특별한 소화 기능을 담당하지 않지만, 몇 가지 중요한 생리학적 기능을 수행한다.

① 미생물 대피소: 충수돌기는 주로 맹장에 서식하는 미생물들의 대피소로 작용한다. 설사나 다른 소화 관련 문제로 인해 소화물이 빠르게 배출될 때, 맹장 내의 미생물들이 충수돌기로 이동하여 생존할 수 있다. 이후 다시 맹장으로 들어가 정상적인 미생물 균형을 유지하는 데 도움을 준다.

② 면역 시스템의 역할: 충수돌기는 면역 시스템에도 관여할 수 있다. 맹장과 마찬가지로 충수돌기도 림프구와 백혈구가 풍부하게 존재하여 면역 반응을 조절하고 감염에 대한 방어 기능을 수행한다.

③ 림프구의 형성 및 저장: 충수돌기는 림프구의 형성과 저장에도 관여할 수 있다. 림프구는 면역 시스템의 중요한 부분이며, 충수돌기를 통해 림프구가

생성되고 저장될 수 있다.

④ 잠재적인 염증 및 감염: 충수돌기는 때로 감염이나 염증의 잠재적인 원인이 될 수 있다. 만약 충수돌기가 염증을 일으키면, 이를 충수염이라고 한다. 충수염은 치료가 필요한 상태로, 심한 경우 수술적 치료가 필요할 수 있다.

충수돌기는 소화기관의 부속기관이지만, 미생물의 대피소 역할과 면역 시스템에 대한 일부 기능을 수행하는 등 중요한 역할을 한다.

(4) 결장(Colon)

결장은 상행결장(ascending colon), 횡행결장(transverse colon), 하행결장(descending colon), 그리고 구불결장(sigmoid colon)으로 구분된다. 각 부위는 소화물을 다양한 방향으로 이동시키고 처리하는 역할을 한다. 구불결장은 다른 부위와 달리 구불구불한 모양을 가지고 있으며, 소화물이 보다 고체한 상태로 변환되어 체외로 배출될 준비가 된 상태로 유지된다.

(5) 직장(Rectum)

항문(anus)은 소화관의 맨 끝 부분으로, 소화물이 몸 밖으로 배출되는 구조이다. 항문의 외부는 피부와 유사한 구조로 되어 있으며, 외부를 보호하기 위해 케라틴층으로 덮여 있다.

항문의 주변에는 항문괄약근(anal sphincter)이 위치해 있다. 이는 수의적으로(voluntary) 조절될 수 있는 근육이며, 배설을 조절하는 역할을 한다. 항문은 소화계와 함께 배설기관의 일부로서, 소화물이 몸에서 제거되는 곳이다. 따라서 항문의 기능과 구조는 몸의 평온한 상태를 유지하기 위해 중요하다.

결론적으로 대장은 소화물을 고체 상태로 변환하고 수분과 전해질을 흡수하는 역할을 수행하며, 팽기와 다양한 부위로 나뉘어 있어 소화물을 효율적으로 처리할 수 있도록 도와준다.

5. 반추동물의 소화기관

1) 입

반추동물의 입(mouth)에서는 사료의 섭취, 저작, 연하, 반추 등의 네 가지 물리적인 과정이 일어난다.

- 사료의 섭취: 사료를 입안으로 가져오는 행동이다. 이 단계에서 사료가 입에 들어가게 된다.
- 저작: 사료를 씹는 행동으로, 이 과정에서 사료가 부드러워지고 소화 효소에 의한 소화 작용이 시작된다. 침의 첨가로 사료의 저작이 완화된다.
- 연하: 삼킴하는 행동으로, 수의적 활동으로 시작하여 사료가 혀에 의해 식도로 넘겨지고, 식도를 따라 위로 내려가게 된다.
- 반추활동: 되새김한 식괴(bolus)를 다시 씹는 행동이다. 이를 통해 사료 내 식물의 세포벽을 잘게 부수어 소화 효율을 높인다. 일반적으로 반추동물이 분비하는 침에는 아밀라아제(amylase)가 없고, 어린 반추동물이 분비하는 침에는 유지방을 분해하는 리파아제(lipase)가 들어있다.

이러한 과정을 통해 반추동물은 사료를 효과적으로 소화하여 영양소를 흡수할 수 있다.

(1) 치아(Teeth)

반추동물의 치아 구조는 주로 초식성 동물에 특화되어 있다. 이들은 주로 식물성 사료를 섭취하며, 이를 효율적으로 처리하기 위해 특정 유형의 치아를 보유하고 있다.

① 앞니(절치): 초식성 동물은 주로 식물의 잎, 줄기 및 가지를 섭취하므로 앞니가 주로 이를 절단하는 데 사용된다. 이들의 위턱에는 앞니가 없는 이유는 일반적으로 사초를 땅에서 뜯어오거나 낮은 위치의 식물을 먹기 때문이다. 아래턱에는 사료를 잘게 썰어서 먹기 위해 앞니가 있다.

② 앞어금니(전구): 앞어금니는 일반적으로 식물의 뿌리 또는 껍질을 제거하는 데 사용된다. 초식성 동물은 종종 뿌리와 같은 부분을 섭취하기 때문에 앞어금니는 이러한 작업에 적합하다.

③ 어금니(후구치): 어금니는 식물성 사료를 잘게 부수는 데 사용된다. 이들은 씨앗, 열매, 잎사귀 등을 먹기 때문에 어금니가 필요하다. 초식성 동물의 어금니는 사료를 잘게 부수고 씹는 데 특히 특화되어 있다.

반추동물의 치아는 주로 식물성 사료를 처리하기 위해 적합하게 발전되었다. 이들의 치아 구조는 식물을 효과적으로 소화할 수 있도록 조정되어 있으며, 그들의 생태적 역할과 식생활에 맞게 적응되어 있다.

(2) 혀(Tongue)

소는 네 종류의 유두를 가지고 있는데 혀끝으로부터 사용유두, 용상유두, 원추유두, 유곽유두가 분포되어 있다. 혀는 길고 튼튼하며, 표면은 까칠까칠하며, 채식 시에는 입술, 혀, 이빨과 잇몸을 사용한다. 반추동물은 사료를 입안으로 넣는 데 혀가 가장 중요한 역할을 하고 있다. 조사료를 입안으로 끌어넣고 아래턱의 앞니와 위턱으로 절단하며, 어금니를 이용하여 저작을 한다.

반추동물 혀의 세 가지 기능은 다음과 같다.

① 혀의 움직임으로 사료를 굴리고 분쇄하는 역할을 한다.

② 혀에는 맛을 느끼는 돌기가 있어서 사료를 선별하여 섭취하도록 하는 신경학적 조절 기능을 한다.

③ 사료를 입으로 섭취하는 초기 단계의 역할을 한다.

(3) 침샘(Salivary gland)

소화를 위해 필수적인 분비기관으로 망상구조로 이루어져 있다. 반추동물은 많은 양의 침을 분비하기 때문에 총 8개의 침샘이 존재하는데, 이하선(parotid gland), 악하선(submandibular gland), 설하선(sublingual gland), 소구치선(molar gland) 및 구강선(buccalgland) 등의 5개의 침샘은 머리 부분의 좌측과 우측, 양쪽에 짝을 이루고 있고, 나머지 3개는 구개선(palatine gland), 후두선(pharyngeal gland), 순선(labial gland)으로 짝을 이루고 있지 않다.

하선, 악하선, 설하선 등의 침샘에서 분비되는 침은 소화 과정에 중요한 역할을 한다. 이 침은 주로 알칼리성을 띠며, 사료를 삼키기 쉽도록 수분을 제공하고 소의 소화를 돕는 역할을 한다. 이러한 침은 사료 섭취 시간과 반추시간에 따라 분비량이 변화하며, 특히 건초와 같이 거친 조사료를 섭취할 때 더 많이 분비된다.

반추동물이 분비하는 침은 pH 8 이상의 알칼리성으로 되어 있으며, 사료를 삼키기 쉽도록 수분을 제공하고 요소(urea)나 미네랄(광물질)의 재활용을 도움을 주며, Na^+, K^+, HPO_4^{2-}, HCO_3^- 등 완충물질(buffering agent)을 공급하여 반추위의 pH를 유지하는 데 도움을 주고, 고창증(bloat)을 예방(거품 예방)하는 효과가 있다.

반추동물의 침 속에는 아밀라아제(amylase)가 없다. 침의 분비량은 사료 섭취시간과 반추시간에 의해 좌우된다.

2) 인두와 식도

인두(pharynx)는 구강과 식도(esophagus) 사이의 근육막으로 된 주머니 형태로 소화기와 호흡기의 교차지점에 위치하고 있으며, 이 구조로 인하여 인두는 사료와 공기의 통과를 조절하는 역할을 한다.

사료를 삼킬 경우, 열려 있던 후두는 피열연골에 의해 반사적으로 닫히며, 후두개는 수동적으로 주름이 지면서 후두의 구멍을 막는다.

식도는 근층관으로 사료와 음수의 통로로 이용되며, 연동운동에 의해 사료를 반추위로 이동시킨다. 어린 반추동물의 경우, 식도구라고 불리는 부위가 어미의 젖을 통해 바로 제2~3위구로 이동하도록 도와준다. 이는 사료 소화에 도움이 되며, 어린 반추동물이 직접 영양소를 소화 및 흡수할 수 있게 한다. 식도구의 형성은 사료 섭취에 의한 반사 작용으로 일어난다.

3) 위(Stomach)

반추동물은 조사료를 대량으로 섭취하여 영양소로 이용하기 때문에 조사료를 충분히 소화시킬 수 있는 특이한 위의 구조를 가지고 있다.

반추동물의 위는 단위동물의 위와는 다르게 총 4개의 위로 분화되어 있는데, 제1위(rumen), 제2위(reticulum), 제3위(omasum) 및 제4위(abomasum)로 구분된다.

반추위는 미생물의 활동에 의하여 섬유소 및 기타 영양소를 잘 이용할 수 있도록 발달되어 있으며, 반추위 내에서는 미생물에 의한 분해 작용이 주로 일어난다.

반추동물의 위는 반추동물의 소화 과정에서 중요한 역할을 하는 부분 중 가장 큰 기관이다. 위의 크기는 소에서는 약 200L, 양에서는 20L 정도로 되어 있다. 반추동물은 사료를 충분히 소화하고, 반추위에 존재하는 미생물의 발효를 효율적으로 유지하기 위해 되새김질을 한다. 이러한 과정을 반추작용이라고 한다.

반추작용은 크게 4단계로 나눌 수 있다. 첫 번째는 반추(regurgitation)로, 반추위에 있는 조사료를 토해내어 입으로 올려 보내는 과정이다. 두 번째는 재저작(remastication)으로, 토해낸 조사료를 더욱 잘게 분쇄한다. 세 번째는 재혼합(reinsalivation)으로, 침과 식괴를 함께 섞어준다. 이 과정은 주로 함께 이루어진다. 마지막으로 네 번째는 재삼킴(redeglutition)으로, 반추작용을 거친 식괴를 다시 반추위로 보내어 미생물에 의해 소화된 식괴가 제3, 4위로 이동한다.

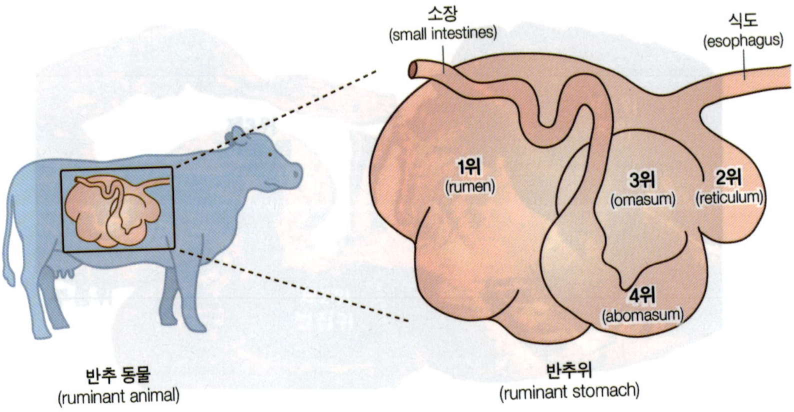

그림 2-18 반추위 구조

출처: https://link.springer.com/chapter/10.1007/978-3-030-97291-2_5

이러한 반추작용은 반추위의 발효과정에서 생성된 휘발성 지방산 등이 반추위의 pH를 낮춰 미생물 발효 작용을 저해하는 것을 보완하며, 재혼합과정에서 섞인 약알칼리성의 침은 식과의 pH를 중성으로 높여 미생물 발효가 더 효율적으로 이루어지도록 한다.

(1) 제1위(rumen, 혹위)

제1위와 제2위 사이에는 추벽(reticulorumen fold)이라고 하는 두꺼운 근육 주름이 존재한다. 이러한 추벽은 일부만이 구분되어 있어 소화물의 이동이 자유롭고 기능도 비슷하여 이들을 전위(forestomach) 또는 반추위라고 한다.

제1위 내에는 혐기성 미생물이 살기에 가장 적합한 환경조건을 가지고 있어 다양하고 많은 종류의 혐기성 미생물이 서식한다. 반추동물은 반추위에서의 소화율이 매우 높아 섬유질의 대부분이 제1위와 제2위 내에서 소화된다. 제1위 내에는 매우 다양한 종류의 미생물들이 살고 있는데, 일반적으로 200여 종의 혐기성 세균(anaerobic bacteria), 300여 종의 원생동물(protozoa), 19종의 곰팡이가 존재한다. 이들은 반추동물의 소화작용을 돕고, 섬유소의 분해, 아미노산의 합성, 비타민 B군과 K의 합성, 미생물체 영양소 공급 등의 기능에 관여한다.

제1위 내 사료의 체류시간은 여러 요인에 따라 다르지만 평균적으로는 4시간 정도이며, 전체 소화기관에 머무르는 시간은 62시간으로 다른 소화기관에 머무르는 시간보다 제1위에 소화물이 머무르는 시간이 약 4배나 길다고 한다. 반추위는 분비샘이 없는 상피세포로 구성되어 있지만, 반추위 내 미생물은 다양한 종류의 효소를 분비하여, 다른 소화기관들보다 효소의 종류와 양이 많은 편이다. 반추위 미생물에 의한 효소 분비와 발효작용은 단위동물에서는 볼 수 없는 반추동물만의 독특한 소화작용을 한다.

제1위의 영양소 분해과정 외에 발효과정을 통해 상당히 많은 양의 가스가 발생하며, 이는 트림을 통해 배출된다. 제1위의 영양소 분해과정 외에 발효과정을 통해 상당히 많은 양의 가스가 발생되며, 발생된 가스는 트림을 통하여 배출되고, 반추동물이 섭취한 가소화 건물의 약 70~85%는 반추위 내 미생물에 의해 소화되며, 이들의 대사작용으로 휘발성 지방산, 탄산가스, 메탄가스, 암모니아, 미생물체 단백질 등이 생성된다.

생성되는 가스는 주로 메탄과 이산화탄소이며, 메탄가스는 전체 가스 생성량의 30~40%, 이산화탄소는 20~65%를 차지하며, 메탄가스의 생성과 배출은 반추동물에 있어서 사료 내 에너지 손실이 일어나는 부분이다.

반추동물은 셀룰로스(cellulose), 헤미셀룰로스(hemicellulose), 펙틴(pectin) 등과 같은 단위동물이 분해할 수 없는 섬유질을 반추위 내 미생물이 분비하는 효소들로 분해한다. 이러한 섬유질은 수용성 당류나 전분과 비교하여 천천히 발효되며, 휘발성 지방산으로 변환된다. 이러한 휘발성 지방산의 생성 비율은 사료의 종류, 가공 방법, 조사료와 농후사료의 비율, 급여 횟수 등에 따라 상당한 영향을 받으나, 일반적으로 초산(acetate)이 60~70%, 프로피온산(propionate)이 15~25%, 낙산(butyrate)이 8~15%로 구성되어 있다. 반추동물의 조사료 비율이 높아지면 초산의 비율이 증가하여 유지율은 높아지며 유량은 낮아지지만, 농후사료의 비율이 높으면 프로피온산이 증가되어 유지율은 낮아지고 유량은 증가하게 된다.

생성된 휘발성 지방산은 단순확산을 통하여 반추위벽으로 흡수되며, 나머지는 제3~4위와 작은창자(소장)를 통하여 흡수된다. 탄수화물 발효 시 생성된 가스는 이산화탄소가 60%, 메탄이 30~40% 정도로 가스 생산은 채식 후 발효가 최대에 이르는 2~4시간 내에 활발하며, 가스 생성량은 소의 경우 시간당 약 40L이다.

사료 중의 단백질은 반추위 내 미생물의 분해 작용에 의해 펩티드를 거쳐 아미노산으로 전변되며, 이들은 다시 암모니아, 휘발성 지방산, 탄산가스로 전환된다.

암모니아는 대사과정을 통해 생성되지만, 과잉 생성된 경우에는 암모니아 중독의 위험이 있다. 그러나 암모니아는 재순환 질소의 형태로 반추위 내 미생물의 질소원으로 사용될 수도 있다. 이렇게 되면 암모니아는 반추위 내에서 단백질 합성에 활용된다. 그러나 혈액 중에 암모니아가 너무 많이 축적되면 암모니아 중독이 발생할 수 있다.

제1위 내에서 암모니아로 분해된 단백질을 이용하여 합성된 미생물체 단백질(microbial protein)과 미생물은 제1위 내에서 분해되지 않은 단백질과는 다르게 소장으로 유입되어 소화효소에 의해 분해되어 아미노산으로 이용된다. 반면에, 반추동물은 반추위의 미생물이 섭취한 단백질의 상당량을 소화하기 때문에, 최근에는 반추위 내에서 미생물의 분해를 거치지 않고 반추위를 통과하여 반추동물이 직접 이용할 수 있는 우회 단백질에 대한 활용이 증가하고 있다.

반추동물 사료 내에는 반추위 분해단백질(rumen degradable protein; RDP)과 반추위 미분해단백질(rumen undegradable protein; RUP)이 함유되어 있다. 반추위 분해단백질은 반추위 내에서 미생물에 의해 분해되어 미생물체 단백질 합성에 이용되는 사료 내 단백질이며, 반추위 미분해단백질은 우회단백질(by-pass protein, escape protein)로 알려져 있다.

사료 내 질소화합물은 반추위에서 아미노산을 거쳐 암모니아로 변환된다. 생성된 암모니아는 제1위벽에서 흡수된 후 간으로 이동되어 배설되거나 순환 질소로 이용된다.

제1위 내 미생물은 지방산과 글리세롤의 에스테르(ester) 결합을 가수분해하여 당과 지방산으로 유리화된다. 그리고 이러한 물질들은 미생물 발효에 의해 휘발성 지방산으로 변환되고, 미리스트산(myristic acid, Clo), 팔미트산(palmitic acid, C60)과 같은 새로운 지방산 및 미생물체 지방을 합성한다. 그리고 반추위를 통과하는 불포화지방은 고도로 포화된 뒤, 소장에서 소화 및 흡수되어 체지방으로 축적된다.

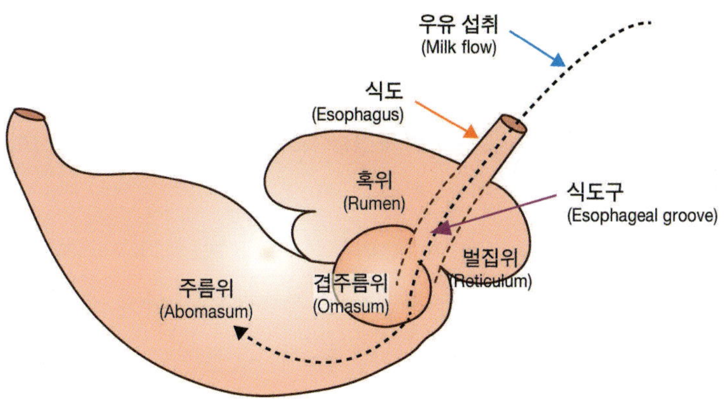

그림 2-19 어린 반추동물 식도구 모식도

출처: 김유용(2022). 동물영양학(제3판). 라이프사이언스.

(2) 제2위(reticulum, 벌집위)

제2위는 제1위와 마찬가지로 분비 기능이 없다. 주된 기능은 제1위에서 넘어온 식물물질 중에 금속 및 이물질을 걸러내는 것이다. 또한, 제3위와 함께 제1위의 내용물을 제4위로 보내는 역할도 한다.

반추동물은 식도구(esophageal groove)라는 특별한 구조를 가지고 있다. 식도구는 제1위 분문부에서 제2~3위구에 이르는 2장의 입술 모양 돌기로 되어 있다. 이 돌기가 수축하면 제2위가 폐쇄되어 식도구가 형성된다. 이러한 식도구의 폐쇄는 포유류 중 어린 동물에게서 주로 나타나며, 젖을 떼거나 액상 사료를 계속 섭취하지 않으면 식도구는 더 이상 기능하지 않게 된다.

제2위 내부에는 4각 또는 6각의 벌집 모양(honey comb)의 후벽이 발달해 있고 그 바닥은 유두로 덮여 있다.

(3) 제3위(omasum, 겹주름위)

제3위는 소화 과정에서 여러 가지 중요한 역할을 수행한다. 먼저, 소화 과정 중에 체내에서 필요한 수분과 전해질을 흡수하여 수분 및 전해질의 균형을 유지한다. 이는 건강한 소화 과정 및 올바른 체내 기능을 유지하는 데 중요하다.

또한, 제3위는 제2위에서 옮겨진 소화물을 제4위로 전달하여 소화 과정을 원활하게 지속시킨다. 이는 소화물이 순차적으로 소화되고 올바르게 처리되도록 돕는 역할을 한다.

물론, 제3위는 물과 함께 휘발성 지방산, 암모니아, 광물질 등의 흡수를 담당하며, 염소이온을 분비한다. 이는 소화과정에서 소화물의 조성을 유지하고 소화과정을 조절하는 데 중요한 역할을 한다.

구조적으로는 제2위와 연결된 제2~3위구를 통해 제2위와 연결되어 있으며, 근엽(muscular leaves)이라는 잎 모양의 근육 주름으로 이루어진 겹주름위를 가지고 있다. 이는 흡수면을 증가시켜 소화물의 처리를 돕는 구조이다.

또한, 그물망의 역할을 통해 큰 입자가 제4위로 넘어가는 것을 방지하고, 제4위로 넘어가기 전에 생성된 휘발성 지방산과 탄산(HCO_3^-)을 흡수한다. 이는 소화 과정에서 pH 조절과 소화효소의 활성을 유지하는 데 도움이 된다.

이렇게 제3위는 소화 과정에서 중요한 역할을 하며, 소화물이 체내에서 올바르게 처리되도록 도와준다.

(4) 제4위(abomasum, 주름위)

단위동물의 위는 제3~4위구를 통해 제3위와 연결되어 있다. 이를 통해 제3위와 유사한 기능을 수행한다.

외관상으로는 제3위와 연결된 분문부, 기저부, 그리고 샘창자(십이지장)와 연결된 유문부로 구분된다.

제4위의 주요 기능은 섭취된 사료를 혼합하고 저장하는 것이다. 또한, 단백질과 지방을 소화하거나 위벽의 세포들에서 물, 알코올 등의 일부 물질을 흡수하기도 한다. 그러나 이러한 기능 중에서도 가장 중요한 것은 사료를 저장한 후 샘창자(십이지장)으로 보내는 것이다.

분문부의 분비샘에서는 위점액(gastric mucus)만 분비되며, 이 점액은 여러 종류의 점액다당류(mucopolysaccharide)와 점액단백질(mucoprotein)을 함유한다. 이 점액은 위장벽의 상피세포를 보호하고 소화효소로부터 보호하는 역할을 한다. 또한, 점액단백질은 돌창자(회장)의 말단에서 비타민 B_{12}의 흡수를 도와준다.

기저부의 분비선은 주세포(chief cell)와 벽세포(parietal cell)로 구성되어 있으며, 주세포에서는 펩시노겐(pepsinogen)이, 벽세포에서는 염산이 분비되고, 유문부선은 주로 점액을 분비하지만 소량의 펩시노겐도 분비한다. 이러한 분비물질들은 소화과정에서 중요한 역할을 한다.

(5) 반추위의 발달

반추동물의 위는 출생 시 단위동물과 비슷한 방추모양을 가지고 있지만 성장에 따라 각 부위의 발달이 다르게 나타난다.

갓 태어난 송아지에서는 제4위의 비율이 다른 부위보다 크다. 그러나 성장하면서 제1~2위의 비율이 증가하여 전체 위조직의 65%를 차지하게 된다. 어린 반추동물의 소화 기능은 주로 제4위와 작은창자(소장)에 의존한다. 그러나 성장에 따라 반추위가 발달하게 된다.

반추위의 크기와 발달에 영향을 주는 요인으로는 고형사료의 초기 급여, 조사료 급여에 따른 위벽의 물리적 자극, 그리고 휘발성 지방산과 같은 유기산 공급으로 인한 화학적 자극 등이 있다.

어린 반추동물의 반추위유두의 발달은 우유와 농후사료를 함께 급여하였을 때, 우유만 급여하거나 우유와 조사료를 함께 급여하였을 때보다 더 촉진된다.

반추위의 발달은 크게 4단계인 신생기, 반추전기, 변천기, 이유 전·후기로 나뉜다.

4) 작은창자(소장)

반추위에서 넘어온 탄수화물은 주로 셀룰로스(cellulose), 헤미셀룰로스(hemicellulose), 전분(starch) 등과 같은 세균 및 원생동물의 탄수화물이다. 이들은 반추위 내에서 발효되지 않은 채로 작은창자(소장)로 유입된다. 소화과정에서 이들 탄수화물은 이당류 분해효소에 의해 단당류로 분해되어 흡수된다. 그러나 송아지의 췌장 아밀라아제(amylase) 활성이 낮기 때문에 작은창자에서의 전분 분해능력이 제한적이다. 또한, 반추동물의 점막에서는 수크라아제(sucrase)가 분비되지 않아 전분의 소화능력이 낮아진다. 작은창자 내에 도달하는 단백질은 주로 분해되지 않은 단백질, 미생물체 단백질, 그리고 내인성 단백질(endogenous protein)로 구성되어 있다. 이들은 소화과정을 거쳐 흡수된다. 아미노산의 능동수송은 주로 빈창자와 돌창자에서 일어나며, 특히 돌창자에서의 흡수가 가장 활발하다.

지방은 소화물이 작은창자에 도달하기 전에 반추위 내 미생물의 대사작용에 의해 변화가 일어난다. 지방은 지방산의 형태로 흡수되며, 이는 체내의 지방산 구성에 영향을 미친다. 반추동물은 반추위 미생물이 지방산을 수소화(hydrogenation)하여 포화지방산을 더 많이 흡수하므로 사료 내 지방산 구성이 체내 지방산의 구성을 크게 변화시키지 않는다. 작은창자에서의 지방 소화는 담즙산과 췌장 리파아제에 의해 시작되며, 흡수는 주로 샘창자 하부와 빈창자 상부에서 일어난다.

5) 큰창자(대장)

소화된 영양소의 대부분은 작은창자(소장) 말단에서 흡수된다. 그러나 소화나 흡수되지 않은 소화물은 큰창자(대장)으로 이동한다. 이곳에서 탄수화물은 미생물이 분비하는 효소에 의해 육탄당으로 분해되어 휘발성 지방산과 가스로 전환된다.

큰창자(대장)의 미생물 작용에 의해 생성된 휘발성 지방산, 수분, 그리고 전해질은 큰창자의 상피세포를 통해 흡수된다. 이 중 수분의 흡수가 가장 활발하다. 또한, 비타민 B 복합체와 미생물체 단백질은 합성되지만 흡수는 미비하다.

반추동물의 맹장과 결장은 작은창자와는 달리 큰창자(대장)로 구성되어 있으며, 그 크기가 작기 때문에 생성된 휘발성 지방산은 상대적으로 적다. 큰창자로 넘어온 지방은 미셀(micelle)을 구성하지 않으므로 흡수되지 않고 분변으로 배설된다.

Ⅱ 개의 소화기관 및 대사 특징

학습목표

1. 개의 소화기관 구조를 이해할 수 있다.
2. 개의 소화 기능을 이해할 수 있다.

1. 소화기관의 구조

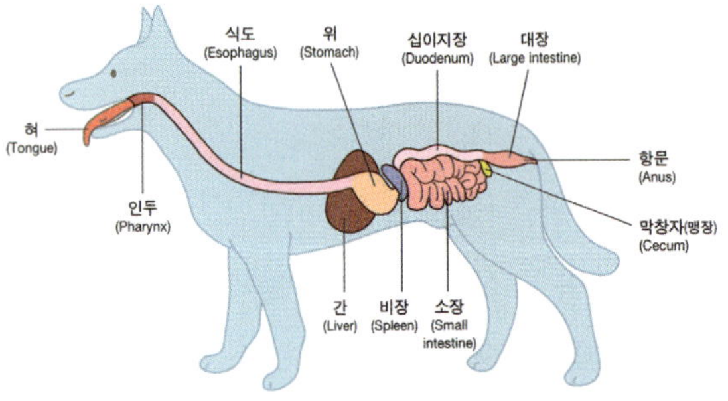

출처: https://dogfoodheaven.com/are-dogs-omnivores/

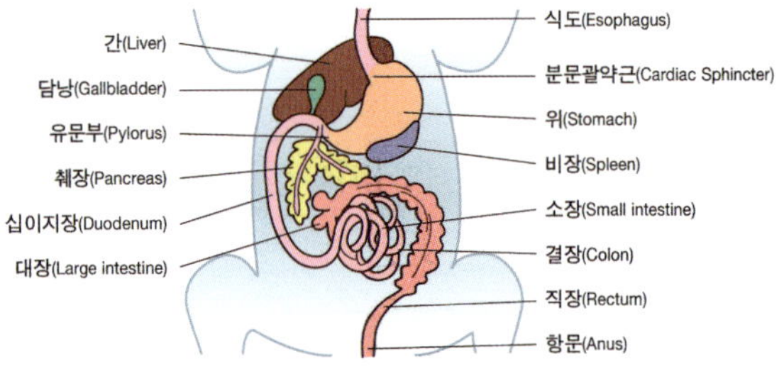

출처: https://wdfpark.tistory.com/entry/강아지소화기관

그림 2-20 개의 주요 소화기관

1) 입(구강, oral cavity)

입은 사료 등의 먹이 섭취에 적합한 구조이며, 음식을 삼킬 수 있는 크기로 만든 다음 삼키는 일까지 하는 곳이다.

(1) 치아(Teeth)

개의 영구 치아는 예리하고 튼튼하며, 윗니 20개, 아랫니 22개로 모두 42개이다. 대부분의 치아가 날카롭지만 어금니의 표면은 서로 접촉할 수 있는 면적이 있다. 위턱과 아래턱에 좌우 대칭으로 털을 고르는 앞니, 수렵물을 찢는 송곳니, 삼키기 좋게 자르는 작은어금니와 큰어금니가 있다.

턱은 위아래로만 움직이고 양측으로는 거의 움직이지 못하므로 곡물, 채소 등 씹어야 먹을 수 있는 음식은 소화가 잘 되지 않을 수 있다. 개의 타액인 침은 거의 중성이고 99%의 수분으로 이루어져 있으며, 분비되는 개의 침에는 소화효소인 아밀라아제(Amylase)가 없다. 1%의 무기염과 점액단백질 '라이소자임(Lysozyme)'이라는 효소가 있어 음식을 통해 들어오는 병원성 세균을 죽이는 타액의 살균효과를 나타내는 것으로 알려져 있다. 사람이 느낄 수 있는 맛을 모두 느낄 수 있지만, 입의 혀에서 맛을 느끼는 미뢰가 사람보다는 미미하여 맛을 잘 느끼지 못하고 치아 구조 때문에 음식을 오래 씹지 않는다.

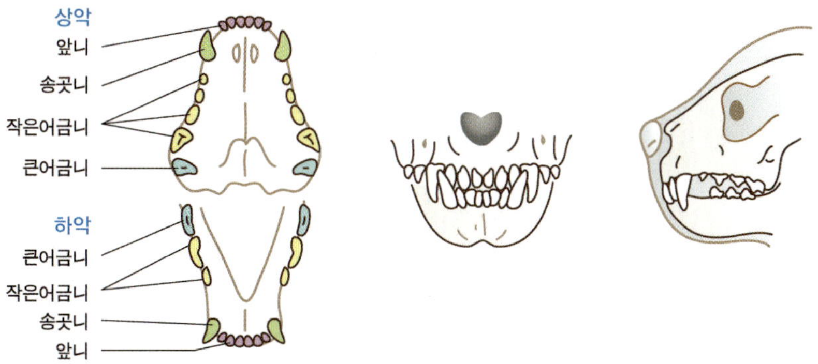

그림 2-21 개의 치아분포

출처: 왕태미(2020). 반려동물영양학. 어니스트북스.

(2) 후각(Olfaction)

개의 후각은 후각수용기가 사람보다 훨씬 많아, 개의 경우 음식의 맛보다 냄새로 맡아서 판단하므로 맛보다 음식의 냄새가 더 중요하다. 개는 단맛, 고기 맛, 지방 맛, 짠맛을 좋아하며, 냄새가 강한 사료를 더 좋아하는 편이다. 음식이 따뜻하면 분자 활동이 더 강해지므로, 음식을 가열하면 냄새로 개의 식욕을 증진시킬 수 있다.

표 2-1 사람, 개, 고양이의 후각점막 세포 비교

후각점막	사람	개	고양이
면적	2~3cm^2	60~250cm^2	약 20cm^2
세포수(개)	500~2,000만	5,000만~2억	6,000만~6,500만

2) 식도(Esophagus)

후두로부터 위까지 연결되는 관 모양의 기관으로 삼킨 음식을 연동운동에 의해 위 내로 보내는 기관이다. 식도 점막에서 음식물 덩어리의 통과를 돕는 점액은 분비되지만 소화효소는 분비되지 않는다.

식도는 점막, 점막하층, 근층, 외막의 4층으로 되어 위까지 횡문근으로 되어 있다. 하부에는 하부식도괄약근이 있어 위 내용물이 역류하는 것을 방지하므로 잡식동물인 개의 구토는 비정상적이지만 평활근을 가진 조류에 비해서는 일어나기 쉽다.

3) 위(Stomach)

개의 위는 분문부(cardiac region), 위저부(fundic region), 위체부(gastric body), 유문부(pyloric region) 등으로 구성되며, 분문부는 식도에 연결되어 있고, 유문부는 십이지장과 연결되어 있다.

위는 몸에 비해 비교적 크며 불규칙한 배 모양이고 유문선부는 가느다란 원통

형과 흡사하며, 확장력이 커서 음식을 한 번에 많이 먹을 수 있다. 개의 위는 0.5~8L 정도로 몸에 비해 위가 크기 때문에 과식하는 것을 조심해야 한다.

음식을 먹지 않을 때의 위산 분비는 사람보다 적고 위로 음식물이 들어오면 위의 각부에 존재하는 선에서 나오는 위액과 분당 3~6회의 연동운동에 의해 소화되며, 위에서 십이지장으로 모두 내려가는 데 자연식(생식)인 경우 평균 4~6시간 내 소화되는 반면 사료와 같은 건조 음식은 10~12시간 정도 걸린다.

자유급식보다는 소화력이 떨어지는 강아지와 노령견을 제외하고, 하루 2번을 정해진 시간에 같은 양의 음식을 주는 것을 권장한다.

4) 작은창자(소장: Small intestine)

개의 작은창자(소장)는 비교적 굵고 전체의 길이가 몸길이(키)의 5배 정도의 길이를 차지한다. 개는 위에서 부분적으로 소화된 물질은 작은창자(소장)에 있는 체액과 장액에 함유된 각종 효소와 소장 운동에 의해서 소화, 흡수된다. 간세포에서 생성되는 담즙을 저장해 두었다가 소화, 흡수에 중요한 역할을 한다.

개는 작은창자(소장)에 있는 효소를 통해서 음식 속에 있는 탄수화물을 소화시킬 수 있다.

5) 큰창자(대장: Large intestine)

개의 큰창자(대장)는 막창자(맹장: cecum), 결장(colon), 직장(rectum)으로 구성되어 있다. 막창자(맹장)는 짧은 편이고, 작은창자(소장)와 굵기가 거의 같으며, 큰창자는 몸길이의 1/6 정도의 길이이다. 개의 큰창자(대장)에서는 소화효소가 분비되지 않고 소화는 대장 내에 존재하는 미생물에 의해 이루어지는데 이들은 비타민류를 분해하거나 유해물질을 생성하기도 한다. 큰창자(대장)의 흡수능력은 매우 크며 무기염, 특히 나트륨이 능동적으로 흡수되고, 동시에 물도 흡수되기도 한다.

Ⅲ 고양이의 소화기관 및 대사 특징

학습목표

1. 고양이의 소화기관 구조를 이해할 수 있다.
2. 고양이의 소화 기능을 이해할 수 있다.

1. 소화기관의 구조

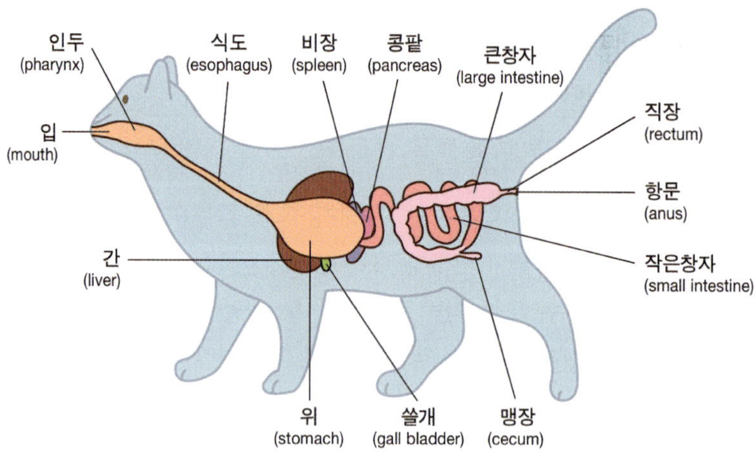

그림 2-22 고양이의 소화기관

출처: https://myanimals.co.kr/animals/

1) 입(구강, oral cavity)

입은 사료 등의 음식 섭취에 적합한 구조이며, 음식을 삼킬 수 있는 크기로 만든 다음 삼키는 일까지 하는 곳이다. 입에서부터 시작하는 소화 과정은 음식을 먹으면 타액을 분비하여 음식물을 촉촉하게 만들고 고양이 목으로 넘기게 되며 인두가 수축하면서 음식물이 이동하는데 후두개는 음식물이 고양이 폐에 들어가지 않도록 기관을 막고 수축하면서 음식물을 식도로 이동하게 하여 소화 과정을 쉽게 한다.

(1) 치아(Teeth)

고양이의 치아는 윗니(상악) 16개(앞니 6개, 송곳니 2개, 작은 어금니 6개, 큰 어금니 2개)이고, 아랫니(하악) 14개(6개, 송곳니 2개, 작은 어금니 4개, 큰 어금니 2개)로 모두 30개이다. 작고 날카롭지만 음식을 씹는 힘은 거의 없고 자르기만 한다. 그러므로 곡물, 채소 등 씹어야 먹을 수 있는 음식은 충분히 손질하지 않으면 먹어도 소화할 수가 없다. 또한 고양이는 단맛의 미뢰를 가지고 있지 않아서 단맛을 전혀 느끼지 못하기 때문에 개와 달리 단 음식에 관심이 없고, 전체 미뢰 수 자체가 개보다 적어서 맛에 대해 거의 느끼지 못한다.

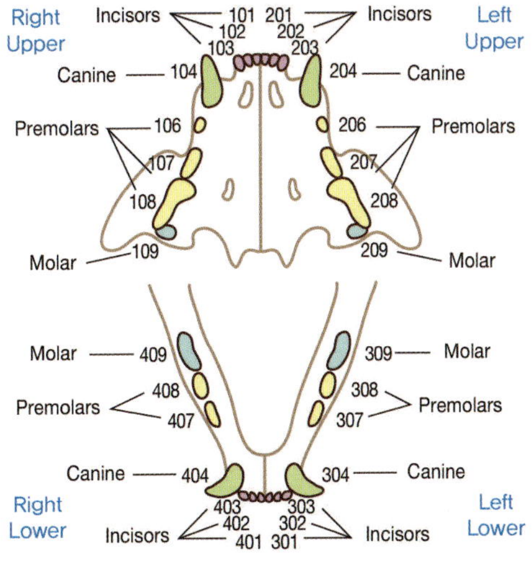

그림 2-23 고양이의 치아분포

출처: https://www.dogtrophy.com/

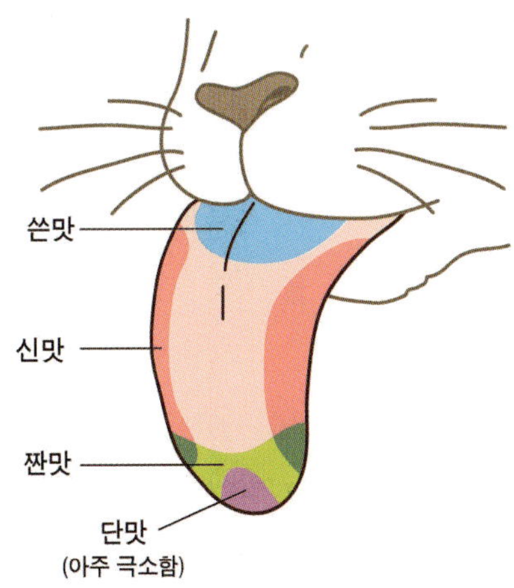

그림 2-24 고양이의 미각

출처: 조우재(2021). 고양이 영양학. 동그람이

(2) 후각(Olfaction)

고양이의 후각은 개보다는 못하지만 사람보다 좋기 때문에 개와 마찬가지로 미각보다 후각이 더 중요하며 음식의 냄새가 기호성을 좌우하고 있다. 그래서 냄새가 강한 음식, 예를 들어 생선을 특별히 좋아하는 고양이를 많이 볼 수 있다. 개체마다 선호하는 음식 차이가 있겠지만 동물성 단백질을 좋아하는 육식동물의 식습관을 완벽하게 지니고 있다.

고양이가 아플 때에 차가운 음식은 냄새가 약하므로 따뜻하게 가열하면 아픈 고양이의 식욕을 증진시킬 수 있다고 한다. 고양이는 음식에 예민한 동물이라 대부분 어릴 때 먹어 본 적이 없는 음식은 성묘가 된 후에는 잘 먹지 않는 경우가 많다.

2) 식도(Esophagus)

후두로부터 위까지 연결되는 관 모양의 기관으로 삼킨 음식을 식도의 연동운동에 의해 위 내로 보내는 기관이다. 식도 점막에서 음식물 덩어리의 통과를 돕는 점액은 분비되지만 소화효소는 분비되지 않는다. 식도에서의 연동운동이 음식물과 액체를 위까지 옮겨주지 않으면 두 번째 연동운동이 발생하는데 고양이의 액체 삼킴 속도는 초당 1.3cm~2.5cm다. 하부에는 하부식도괄약근이 있어 위 내용물이 역류하는 것을 방지하므로 잡식동물인 고양이의 구토는 비정상적이지만 평활근을 가진 조류에 비해서는 일어나기 쉽다.

3) 위(Stomach)

고양이의 위는 몸의 왼쪽에 있으며 다섯 가지 부위로 나눈다.

위의 주요 기능은 위산, 펩시노겐과 함께 효소를 분비하여 음식물 소화를 돕는 것이다. 가장 중요한 소화효소는 펩신과 리파아제인데 펩신은 pH 2.0일 때 작용하여 단백질을 펩타이드라는 화합물로 잘게 쪼갠다. 펩신은 식물 단백질보다 육류 단백질 소화에 효과적이므로 육식을 많이 하는 개에게 더 중요한 편이다. 동시에 위 리파아제는 장쇄 지방산을 분해하는데 췌장 리파아제보다는 기능이 덜 중요하다.

고양이는 개보다 음식 섭취량이 작지만 먹는 횟수가 더 많다. 고양이의 위는 0.3L 정도이고 확장력이 낮아서 개나 사람처럼 끼니가 있는 동물이 아니라 조금씩 자주 먹고, 작은 음식도 몇 번씩 나누어 먹는 식성이 특징이다.

고양이는 자유급식을 해도 되며 하루의 양을 정해서 먹게 두면 스스로 하루에 여러 번 나누어서 소량으로 먹는다.

4) 작은창자(소장: Small intestine)

고양이의 창자(소장+대장)는 전체의 길이가 몸길이(키)의 4배 정도로 일반적인 잡식성 동물보다 창자(장)의 길이가 훨씬 짧고 단순하다. 효소 소화는 주로 작은창자에서 이뤄지며 고양이의 작은창자 소화 시간은 2~3시간 정도이다.

작은창자(소장)에서는 소화된 영양소와 물, 비타민, 광물질(무기질) 등이 흡수된다.

고양이는 개보다 작은창자(소장)에 있는 소화효소 분비량이 적어 음식에 있는 탄수화물을 소화시킬 수 있는 능력이 현저히 떨어진다. 작은창자의 미세융모(융털)가 영양분 흡수를 위해 표면적을 확장하는 기능을 하기도 한다. 작은창자는 이당, 올리고당과 작은 펩타이드의 소화를 담당하는 효소를 분비하며 칼슘과 철분 같은 물질을 이동하는 단백질도 찾아볼 수 있다. 췌장에서 분비하는 효소는 탄수화물, 단백질과 지질을 분해한다. 또 소장 내에서 활성화하는 트립신 같은 효소의 비활성 전구체도 췌장에서 분비된다.

5) 큰창자(대장: Large intestine)

고양이의 큰창자(대장)는 막창자(맹장: cecum), 결장(colon), 직장(rectum)으로 구성되어 있다. 성묘의 큰창자는 43cm 정도로 짧고 융모(융털)가 없으며, 전해질과 수분을 흡수한다. 큰창자는 또한 흡수되지 않은 영양분을 발효하기 때문에 작은창자보다 물질 이동속도가 느리다. 소화되지 않은 음식물들이 큰창자(대장)에 머무는 시간은 12시간 정도이다. 큰창자(대장)는 마지막 소화 과정을 담당하므로 체내에서 사용되지 못한 노폐물을 제거하는 책임을 맡으며, 나머지는 분이나 뇨로 배출된다.

Q & A

동물의 소화기관은?

구강, 인두, 식도, 위, 작은창자(소장–샘창자(십이지장), 빈창자(공장), 돌창자(회장)), 큰창자(대장–맹장, 결장, 직장)이다.

소화과정이란?

소화과정은 섭취(ingestion) ⇒ 소화(digestion) ⇒ 흡수(absorption) ⇒ 대사(metabolism) ⇒ 배출(excretion) 순서대로 일어난다.

알아두기

단위동물이란?

단위동물은 위가 1개로 소화기관의 구조가 간단한 동물을 말한다.

반추동물이란?

소, 염소, 면양과 같은 반추동물은 위가 4부분으로 나뉘어 각각의 기능을 하며, 마찬가지로 맹장을 비롯한 큰창자(대장)도 상당히 발달되어 있는 동물을 말한다.

단원 학습 정리

01. 동물의 입은 사료 등 먹이의 섭취에 적합한 구조로 되어 있다. 입술은 운동이 자유롭고 예민하여, 풀을 뜯거나 사료를 먹는 데 적합하다.

02. 식도(esophagus)는 후두로부터 위까지 연결되는 관 모양의 기관으로, 섭취한 사료는 식도 윤충근(circular muscle)의 연동운동(peristasis)에 의하여 이동된다.

03. 위(stomach)는 식도에 연결되어 있는 주머니 모양의 근육성 기관으로, 끝부분은 십이지장에 이어져 있다.

04. 췌장은 소화효소와 완충물질(buffer) 및 호르몬을 분비하는 매우 중요한 기능을 한다. 췌장의 외분비샘은 췌관세포(췌도세포: duct cell)와 포상세포(선포세포: acinar cell)가 존재하는데, 췌관세포에서는 주로 완충물질을 분비하고 포상세포에서는 탄수화물, 단백질, 지방을 분해하는 소화효소를 분비한다.

05. 작은창자(소장: small intestine)는 모든 동물에서 영양소의 소화 및 흡수에 중요한 역할을 담당하는 기관으로, 위의 유문괄약근과 맹장괄약근 사이에 위치하며, 근층 및 점막조직으로 이루어진 관상기관(器官)이다.

06. 간(liver)은 체중의 약 2~3% 정도로 가장 큰 내장기관이며, 영양소를 임시로 저장할 수 있는 기관이다.

07. 큰창자(대장)에는 많은 미생물들이 서식하며, 분비물에 소화효소는 없고 중탄산염과 점액이 많이 함유되어 있다.

쉬어가기

소금과 미네랄워터가 병을 일으킨다?

개가 짠 음식이나 소금을 먹으면 신장병에 걸리나요?

음식에 관한 오해 중 가장 대표적인 것은 '개에게 소금을 주면 안 된다'는 소문입니다. 반려인 대부분은 그 소문을 굳게 믿는데, 이는 틀린 정보입니다. 개는 염분을 섭취해도 되는 동물로 수분을 충분히 섭취한다면 염분의 양은 문제되지 않습니다. 또한 '염분이 많으면 신장에 부담이 간다'고 주장하는 분도 많은데, 몸에 수분만 충분하다면 적정량 이상의 염분은 배출되어 체내에 남지 않습니다. 마찬가지로 '땀샘이 발바닥에만 있으므로 염분이 필요 없다'는 말도 틀린 정보입니다. 신장병 때문에 나트륨을 배출하지 못할 때를 제외하면 염분을 줄일 필요가 없습니다.

최근에는 오히려 염분을 섭취하지 못해 활력을 잃은 개가 종종 눈에 띄는데, 적절한 염분을 주면 몸에 생기가 돌아 기운을 회복하는 개도 많습니다. 사람과 마찬가지로 너무 짜게 먹지 않는다면 문제될 것이 없는 것이지요. 많은 반려견에게서 확인한 사실입니다.

개가 미네랄워터를 마시면 몸에 결석이 생기나요?

미네랄 성분이 많아도 결석증과는 관계없습니다. 천연 미네랄을 10배 더 넣었다는 등 프리미엄 워터라는 등 몸에 좋다는 성분을 첨가한 물의 인기가 많아졌습니다. 그만큼 물에 집착하는 사람이 늘고 있다. 반려견에게도 비싸지만 특별한 효능이 있는 물을 먹이는 반려인도 많습니다.

하지만 반려인 사이에서 '개가 미네랄워터를 먹으면 결석증에 걸린다'는 소문이 퍼지고 있다. 만일 그 소문이 사실이라면 중국이나 프랑스처럼 원래 경수 지역에서는 사람이나 동물은 모두 결석증을 앓을 것입니다.

하지만 결석증에 걸린 개에게는 과다한 미네랄이 병을 악화시킬 수 있으므로 반드시 주의해야 합니다. 참고로 결석증의 원인은 대부분 감염증 때문입니다. 즉, 방광이나 신장에 염증이 발생해서 돌이 생기는 것입니다. 따라서 평소에 감염증을 예방한다면 결석증에 걸릴 확률도 작아집니다.

또한 '물을 끓여서 식히면 유효성분이 사라진다'는 말도 자주 듣는데, 이것도 단순히 끓이기만 하면 염소가 빠질 뿐, 물의 기본적인 성분은 변함없습니다.

사람이 마셨을 때 맛있다고 느끼는 물이라면 개에게 먹여도 괜찮습니다. 정수기물이나 미네랄워터 등을 먹여도 됩니다.

출처: 스사키 야스히코(2018). 강아지 영양학 사전(박재영 옮김). 서울: 보누스.

CHAPTER

03

영양소 종류와 기능 및 대사 1

Ⅰ. 물

Ⅱ. 탄수화물

Ⅲ. 지방(지질)

Ⅳ. 단백질

CHAPTER 03 영양소 종류와 기능 및 대사 1

영양소(nutrient)란 동물의 생명유지와 새로운 조직 형성을 위하여 체외로부터 공급되어야 하는 물질을 말하며, 체내에 필수적인 영양소로는 탄수화물, 지질, 단백질, 비타민, 미네랄이 있다. **물(water)**은 동물의 체조성에서 가장 높은 비율을 차지하는 성분임에도 불구하고 그 중요성이 과소평가되는 경향이 있다. 그러나, 실제로는 가장 중요한 영양소 중 하나이며, 최근에는 물의 영양적 가치에 대한 재평가가 이루어지고 있다.

동물의 영양요구량은 연령, 성장, 번식, 질병 등에 대한 요구를 충족하는 데 필요한 영양소를 매일 최적 조건에서 공급할 필요가 있다. 일반적으로 탄수화물, 지방(지질), 단백질, 비타민, 광물질(무기질), 물이 대표적이다.

동물에게 최적화된 영양식을 제공할 수 있도록 각종 영양소의 역할, 기능, 대사과정를 파악하여 사료 제조 및 급여 시 적극 활용하는 것이 중요하다.

이 장에서는 개, 고양이 성장과 건강을 유지하기 위해 영양소의 분류, 기능 대사에 대해 학습한다.

I 물

학습목표

1. 동물체 내에서 물의 생리적 기능을 이해한다.
2. 대사수의 생성과 그 이용에 대하여 설명할 수 있다.
3. 체수부의 공급과 배출경로를 설명할 수 있다.
4. 동물의 물 요구량 산출과 그 영향 요인을 제시할 수 있다.

1. 물의 기능

물은 동물체에서 양적으로도 큰 비중을 차지하지만, 체액으로서의 동물체 조직의 구성 및 물 자체의 물리화학적 고유의 특성 등으로 인하여 각종 생리현상에서 다양한 역할을 한다. 따라서 몸 안에 수분이 부족하면 조직의 구성분인 세포가 정상적인 형태를 유지할 수 없으며, 체액의 불균형으로 정상적인 기능을 할 수 없다.

일반 영양소와 달리, 수분은 체중의 5%만 손실되어도 영향을 받는 편이다.

동물체 내에서 물의 중요한 생리적 기능은 다음과 같다.

- 물은 우수한 용매제로, 조직 안에 영양물질을 운반하고 대사과정의 노폐물을

배설하는 데 효과적이다.

- 물은 화학적으로 비활성 물질로, 용질의 화학적 성질을 안정된 상태에 있게 한다.
- 물은 비열이 커서, 영양소 산화로 생성되는 열을 효과적으로 흡수하여 급격한 체온의 상승을 막아준다.
- 물은 증발열이 커서 체온을 발산할 수 있다. 따라서 과잉 생산된 열의 방출에 효과적이다.
- 물은 섭취한 영양소의 가수분해와 흡수를 도와주며, 불필요한 물질의 배설을 촉진하고 원활하게 한다.
- 물은 체액의 주요 구성물질이며, 모든 조직 및 기관의 관절부에서 윤활유의 역할을 한다.

2. 대사수

동물의 체내에서는 필요한 에너지를 얻기 위하여 끊임없이 혐기적 대사와 호기적 대사작용이 이루어진다. 특히, 호기적 대사작용은 산소를 필요로 하며, 이때 에너지와 함께 물이 생성, 대사수(metabolic water)라고 한다.

대사수란 이와 같이 수소(H)와 탄소(C)를 함유하는 유기물의 산화작용으로 생성되며, 그 물은 체내에서 다시 이용한다.

대사수의 생성량은 영양소의 원소 구성에 따라 차이가 난다. 탄수화물, 지방, 단백질 등은 각기 탄소, 산소, 수소의 구성 비율이 다르게 구성된다. 특히 산화작용을 받는 과정에서 산소의 소요량이 달라지는데, 이것이 대사수 생성량이 다른 원인이 되고 있다.

대사수의 생성량에 영향을 주는 요인은, 첫째로 사료영양소의 화학적 조성과, 둘째로 사료의 섭취량으로 나타난다.

표 3-1 각 영양소 100g의 대사수 생성량

영양소	100g당 ME(kcal)	100kcal ME당 대사수 생성량(g)	대사수 생성량(g)
탄수화물	400	15.0	60
단백질	400	10.5	42
지 방	900	11.1	108

3. 동물체 내의 수분균형

동물은 생명유지와 생산활동 과정에 끊임없이 수분의 소실이 일어나며, 이에 따라 모자라는 수분은 외부에서 섭취하는 양과 체내에서 생성되는 대사수로 보충한다.

동물체의 수분균형이란 수분의 공급과 소실 간의 균형을 의미하며, 수분균형으로 체액량을 일정하게 유지할 수 있다.

1) 수분의 공급

동물체의 수분 공급원은 음용수와 사료 중 수분 그리고 대사수 등이다.

수분 공급원 중 가장 많은 비중을 차지하는 것이 음용수이고, 가장 적은 비중을 차지하는 것이 대사수이다. 어느 연구에서는 '대사수는 생성량이 전체 공급량의 10% 미만으로, 실제 기여도는 그렇게 높지 않은 편이다. 다만 사막에 서식하는 낙타와 같이 물 요구량이 극히 적은 동물은 대사수가 큰 역할을 한다.

동물이 하루에 필요로 하는 물 소요량으로 착유 중인 젖소의 경우 56L 정도인데, 그 중 3L는 생성되는 대사수로 충당하고, 2L는 섭취하는 사료에서 공급되며, 나머지 51L는 음수량으로 보충한다.'는 결과도 있다.

가축별 음수량은 〈표 3-2〉와 같다.

표 3-2 가축별 음수량(단위: L)

가축별	음수량	가축별	음수량
비육우	26~66	면양	4~15
젖소	38~90	산양	4~15
말	30~45	닭	0.2~0.4
돼지	11~19	칠면조	0.4~0.6

2) 수분의 배출

동물의 체수분 배출은 오줌과 분, 그리고 땀과 호흡을 통한 수분 배출 등 네 가지 경로로 이루어진다.

(1) 오줌을 통한 배설

동물의 체내 수분조절에서 가장 비중이 큰 것은 오줌을 통한 배출로 조절하는 것이다. 대부분 단위동물은 주로 오줌을 통해 수분 배출이 이루어진다. 오줌을 통한 수분 배출에는 신장(kidney)이 중요한 역할을 한다.

신장은 체수분이 많을 때에는 오줌 배설량을 증가시키며, 체수분이 부족하면 수분 배설을 억제시키는데, 이와 같은 신장에서의 수분 배설에는 항이뇨호르몬(antidiuretic hormone; ADH)이 관여한다.

최소오줌량이란 동물의 체내에서 대사작용으로 생성된 노폐물이나 과량의 염류를 배설하는 데 필요한 오줌을 말한다. 동물 체내에 노폐물 생성량이 많거나 염류의 섭취량이 너무 많을 때, 그리고 신장의 오줌 농축능력이 낮을 때 최소오줌량이 증가한다.

(2) 분변을 통한 배설

분변을 통한 수분 배설은 이용 사료의 종류와 대상동물에 따라 다음과 같은 차이가 있다.

① 잡식이나 육식을 하는 단위동물은 분변을 통한 수분 배설량이 오줌에 비해 적다. 주로 이용하는 사료에 수분이 적게 들어 있고, 소화기관이 비교적 짧

은 데 기인한다.

② 초식동물은 풀이 주사료이기 때문에 분변으로 가장 많은 양의 수분이 배설되고, 분변의 조성분 중 70~80%가 수분이다.

착유 중인 젖소를 보면 하루 배설되는 수분량이 56L일 때, 분변으로 19L, 오줌으로 11L, 호흡과 땀으로 14L, 그리고 우유로 12L가 배설된다. 초식동물이라고 하더라도 면양, 산양, 토끼 등은 분변을 통한 수분 배설량이 적은 편이다.

(3) 피부를 통한 배출

체내의 수분 중 피부를 통한 수분 배출은 땀으로 인한 소실과 불감수분 형태의 소실 등 두 가지 경로로 이루어지고 있다.

① 땀에 의한 수분 소실: 고온환경에서 땀을 많이 흘리는 동물에게서 주로 일어난다. 땀을 많이 흘릴 경우, 잃는 수분 이외에 전해질의 감소도 동시에 일어나며, 이것이 심하면 탈수로 이어지기도 한다.

② 피부를 통한 불감수분 소실: 쾌적온도(comfort temperature)의 조건이나 또는 그 이하의 온도에서도 수분 소실이 일어난다. 이때의 수분 소실은 감각적으로 느끼지 못하는 형태로 일어나기 때문에 불감수분 소실이라고 한다. 따라서 피부를 통한 불감수분의 소실은 정상체온에서 일어나는 소실로, 그 양은 호흡에 의한 소실량과 합해서 하루에 체중 1kg 당 15~30mL 정도, 이렇게 소실되는 수분량은 전체 소실량의 20% 정도이다.

(4) 호흡기를 통한 수분 소실

일상적인 호흡에서도 불감수분 형태로 수분의 소실이 일어난다. 배출되는 공기가 기도에서 가온·가습되어 나오기 때문에 수분 소실이 일어난다. 몸에 열이 있거나 더운 환경에서 환기량이 증가하면 불감수분이 증가하고, 땀구멍이 없는 개나 고양이 등은 다른 동물에 비하여 호흡을 통한 수분 소실이 더 많은 편이다.

4. 물의 요구량

일반적으로 동물의 물 요구량은 대사 에너지 1kcal 당 물 1mL 기준이다. 따라서, 사료 1g의 대사 에너지 생성량이 4kcal라 할 때, 사료 1g 당 물 요구량은 4mL가 된다.

동물의 물 요구량은 동물의 종류, 젖 생산 여부, 비육 등 사육목적과 생리상태와 체중 등에 따라 변화한다(Bath et al., 1978). 환경온도 또한 물 요구량의 증감에 매우 큰 영향을 준다. 외기 온도가 상승하면, 체온의 조절을 위해서 더 많은 양의 물을 체 표면이나 호흡 시 공기를 통하여 배출하기도 한다.

표 3-3 가축의 1일 평균 물 요구량(단위: L)

축종 및 구분	요구량	축종 및 구분	요구량
육우, 비유기	60	돼지, 30kg	6
유우, 비유기	90	돼지, 60~100kg	8
건유기	60	돼지, 비유기(25kg/일)	14
말, 중노동	40	면양, 비유	6
닭, 산란기	0.5	비육	4

체중이 450kg이 되는 유럽종 소(Bos Taurus)는 사료섭취량 10kg 기준에서 외기의 온도가 4℃, 21℃, 32℃로 올라가면 음수량도 28L, 41L, 66L로 증가한다는 연구결과가 보고가 되었다.

기온이 낮으면 물 요구량이 낮아진다. 추운 지역에서 방목되는 면양은 약간의 눈을 먹으면 더 이상의 물을 섭취하지 않는다. 기온 강하에 대비하여 물로 인한 체외 손실을 억제하기 위해서이다.

젖을 생산하는 산양은 젖을 생산하지 않은 산양보다 50% 정도의 물을 더 섭취해야 하며, 더운 여름에는 겨울보다 12배나 많은 양의 물을 필요로 한다. 심한 갈증을 느끼게 되면 65℃인 물을 섭취하기도 한다.

상대습도와 풍속도 기온과 밀접한 관계를 가지면서 동물의 물 요구량에 영향을 주며, 임신, 사료의 물리적 성상, 사료의 섭취량, 섭취하는 사료의 화학적 조성, 사료 내 염분 함량도 물의 섭취량에 영향을 준다.

사료 중 수분함량은 물의 섭취량을 제한하는 요인이기도 하며, 수분함량이 높은 청초와 같은 조사료는 수분의 용적 비율이 높아 필요한 영양소의 섭취를 제한하기가 쉬운 편이다. 따라서 물과 영양소 요구량을 동시에 충족시키기 위해 조사료는 물론 농후사료의 보충이 필요하다.

표 3-4 젖소 조사료의 수분량과 채식량의 관계

사료	수분함량(%)	유지+유생산 요구량(kg)	정상적인 채식 가능량(kg)
건초	10	16	15
풀, 엔실리지	70	47	39
생풀	50	57	52

동물의 물 섭취량을 제한하면, 식욕의 감퇴로 사료섭취량이 줄어들고 활기를 잃게 되며, 체중 및 혈액량의 감소현상을 보이고 체온조절이 곤란해진다. 또한 호흡장애가 오고 원만한 소화작용이 저해되어 질소(N)의 손실량이 증가하게 되며, 더 심해지면 생명까지 잃게 된다.

동물의 음수량을 제한하면, 수분 배설뿐만 아니라 사료 섭취량도 감소하는 결과를 보여준다(Utley et al., 1970).

표 3-5 소의 음수량 제한이 사료섭취량, 분뇨배설 및 에너지 이용률에 미치는 영향

	음수제한		
	자유음수	80% 제한	60% 제한
음수량(L/일)	15.5	12.4	9.2
사료섭취량(kg/일)	6.2	5.9	4.8
오줌(L/일)	5.1	3.6	2.7
분 중의 수분(L/일)	4.0	3.3	2.4
에너지 이용률(%GE)	72.2	75.1	76.4

Ⅱ 탄수화물

학습목표

1. 동물체 내에서 탄수화물의 일반적 기능을 이해한다.
2. 탄수화물의 분류를 설명할 수 있다.
3. 탄수화물의 대사작용을 이해한다.

1. 탄수화물의 정의 및 기능

1) 탄수화물(carbohydrate)의 정의

탄수화물은 탄소(C), 수소(H), 산소(O)로 구성된 $(CH_2O)_n$ 화학식을 가지며 일반적으로 육탄당(hexose)부터 존재한다. 지구상에 가장 많이 존재하는 에너지 공급원으로 식물이 광합성작용을 거쳐 열매, 잎, 줄기, 뿌리 등에 전분(starch)이나 섬유소(fiber)의 형태로 저장한 물질이다.

전분은 단위동물이 효율적으로 이용할 수 있는 에너지 공급원이며, 반추동물은 섬유소를 분해할 수 있는 미생물이 체내에 서식하고 있어서 섬유소를 에너지원으로 효과적으로 이용할 수 있다.

동물 체내에서 흡수된 다양한 탄수화물은 글리코겐(glycogen)의 형태로 간이나 조직에 저장되어 주요 에너지 공급원으로 사용된다.

2) 탄수화물의 일반적 기능

(1) 동물에게 에너지를 공급하는 주 영양소

탄수화물 1g당 4kcal의 에너지를 발생하며, α-14 또는 α-16 결합(linkage)으로 결합된 탄수화물은 거의 대부분 체내에서 흡수 및 이용이 가능하다.

β-14 또는 β-16 결합으로 이루어진 탄수화물은 반추동물에서만 이용이 가능하다.

(2) 지방산 및 아미노산 합성의 원료물질로 사용

과량의 탄수화물들은 체내에서 지방산과 아미노산 합성에 이용되므로 지방 및 단백질로 전변되어 체내에 축적될 수 있도록 도와준다.

(3) 혈당의 유지 역할

동물 체내에서 포도당(glucose)이 에너지 공급원으로 사용되기 위해서는 혈액을 통해 공급되는 포도당이 일정한 농도로 존재해야 한다.

따라서, 외부로부터 탄수화물의 공급이 모자라면 동물 체내에서는 일정 수준의 혈당(blood glucose) 유지를 위해 체내 대사를 통해 포도당을 생산(gluconeogenesis)한다.

(4) 어린 동물의 설사 예방

탄수화물 중 섬유소에 해당하는 셀룰로스(cellulose), β-글루칸(β-glucan), 헤미셀룰로스(hemicellulose), 펙틴(pectin) 등이 사료로 공급되면 가축의 소화기관 내에서 설사(diarrhea)를 예방하는 효과가 있다.

(5) 임신동물의 변비 예방

동물의 소화관 내에서 섭취된 섬유소가 수분을 흡수하면서 부피가 증가하므로 소화기관의 정장작용(intestinal regulation)을 촉진하여, 임신동물에서 발생할 수 있는 변비(constipation)를 예방하는 효과가 있다.

2. 탄수화물의 분류

탄수화물의 기본 성질을 유지하는 최소 단위(단당류) 내에 함유된 탄소수와 단당류가 2개 이상 결합된 탄수화물은 단당류 수에 따라 구분한다.

한 분자의 탄수화물은 단당류(monosaccharide)로 부르고, 단당류가 2개에서 10개 미만이 결합되면 이당류(disaccharide), 단당류가 10개 이상 결합되면 다당류(polysaccharide)로 분류한다.

일반적으로 육탄당(hexose)부터 자연계에 존재하며, 삼탄당(triose)에서 오탄당(pentose)까지는 식물이나 동물의 대사과정 중에 발생되는 탄수화물의 형태이다.

1) 단당류(Monosaccharide)

(1) 삼탄당(triose, $C_3H_6O_3$)

삼탄당은 식물이나 동물 혹은 미생물의 세포 내에서 포도당의 해당 과정(glycolysis)에서 글리세르알데하이드(glyceraldehyde), 디하이드록시아세톤(dihydroxyacetone) 등으로 생성되는 탄수화물의 중간 대사산물로 자연계에서는 잘 발견되지 않는다.

(2) 사탄당(tetrose, $C_4H_8O_4$)

체내의 탄수화물 대사과정 중에 발생하는 중간물질로 자연계에서는 잘 발견되지 않으나 에리트로스(erythrose)는 화학적으로 아라비노오스(arabinose)로부터 생성될 수 있으며, 오탄당 인산염회로에서 반응물질로 작용한다.

(3) 오탄당(pentose, $C_5H_{10}O_5$)

주로 다당류와 화합물을 이루는 형태로 존재한다.

리보오스(ribose)나 디옥시리보오스(deoxyribose)는 핵산(DNA, RNA)과 여러 가지 조효소(coenzyme)의 성분 및 비타민 B_2의 구성성분으로 매우 중요하게 사용된다.

천연고무의 주성분인 아라비노오스(arabinose), 식물의 줄기 및 껍질부위의 목질에 함유된 자일로스(xylose, 크실로오스) 등도 여기에 포함된다.

오탄당은 동물의 영양소로 중요한 역할을 하지만, 체외에서 흡수된 것은 동물이 이용하지 못하고 거의 분이나 뇨로 배설된다. 반추동물의 경우 반추위에서 발효되어 흡수되면 중요한 에너지원으로 이용된다.

(4) 육탄당(hexose, $C_6H_{12}O_6$)

육탄당은 자연계에서 가장 많이 존재하고, 단당류 중에서 가장 중요한 탄수화물이며, 이당류나 다당류의 구성성분이 된다.

주요 육탄당으로는 포도당(glucose), 과당(fructose), 갈락토스(galactose), 만노스(mannose) 등이 있다.

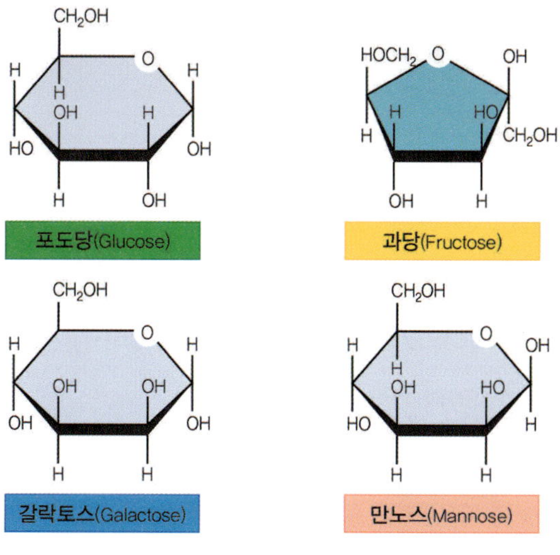

그림 3-1 육탄당의 종류와 구조

출처: 김유용(2022). 동물영양학(3판). 라이프사이언스.

① 포도당(glucose)

자연계에 널리 존재하고 있는 단당류로 영양생화학적으로 매우 중요한 육탄당이다. 화학적 특징은 알데하이드기(aldehyde group)를 갖는 알도오스(aldose) 형태이며, 무색의 결정으로 용해점은 146℃이고 더 가열하면 갈색의 캐러멜이 된다.

동물체 내의 혈액에 일정 비율로 녹아 혈당(blood glucose)을 유지하며 뇌를 비롯한 체내의 여러 기관에서 에너지원으로 사용된다.

② 과당(fructose)

과일, 꽃, 벌꿀 등에 널리 존재하여 fruit sugar라고 불리며, 케톤기(ketone group)가 있는 케토당(ketose) 형태의 육탄당이다.

설탕(sucrose)에 비해 단맛이 1.7배나 강하며, 포도당과 결합하여 이당류를 이루어 설탕이나 이눌린(inulin)의 구성성분이 된다.

③ 갈락토스(galactose)

일부 식물에서 유리된 형태로 발견되지만, 대부분 자연계에서는 동물의 유선(mammary gland)으로 전달된 포도당이 갈락토스로 전변되어 포도당과 결합된 유당(lactose)의 형태로 존재한다.

신생 동물의 뇌 및 신경조직이 발달하는 데 사용되므로 동물의 젖 성분 중 갈락토스(또는 유당)의 함량이 높을수록 해당 동물 종의 지능이 높은 특징을 보인다.

④ 만노스(mannose)

자연계에서 유리형태로 발견되지 않고, β-결합(β-linkage)으로 결합된 축합체인 만난(mannan)의 형태로 존재하는데, 열대지방에서 많이 생산되는 야자열매, 팜열매 등에 다량 함유되어 있다.

단위동물은 만난분해효소(mannanase)가 체내에서 분비되지 않으므로 동물사료에 합성 β-mannanase를 인위적으로 첨가하면 체내에서 만난이 이용될 수 있으므로 야자박이나 팜박을 원료사료로 효과적으로 이용할 수 있다.

2) 소당류

(1) 이당류(disaccharide, $C_{12}H_{22}O_{11}$)

① 자당(sucrose)

설탕 또는 서당으로 불리며, 포도당 한 분자와 과당 한 분자가 결합된 형태(glucose+fructose)로서 식물체의 뿌리, 줄기, 잎 및 씨앗에 골고루 분포되어 있는데 특히 사탕무나 사탕수수에 다량 함유되어 있어 상업적으로 추출하여 다양한 용도로 사용하고 있다. 자당은 용해점이 160℃로 그 이상의 온도에서는 포도당과 같이 갈색의 캐러멜로 변하므로(갈변반응; maillard reaction) 이를 이용하여 과자, 케이크, 약식 등의 제조에 사용한다.

동물사료에도 단맛을 구별하는 가축에게 사료의 기호성을 높이고, 탄수화물의 섭취를 촉진하기 위해 자당을 인위적으로 사료에 첨가하기도 한다.

② 엿당(maltose)

두 분자의 포도당이 결합되어 만들어지며(glucose+glucose), 맥아와 같이 발아하는 종자에 많이 있는데, 전분에 맥아를 넣으면 녹말당화효소(diastase)에 의해 가수분해되면서 생성되기 때문에 맥아당이라고도 하며, 조청, 술제조 등의 식품산업에 널리 활용된다.

사람을 비롯한 동물들이 전분을 입속에서 씹으면 침 속의 아밀라아제(amylase)에 의해 엿당이 생성되기도 한다.

③ 유당(lactose)

포도당 한 분자와 갈락토스 한 분자가 결합된 형태(glucose+galactose)이며, 이당류 중에서 식물체에는 거의 존재하지 않는 동물성 탄수화물이다. 동물의 뇌와 신경발달에 중요한 갈락토스를 공급하는 역할을 한다.

유당은 동물 체내에서 유당분해효소(lactase)에 의해 분해되는데, 어린 동물일수록 유당분해효소의 분비량과 효소의 활성(activity)이 높아 유당을 잘 이용할 수 있지만, 일령이 증가함에 따라 유당분해효소의 분비와 활성이 떨어져서 유당의 이용성이 점차 낮아진다. 소화기관에서 유당분해효소의 분비나 활성이 충분하지 못하면 유당을 소화·흡수하지 못하고 장내에서 비정상적인 발효가 일어나 설사를 유발하는 유당불내증(lactose intolerance)이 발생하기도 한다.

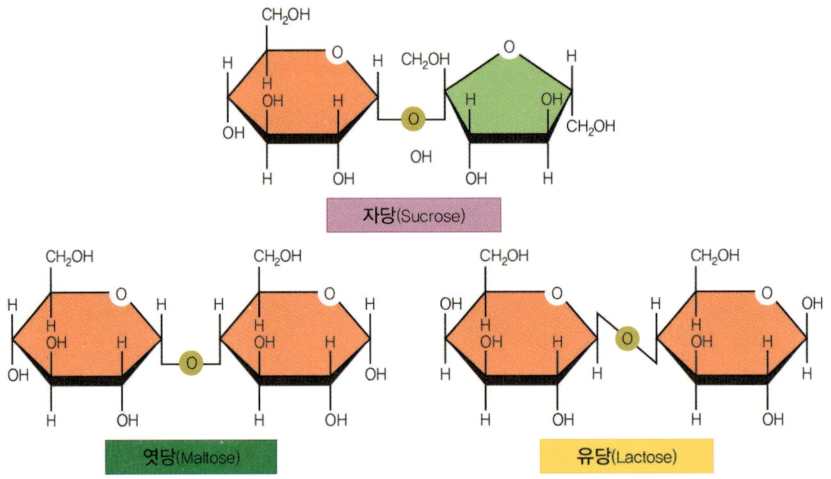

그림 3-2 이당류의 종류와 구조

출처: 김유용(2022). 동물영양학(3판). 라이프사이언스.

(2) 삼당류(Trisaccharide, $C_{18}H_{32}O_{16}$)

단당류 3분자가 축합되면서 물(H_2O) 두 분자가 빠져서 생성되는 것으로 대표적인 것은 목화씨와 당밀에 들어 있는 라피노스(raffinose)가 있다. 라피노스가 효소에 의해 분해되면 포도당, 과당, 갈락토스가 생성된다.

(3) 사당류(Tetrasaccharide, $C_{24}H_{42}O_{22}$)

단당류 4분자가 축합하면서 물(H_2O) 3분자가 빠져서 생성되는 것으로 단위동물 소화기관 내에서 가스(gas) 발생의 주 원인이 되는 당류이다. 콩에 들어 있는 스타키오스(stachyose), 마늘에 들어 있는 스코로도스(scorodose)가 있다.

3) 다당류(Polysaccharide)

단당류가 10개 이상 수백 또는 수천 개가 결합된 형태의 탄수화물이다. 자연계에 널리 분포하는 탄수화물의 저장 형태로, 단당류들이 축합되며 탈수되는 과정을 거쳐 생성되는 화합물이다. 크게 오탄당의 단일 단당류로만 결합된 펜토산[pentosan, $(C_5H_8O_4)_n$]과 탄소수가 6개인 단당류로만 구성되어 있는 헥소산[hexosan, $(C_6H_{10}O_5)_n$] 등으로 나눌 수 있다. 헥소산에 속하는 글루칸은 육탄당 중 포도당으로만 구성된 다당류로서, 전분(starch), 글리코겐(glycogen), 섬유소(fiber) 등으로 나눌 수 있다.

(1) 전분(starch)

식물체의 여러 부분에 분포하는 저장성 탄수화물로 곡류, 뿌리, 열매, 씨앗 등에 많이 함유되어 있어서 동물사료에서 가장 중요한 에너지 공급원이다.

포도당을 비롯한 단당류들이 축합 되면서 생성되며 화학구조는 동물 체내에서 분비되는 탄수화물 분해효소에 의해 잘 분해될 수 있도록 α-1,4 결합에 의해 결합된 아밀로스(amylose)와 α-1,6 결합에 의해 결합된 아밀로펙틴(amylopectin)으로 구성된다.

(2) 글리코겐(glycogen)

동물 체내에 저장될 수 있는 동물성 탄수화물이다. 화학구조는 아밀로펙틴(amylopectin)과 유사한 형태이지만, 아밀로펙틴보다 α-16 결합의 형태를 더 많이 가지고 있고, 주 탄소사슬의 길이가 12~18개(C12~C18)로 짧아서 구형을 이루면서 많은 가지를 가지고 있어 분자량도 크다. 이와 같은 구조는 글리코겐이 체내에서 생성되거나 분해되는 데 매우 유리한 구조라고 할 수 있다.

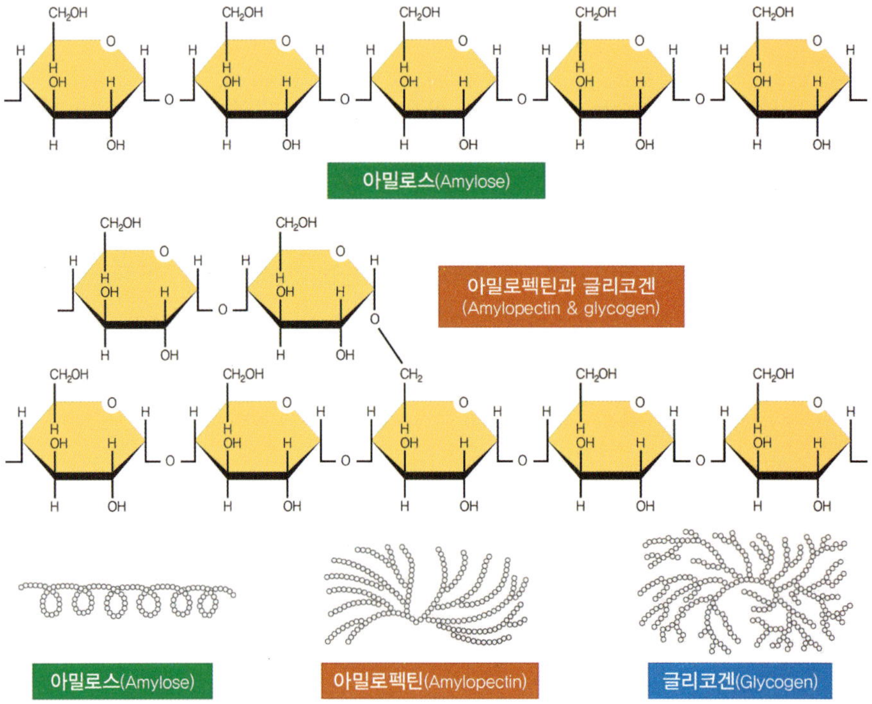

그림 3-3 아밀로스(amylose), 아밀로펙틴(amylopectin) 및 글리코겐(glycogen)의 구조

출처: 김유용(2022). 동물영양학(3판). 라이프사이언스.

(3) 섬유소(fiber)

식물체의 세포벽(cell wall)을 구성하며, 반추동물이나 비반추 초식동물을 제외한 동물들은 체내의 소화효소로는 이용하지 못하는 고분자화합물로 수용성 섬유소(soluble fiber)와 불용성 섬유소(insoluble fiber)가 있다.

수용성 섬유소는 펙틴(pectin), 해조다당류(seaweed polysaccharides), 검(gum) 등이 있는데, 수분을 흡수하여 끈적거리는 젤(gel)을 형성하여 동물이 섭취하면 포만감을 주고, 탄수화물의 흡수를 지연시키는 작용을 한다.

불용성 섬유소는 셀룰로스(cellulose), 헤미셀룰로스(hemicellulose), 키틴(chitin) 등이 해당되며, 반추동물은 일부 이용을 할 수 있고, 단위동물은 영양소로는 거의 이용하지 못하지만, 임신한 동물에서 자주 발생하는 변비(constipation)를 예방하고 소화기관의 정장효과(probiotic effect)를 기대할 수 있다.

① 셀룰로스(cellulose)

포도당이 β-1,4 결합으로 연결된 고분자물질로 반추동물과 비반추 초식동물은 셀룰라아제를 분비하는 미생물들이 체내에 서식하고 있어 일부 이용이 가능하다.

② 헤미셀룰로스(hemicellulose)

셀룰로스와는 달리 포도당 이외에 갈락토스(galactose), 자일로스(xylose), 만노스(mannose) 등 다양한 형태의 단당류를 함유하고 있어 셀룰로스보다는 반추동물과 비반추 초식동물에게 이용성이 높다.

③ 리그닌(lignin)

볏짚 밀짚, 나무의 목질부분에 많이 함유되어 있는데, 동물 체내에서의 이용성은 매우 낮다. 일반적으로 식물이 성숙할수록 소화될 수 있는 부분은 함량이 낮아지고, 소화되지 못하는 리그닌의 함량은 높아지는 특징이 있다.

④ 펙틴(pectin)

식물의 뿌리, 줄기, 열매에 많이 함유되어 있다. 당과 산을 만나면 젤이 형성되는 특징을 이용하여 어린 동물의 설사 예방에 효율적으로 사용될 수 있다.

⑤ β–글루칸(β–glucan)

보리와 귀리에 많이 함유된 물질로 포도당이 β-1,4 결합으로 직선을 이루고, β-1,3 결합을 이루는 포도당이 결합된 고분자물질로, 단위동물에서는 소화, 이용이 불가능하지만, 동물의 소화기관에서 정장기능, 설사예방, 면역증강효과 등의 기능이 밝혀지면서 동물사료에 인위적으로 첨가되기도 한다.

(4) 인공감미료(artificial sweetner)

천연감미료처럼 단맛은 나지만, 에너지 함량은 매우 낮고 천연성분으로부터 합성된 감미료를 말한다.

식품첨가물로 많이 사용하는 자일리톨(xylitol), 만니톨(mannitol), 소르비톨(sorbitol) 등은 기존의 감미료에 비해 열량이 낮고, 천천히 흡수되며 체내에서 이로운 작용을 하므로 특정 목적에 따라 사용된다. 이외에도, 사카린(saccharin), 아스파탐(aspartame), 스테비오사이드(stevioside) 등이 감미료로 사용된다.

① 사카린(saccharin)

설탕의 약 300배나 되는 단맛을 가지고 있지만, 과량 복용 시 쓴맛을 느낄 수 있는 물질로 음료, 식품의 첨가물로 많이 사용된다.

② 아스파탐(aspartame)

페닐알라닌(phenylalanine)과 아스파테이트(aspartate)가 결합된 물질로 설탕의 약 200배나 되는 단맛을 가지고 있다. 페닐알라닌의 대사장애(phenylketonuria)가 있을 경우에는 체내에서 대사장애를 일으킬 수 있으므로 아스파탐의 섭취는 피해야 한다. 또한 고열에는 감미도가 떨어지므로 가열처리식품에서의 사용은 주의가 필요하다.

③ 스테비오사이드(stevioside)

국화과인 스테비아(stevia)의 잎과 줄기에서 추출한 감미성분으로 감미도는 설탕의 약 250배에 해당하지만, 사카린처럼 쓴맛이 없고 열에도 안정적이므로 식품 및 가공용으로 많이 사용된다.

3. 탄수화물의 대사작용

탄수화물은 글루코오스로 분해되어 주로 소장 상부에서 흡수되며, 모세혈관을 통하여 문맥에 들어가 간으로 운반된다. 갈락토스나 만노스는 최종적으로 글루코오스로 변환되어 다음과 같이 쓰이게 된다.

- CO_2와 H_2O로 산화되어 에너지를 발생
- 글리코겐의 형성 및 저장
- 지방산의 합성 및 체지방으로 축적
- 비필수아미노산 형성에 탄소골격으로 이용

산화과정을 통하여 생성된 에너지는 체내에서 직접 이용되며, 남은 에너지는 글리코겐 또는 체지방 형태로 저장된다. 글리코겐과 체지방의 에너지 저장 및 이용상의 차이점은 다음과 같다. 글리코겐으로의 축적은 글루코오스가 부족할 때 쉽게 에너지로 동원할 수 있고, 혈당을 조절하는 장점을 가지고 있다. 그러나 체지방으로의 축적은 양에 제한을 받지 않는다. 다만, 에너지의 동원에서는 복잡한 과정을 거쳐야 하기 때문에 글리코겐에 비하여 속도가 느리다. 따라서 생체 내 저장 에너지가 필요할 때에는 일차적으로 동원이 용이한 글리코겐이 먼저 이용되며, 이어서 체지방이 동원되므로 연속적으로 필요한 에너지를 이용할 수 있다.

1) 글리코겐의 합성과 분해

글리코겐(glycogen)이란 동물의 간이나 근육조직의 세포 속에 저장된 일종의 비축 단당류로, 포도당(D-glucose)의 중합체이다. 간이나 근육 중의 글리코겐 함량은 많은 편은 아니다.

사람의 경우를 보면, 간에는 건조중량 기준으로 8%, 그리고 근육 중에는 0.6~0.7% 정도의 글리코겐이 들어 있는 것으로 알려져 있다.

(1) 글리코겐의 합성

글리코겐 합성은 ATP와 UTP(uridine triphosphate)를 소비하여 글루코오스를 저장하는 반응이다.

이 과정에 가인산(phosphorylation) 과정이 있으며, 이 반응은 글루코오스나 글리코겐을 활성화시켜 대사작용이 가능하게 하는 데 결정적 역할을 한다.

당 아닌 물질에 의한 글리코겐 합성에는 지질이나 단백질의 분해산물인 아미노산(amino acid), 젖산(lacate), 피루브산(pyruvate), 프로피온산(propi-onate), 글리세린(glycerin) 등 간단한 물질로부터 글리코겐을 합성하는 대사반응으로, 간에서 주로 이루어진다.

비당원성 물질에 의한 글리코겐의 합성은 소재에 따라서 트리카르복실산 회로(TCA cycle)를 거치는 경우와 해당과정의 역반응에 의하여 이루어지지만 대부분

해당과정의 역반응에 의하여 이루어진다.

이때에 포스포에놀 피루브산(phosphoenol pyruvate)은 주로 피루브산으로부터 옥살로아세트산(oxaloacetate)을 거쳐서 생성된다.

(2) 글리코겐의 분해

글리코겐의 분해(glycogenolysis)는 가인산 분해 촉매효소인 포스포릴라아제와 트랜스퍼라아제(transferase) 등에 의해 글리코겐의 외곽 사슬의 가지 제거와 이동으로 진행된다.

이렇게 남은 α-1, 6 결합에 탈지효소가 작용하여 결합을 제거하면 글루코오스-1-인산이 생성되고, 글루코오스-1-인산은 포스포글루코뮤타아제(phospho-glucomutase)에 의하여 글루코오스-6-인산으로 된 후 최종산물인 글루코오스로 전환된다.

혈액 중의 글루코오스 농도는 글리코겐의 합성과 분해로 조절된다.

글루코오스가 부족하면 간장의 글리코겐 분해가 일어나며, 글루코오스가 많으면 글리코겐으로 합성을 통해서 혈당의 농도를 감소시킨다.

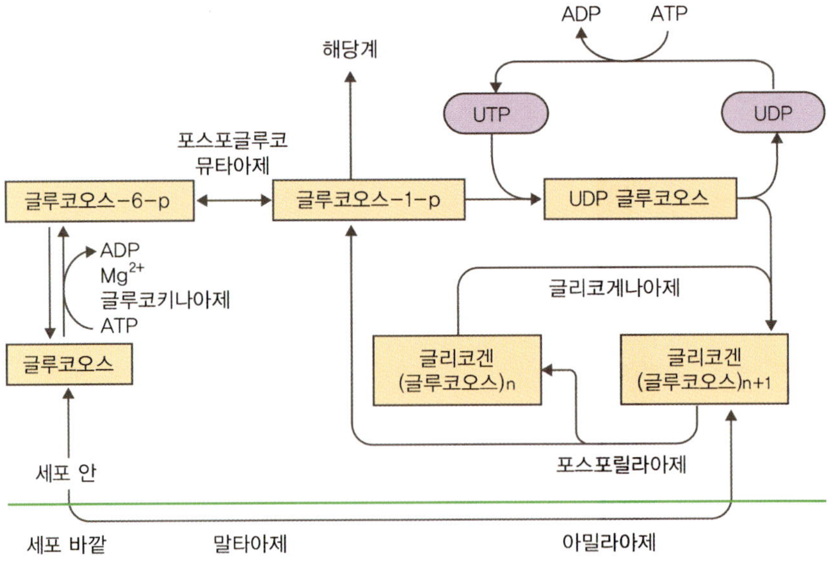

그림 3-4 글리코겐의 합성과 분해

출처: 정천용, 김유용(2018). 가축영양학. 한국방송통신대학교출판문화원.

글리코겐의 분해과정 중에서 생긴 글루코오스-6-인산은 즉시 해당과정으로 들어갈 수 있는데, 에너지 효율상 글루코오스보다 유리한 지점이다.

(3) 글리코겐의 혈당 조절

동물의 혈당은 글리코겐의 생성과 분해, 당의 소비와 당의 지방으로의 전환, 그리고 당의 배설 등으로 증감되며, 혈당 수준을 조절하는 데 인슐린과 글루카곤이 중요한 역할을 한다.

췌장에서 분비되는 인슐린(insulin)은 글루코오스의 글리코겐 합성으로 혈당 수준을 낮추며, 글루카곤(glucagon)은 글리코겐의 분해로 혈당을 증가시킨다.

이와 같이 인슐린과 글루카곤은 상호 길항작용으로 혈당을 일정한 수준으로 유지시킨다. 글루코오스를 글리코겐으로 저장하는 간의 능력은 제한되어 있기 때문에, 만일 글루코오스가 동물체 에너지 요구량을 훨씬 초과할 때에는 글루코오스가 지방으로 저장된다.

2) 해당

해당이란 글루코오스 또는 근육 속에 들어 있는 글리코겐이 피루브산(pyruvate)이나 젖산(lactate)으로 분해되는 반응으로, 이 회로를 엠덴-마이어호프 회로(Embden-Meyerhof-Parnas pathway)라고도 한다.

해당은 세포 내에서 혐기성 조건에서 이루어지는 당대사의 주요 경로이다. 이 반응은 글루코오스에서 피루브산까지의 분해과정은 동일하나, 피루브산부터 최후 생성물질인 젖산 · 에탄올(ethanol) · 알코올 등까지의 반응은 생물의 종류에 따라 달라진다.

해당은 [그림 3-5]에서와 같이 당이나 글리코겐이 분해를 시작하여 프룩토오스-1,6-인산으로 된 후 삼탄당으로 분해반응이 일어나는 것이 특징이다. 여기서 디히드록시아세톤 인산과 글리세르알데히드-3-인산(glyceraldehyde-3-phosphate) 등 두 분자로 분리되어 1,3-디포스포글리세르산, 3-포스트글리세르산, 2-포스트글리세르산 등을 거쳐 피루브산이 된다.

(1) 글루코오스 및 글리코겐의 분해 개시

당류의 분해경로는 기질에 따라 약간 차이가 있다. 글리코겐은 글루코오스-1-인산(G-6-P) 단계를 거치지만 글루코오스의 경우에는 인산화(phosphorylation) 반응부터 시작하게 된다.

(2) 글루코오스의 프룩토오스-1,6-2-인산으로의 변환

글루코오스가 프룩토오스-1,6-2-인산으로 변환과정에는 G-6-P와 프룩토오스-6-인산 단계를 거치게 된다.

이때 단계에 따라 글루코키나아제, 포스포헥소오스 이소머라아제, 포스포프룩토키나아제(phosphofructokinase) 등의 효소가 관여하며, ATP를 필요로 한다.

(3) 프룩토오스-1,6-인산의 삼탄당으로 분해반응

이 반응에서 프룩토오스-1,6-인산은 삼탄당으로 분해된다. 분리 촉매효소인 알도라아제에 의하여 디히드록시아세톤 인산과 글리세르알데히드-3-인산으로 분리된다.

여기서 디하이드록시 아세톤인산(dehydroxyacetone phosphate)과 글리세르알데히드-3-인산 간에 96:4에서 평형을 이루며 상호 전환이 가능하나, 실제로는 글리세르알데히드-3-인산이 인산화로 1,3-디포스포글리세르산(1,3-diphosphoglyceric acid)이 되기 때문에 평형은 이루어지지 않는다.

(4) 글리세르알데히드-3-인산의 변환과 NAD의 환원

이 반응에는 무기인산염(Pi)과 포스포글리세르알데히드의 탈수소효소(dehydrogenase)이 관여하며, 이때 NAD^+는 $NADH+H^+$로 환원된다.

(5) 1,3-디포스포글리세르산의 3-포스트글리세르산으로의 전환

이 단계의 전환에는 Mg로 활성화된 포스포글리세릭키나아제(phosphoglyceric-kinase)가 촉매작용을 하며, 동시에 처음으로 ATP가 생성된다.

(6) 피루브산의 생성

피루브산은 3-포스포글리세르산이 이동촉매효소인 포스포글리세르산(phosphoglyceric acid), 에놀라아제(enolase), 피루빅키나아제(pyruvickinase) 등의 작용을 받아 단계적으로 2-포스포글리세르산, 포스포에놀피루브산(phosphoenol pyruvate), 에놀 피루브산(enol pyruvate)이 되며, 두 번째 ATP가 생성된다.

그러나 에놀(enol)형은 불안정하므로 다시 케토(keto)형 피루브산이 된다. 피루브산과 젖산은 상호 전환이 가능하다. 분해과정에 산소가 충분하지 않을 경우에는 NADH를 소모하여 젖산(lactic acid)이 되고, 젖산은 탈수소효소(lactate dehydrogenase)의 작용으로 NADH를 생성하며 피루브산이 되는데, 그 과정의 반응식은 다음과 같다.

$$C_6H_{12}O_6 + 2ADP + 2Pi \rightarrow 2CH_3CHOHCOOH + 2ATP + 2H_2O$$

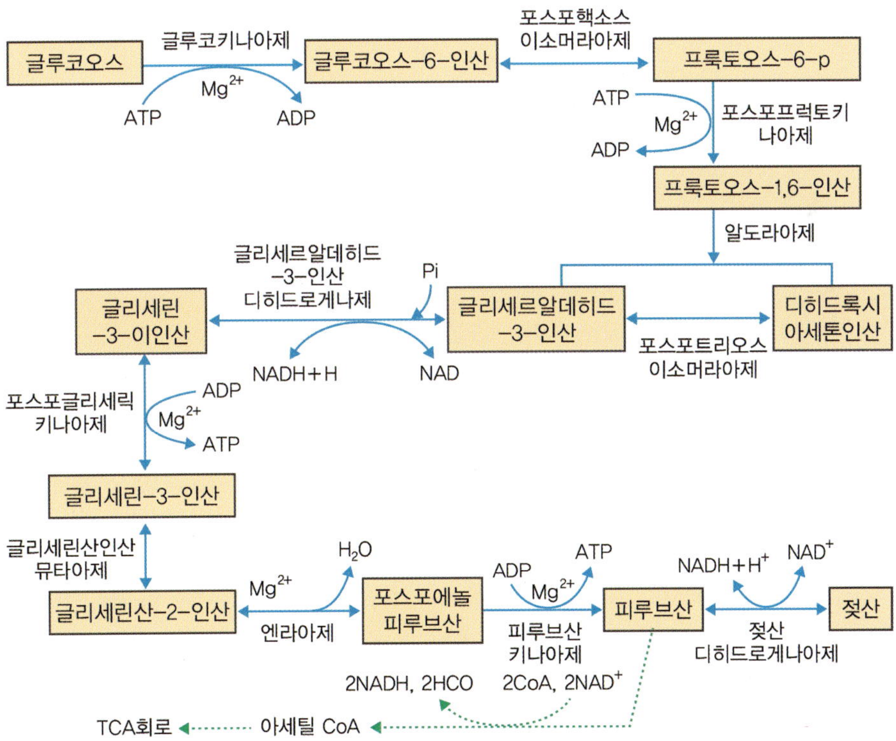

그림 3-5 해당 경로

출처: 정천용, 김유용(2018). 가축영양학. 한국방송통신대학교출판문화원.

이 과정에서 피루브산과 젖산의 상호전환이 가능하므로 2개의 ATP와 2개의 NADH가 생성되며, 따라서 총 8개의 ATP가 생성된다.

3) TCA회로

TCA 회로는 생체 내에서 에너지 획득을 위한 가장 효율적인 산화과정으로, 호기적 조건으로 이루어진다.

단백질이나 지방 · 탄수화물이 체내에서 연소해서 이용되는 것은 주로 TCA 회로에 의하며, 각종 아미노산이나 아세트산 등도 각각 적당한 위치에서 이 회로에 개입된다.

TCA 회로에 의한 반응에 가장 중요한 기질물질은 아세틸 CoA이다.

아세틸 CoA는 옥살아세트산과 반응하여 구연산을 만들면서 회로가 시작되므로, 아세틸 CoA의 공급이 없으면 TCA반응도 일어나지 않는다.

(1) 피루브산의 산화와 아세틸 CoA의 생성

아세틸 CoA(acetyl coenzyme A)는 보조효소 A의 SH기에 아세트산이 축합되어 생긴 고에너지 화합물이다.

이는 아세틸기를 옥살아세트산으로 전이하여 구연산을 생성한 후 TCA회로에서 분해될 때 효과적으로 많은 ATP를 생산한다.

아세틸 CoA는 피루브산이나 지방산 산화물질 등에 의하여 만들어지는데 피루브산(pyruvic acid)으로부터 아세틸 CoA를 생성하기 위하여는 피루브산탈수소효소(pyruvic dehydrogenase)의 작용으로 피루브산이 산화되어야 하며, 이때 CO_2 생성과 함께 방출되는 수소 원자에 의해서 NAD^+는 NADH로 환원된다.

아세틸 CoA는 TCA 회로에 의한 반응 이외에도 지방산 케톤(keton)체, 스테로이드(steroid), 아세틸 유도체 등의 합성계에서 재료물질로 중요한 작용을 한다.

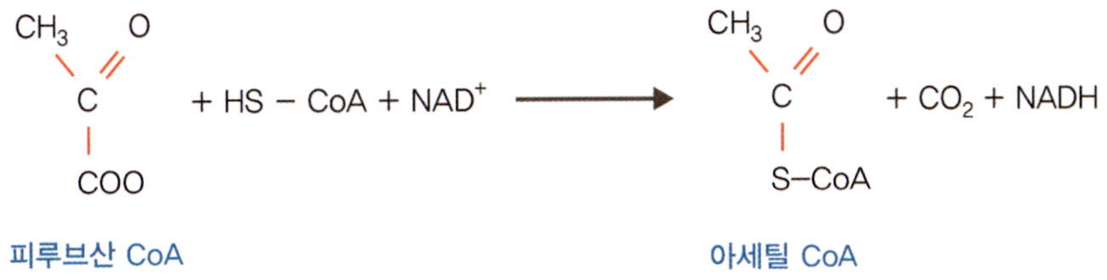

그림 3-6 피루브산의 산화

출처: 정천용, 김유용(2018). 가축영양학. 한국방송통신대학교출판문화원.

(2) TCA 회로의 반응경로

TCA 회로에 의한 반응은 미토콘드리아(mitochondria)의 매트릭스(matrix)에 들어 있는 관련 효소들의 작용을 받는다.

반응의 첫 단계에서는 아세틸 CoA와 옥살아세트산이 결합하고 환원형 CoA(CoA-SH)를 방출하면서 시트루산을 생성한다.

시트루산은 이어서 이소시트루산(isocitrate)으로 이성화한 다음, 탈탄소 반응에 의하여 α-케토글루타르산(α-ketoglutarate)으로 산화된다. 이때 NAD^+는 NADH로 환원된다.

다음 α-케토글루타르산도 탈탄소를 동반하는 반응으로, 숙시닐 CoA(succinyl CoA)로 산화되어 제2의 NAD^+분자를 NADH로 환원한다.

이 반응은 피루브산이 아세틸 CoA로 되는 것과 유사하며, 티아민피로포스페이트(thiamine pyrophosphate), 리포산(lipoic acid) 등의 보조효소가 관여하나, 숙시닐 CoA가 숙신산(succinic acid)과 CoA로 분해하는 반응이 함께 일어나며, 이때 GDP와 인산으로부터 GTP 1개가 생성된다.

이 반응은 TCA회로 내에서 일어나는 단 하나의 기질 수준의 인산화 반응이다.

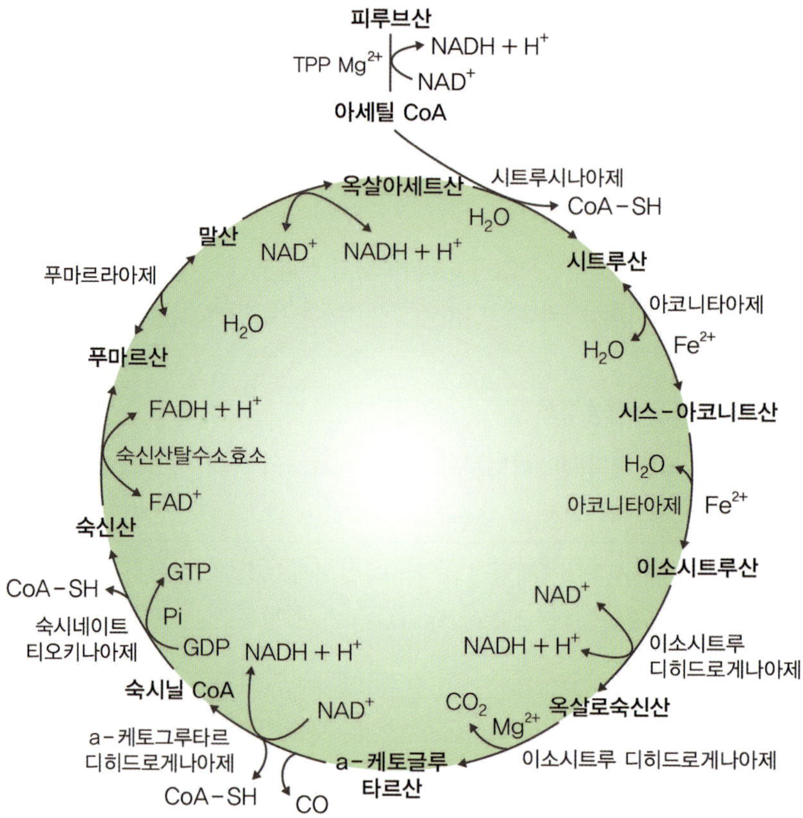

그림 3-7 TCA 회로

출처: 정천용, 김유용(2018). 가축영양학. 한국방송통신대학교출판문화원.

숙신산이 푸마르산(fumarate)으로 산화되는 반응에서 FAD^+가 FADH로 환원된다.

푸마르산은 H_2O와의 반응으로 말산(malate)을 생성하며, 말산의 수소 이탈로 옥살아세트산을 생성한다. 이때에 제3의 NAD^+가 NADH로 환원한다.

이렇게 하여 옥살아세트산이 재생되며, 여기에 아세틸 CoA가 있으면 TCA 회로가 다시 반복된다.

TCA 회로가 1회전하면서 아세틸 CoA의 아세틸(CH_3CO) 부분은 2개의 CO_2로 방출되고, 3개의 NAD^+가 NADH로 환원되고, 1개의 FAD^+가 FADH로 환원되며, 한 개의 GTP가 생성된다.

4) 산화적 인산화

산화적 인산화(oxidative phosphorylation)란 ATP를 획득하는 대사과정의 하나이다. 에너지의 주요한 저장수단인 ATP는 아데노신(adenosine)에 인산기(H_2PO_4)가 3개 달린 유기화합물로, 끝에서 두 개의 인산기는 고에너지 결합으로 되어 있다.

산화적 인산화란 인산기를 두 개 가진 ADP(adenosine diphosphate)에 인산 한 분자를 더 결합시켜 ATP를 만드는 반응을 뜻하며, 인산화 반응계에서 이루어진다.

산화적 인산화에서는 전자전달계의 역할이 중요하다.

산화와 환원과정에는 산화로 유리되어 나오는 전자를 받아들이는 환원물체가 있거나, 그 전자의 전달을 매개하는 물질이 반드시 있어야 한다.

그래야 유기물 산화과정에 유리되어 나오는 전자를 최종적으로 산소에까지 전달하여 산화되기 때문이다.

전자전달계에서 전자의 전달은 NAD, NADP, FAD 등 중간매체를 통하여 산화와 환원을 연속적으로 받으면서 전자를 산소에까지 이르게 한다.

전자가 중간매체를 통과할 때마다 방출되는 에너지가 ATP 생성의 원동력이 되는데, NADP의 경우, 산소에 도달할 때까지에서 ATP 형성에 필요한 에너지가 방출되는 곳은 세 군데이고, FADH의 경우는 두 군데이다.

따라서, 한 분자의 NADH로 세 분자의 ATP가 생산되는 셈이고, 한 분자의 FADH로는 2분자의 ATP가 생산된다.

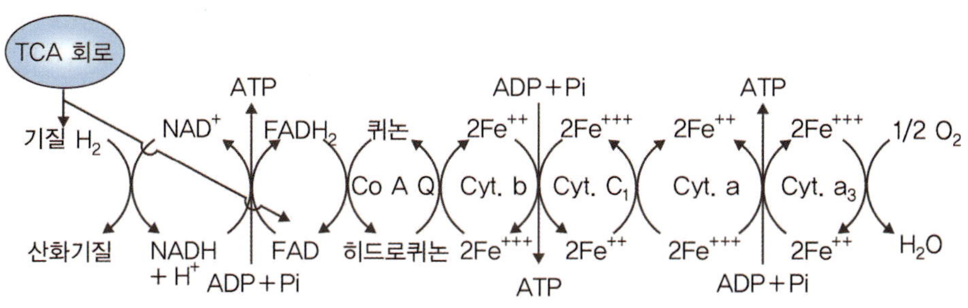

그림 3-8 전자전달계

출처: 정천용, 김유용(2018). 가축영양학. 한국방송통신대학교출판문화원.

이상과 같은 경로로 글루코오스는 해당과정에서 8개의 ATP를 생성하며 2분자의 피루브산으로 분해되고, 피루브산 1분자가 아세틸 CoA로 산화할 때 3개의 ATP를 생성하며, TCA 회로에서 12개의 ATP가 생성되므로 글루코오스 1분자로부터 총 38개의 ATP가 생산된다.

글루코오스 1분자에서 생성되는 ATP는 38개이고 ATP 1개당 자유 에너지는 7.3kcal이므로 총 자유 에너지는 모두 277.4kcal(7.3×38)가 된다.

이는 글루코오스 1분자가 가지고 있는 총 에너지 686kcal의 40.4%가 된다.

동물체 내의 필요한 에너지는 탄수화물뿐만 아니라 다른 유기물도 이용되며, 대부분 위와 같은 대사경로에 합류되면서 산화로 얻어진다.

5) 육탄당일인산염

근육조직에서 대부분 탄수화물은 해당과정과 TCA 회로를 통하여 산화되지만, 간장 · 지방조직 · 유선조직 등에서는 다른 경로에 의해서 탄수화물이 산화된다.

이 과정은 글루코오스-6-인산부터 시작되므로 이를 육탄당일인산회로(hexose monophosphate shunt, HMPS)라고 하며, 이를 요약하면 다음 식으로 표현할 수가 있다.

3글루코오스-6-인산 + 6NADP → $3CO_2$ + 2글루코오스-6-인산 +
글리세르알데히드-3-인산 + 6NADPH + $6H^+$

글루코오스-6-인산은 탈수소 효소에 의해서 6-포스포글루콘산으로 산화되며, $NADP^+$로부터 NADPH+H^+를 생성하게 된다.

여기서 6-포스포글루콘산은 NADP와 6-포스포글루콘산 탈수소 효소의 작용에 의하여 리불로오스-5-인산으로 산화되면서 1분자의 CO_2가 생성된다.

이 두 탈수소 효소가 참여하는 반응은 NADPH를 생성하는 원천으로, 이렇게 생성되는 NADPH는 지방산 합성과정에 없어서는 안 될 보조인자(cofactor)이다.

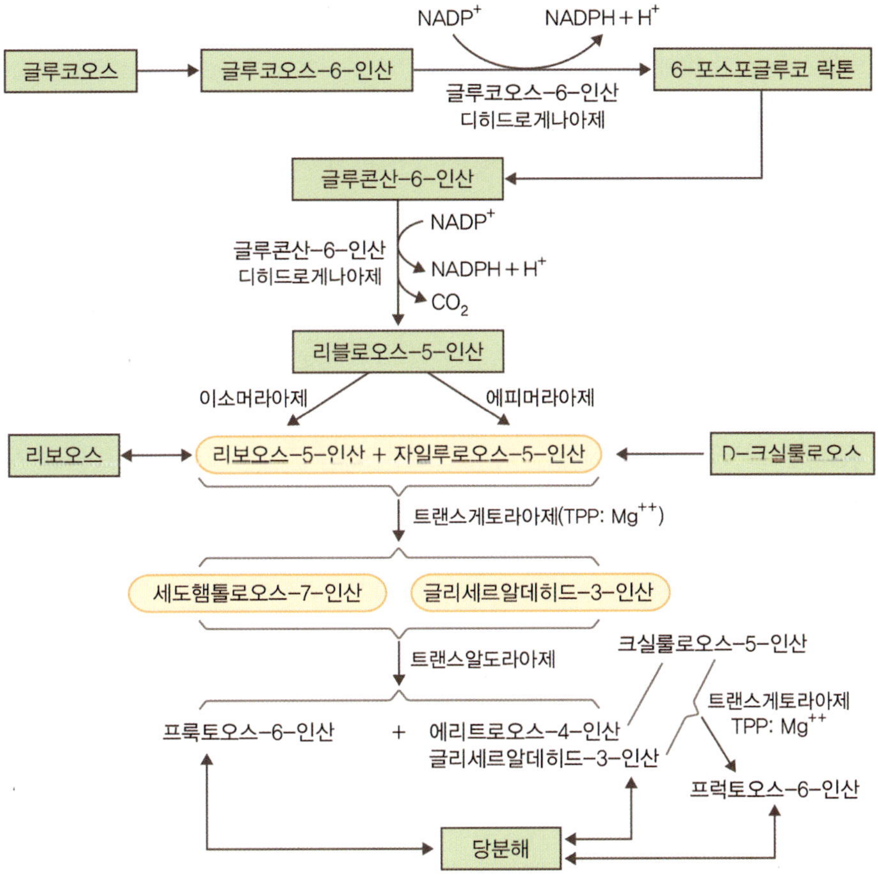

그림 3-9 육탄당일인산회로(HMPS)

출처: 정천용, 김유용(2018). 가축영양학. 한국방송통신대학교출판문화원.

6) 글루코오스 신합성

동물은 체내에 필요한 글루코오스를 탄수화물로부터 공급받지 못하면 다른 유기물로 만들어야 한다.

이 과정을 글루코오스 신합성(gluconeogenesis)이라고 한다. 동물체 내에서는 아래와 같이 글루코오스 에너지를 반드시 필요로 하는 경우가 있다.

- 신경계통과 적혈구의 에너지
- 지방조직의 합성에 필요한 글리세리드-글리세롤

- TCA 회로의 정상적 유지
- 혐기성 상태에서 근육의 에너지
- 유방에서 락토오스의 합성
- 임신중 태아도 글루코오스를 주 에너지 자원으로 이용

글루코오스 신합성은 주로 신장과 간에서 이루어지며, 글리세롤, 젖산 그리고 프로피온산이 글루코오스 신합성을 위한 원료물질로 쓰인다.

대부분 신합성은 해당과정과 TCA 회로의 가역반응으로 이루어지는데, 이때 피루브산이 포스페놀피루브산으로 전환되는 반응이 특이하다.

즉, 피루브산카르복실라아제는 미토콘드리아에만 존재하므로 피루브산은 미토콘드리아로 이전된 후에야 옥살아세트산을 거쳐 말산으로 전환된다. 말산이 미토콘드리아 밖으로 나와 다시 옥살아세트산을 거쳐 포스페놀피루브산으로 전환될 수 있다.

옥살아세트산의 말산으로의 전환의 반복은 옥살아세트산이 미토콘드리아 막을 통과할 수 없어 반드시 필요한 과정이다.

반추동물의 경우는 특이하게 프로피온산이 글루코오스 합성에 이용되는데, 이는 반추동물의 글루코오스 공급을 위해서 매우 중요한 기전이라고 할 수 있다.

왜냐하면, 반추동물은 대부분의 에너지가 반추위 내 미생물 대사에 의해서 생성되는 휘발성 지방산에 의존하는데, 특히 글루코오스는 이 프로피온산을 통해서 합성이 가능하기 때문이다.

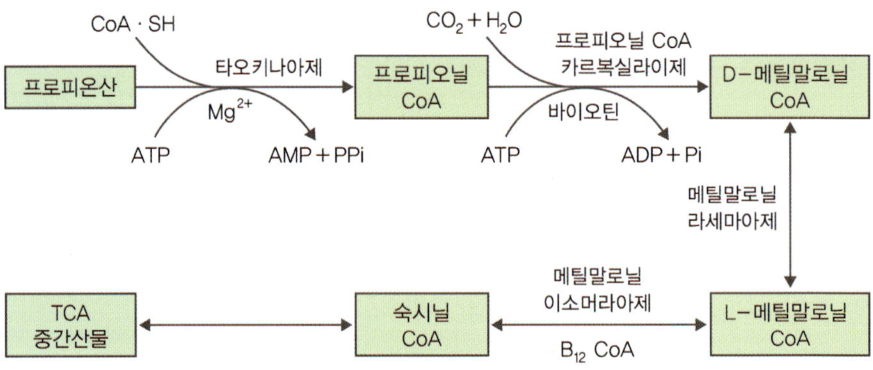

그림 3-10 프로피온산의 대사과정

출처: 정천용, 김유용(2018). 가축영양학. 한국방송통신대학교출판문화원.

III 지방(지질)

학습목표

1. 지방의 정의를 설명할 수 있다.
2. 지방의 분류를 설명할 수 있다.
3. 동물 체내 지방의 일반적 기능을 이해한다.
4. 지방의 대사작용을 이해한다.

1. 지방의 정의

지방(lipid, 지질)은 물에 불용성이나 유기용매(에테르, 벤젠 등)에 가용성인 유기화합물로 탄수화물과 같이 주로 탄소, 수소, 산소로 이루어져 있다.

지방(지질)은 생물체 내에서 매우 중요한 생화학적 및 생리학적인 기능을 하는 유기분자로서 세포막의 구성성분이며, 체내 에너지 저장물로 필요 시 효율 좋은 대사연료로 사용된다.

예를 들어, 체내 탄수화물 저장 형태인 글리코겐(glycogen)의 경우 1g 완전 연소 시 약 4.1kcal의 열량을 생산하는 것에 비해 지방 1g이 완전 연소될 때에는 약 9.45kcal의 열량을 생산할 수 있다.

또한 글리코겐은 대부분 수화된 형태(hydrated form)로 체내에 존재하나, 지방은 주로 수분이 없는 형태(anhydrous form)로 체내에 축적되기 때문에 보다 효율적인 에너지 저장형태라 할 수 있다. 세포막과 관련된 체내 구조지방(structural lipid)은 주로 인지방(phospholipid)과 콜레스테롤(cholesterol) 형태이다.

하지만 체내 전체 지방에서 차지하는 비중은 매우 적기 때문에 일반적으로 영양학에서 지방은 3개의 지방산과 글리세롤(glycerol)의 에스터(ester)인 중성지방(neutral fat, triacylglyceride)을 의미한다.

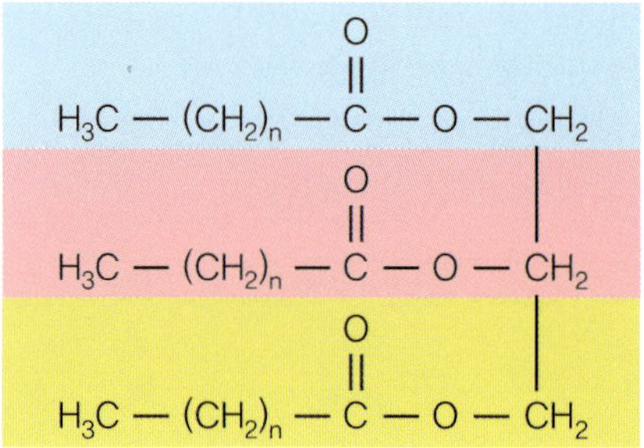

그림 3-11 중성지방

출처: 김유용 외(2022). 동물영양학(3판). 라이프사이언스.

2. 지방(지질)의 분류

지방(지질)은 화학적으로 특성에 따라 지방산(fatty acid)과 글리세롤(glycerol)의 상태, 비지방물질의 함유 여부, 가수분해의 정도 등으로 분류하는데, 일반적으로 상온에서 굳어 있는 형체를 지방(fat)이라고 하며, 그 상태가 액상인 것을 기름(oil)이라고 하는데 그 본질적인 차이는 없다.

표 3-6 지방(lipid)의 분류

지방의 종류	특 성
1. 단순지방(simple lipid)	• 지방산과 알코올의 결합물(에스테르)
1) 중성지방(neutral fat)	• 지방산과 글리세롤의 결합물: 글리세리드, 글리세롤, 에스테로 등
2) 왁스(wax)	• 지방산과 콜레스테롤이나 라노스테롤의 결합물
2. 복합지방(compound lipid)	• 비지방물질을 함유하고 있는 지방
1) 인지질(phospholipid)	• 인산과 질소를 함유: 레시틴(lecithin), 세파린(cephalin), 스핑고미엘린(spingomyelin) 등
2) 당지질(glycolipid)	• 탄수화물과 질소를 함유: 세레브로사이드(cerebroside) 등
3) 지방단백(lipoprotein)	• 지방과 아폴리포프로테인(apolipoprotein)의 결합물
3. 유도지방(derived lipid) 1) 지방산 2) 스테롤	• 지방의 가수분해로 생기는 물질이나 지방으로부터 합성되는 물질
4. 기타 지방	• 색소와 비타민
1) 테르페노이드(terpenoid)	• 색소
2) 지용성 비타민	• 비타민

1) 단순지방

단순지방(simple lipid)은 지방산과 알코올의 에스터 화합물로 중성지방(triglyceride; TG)과 왁스(wax)가 이에 해당된다.

중성지방은 글리세롤(glycerol) 1분자에 지방산 3분자가 에스터결합을 이루고 있는 화합물이다.

중성지방은 일반적으로 상온에서 고체 상태인 것을 지방(fat)이라고 하며, 액체 상태인 것을 기름(oil)이라고 한다.

친수성 지방산의 카르복실기(-COOH)가 글리세롤의 하이드록실기(-OH)와 결합하기 때문에 중성지방은 소수성을 띠게 된다.

이러한 중성지방은 생체막의 구조성분은 아니지만, 에너지를 저장하는 중요한 수단으로 체내에서 합성되어 이용된다.

중성지방 외에도 2분자의 지방산이 1분자의 글리세롤에 결합되어 있는 다이글리세리드(diglyceride), 1분자의 지방산이 결합되어 있는 모노글리세리드(monoglyceride) 등이 영양학적으로 중요한 단순지방이다.

왁스는 장쇄 지방산과 고급 알코올이 결합한 형태이며, 왁스에 결합한 지방산은 보통 포화지방산이지만 왁스의 알코올은 포화와 불포화의 두 형태를 띤다.

물에는 불용성이며, 영양적 가치는 적으나 동물의 피부, 털, 날개 및 식물체의 표면 보호 기능에 중요한 역할을 한다.

2) 복합지방

복합지방(compound lipid)은 분자 구조 내에 지방산과 글리세롤 이외에 인산, 당, 황, 질소 등을 함유한 지방을 말한다.

(1) 인지질(phospholipid)

지방산과 글리세롤 화합물에 인산 및 질소화합물이 결합한 지질이다.

친수성과 소수성을 동시에 가지고 있어 생물체 내 세포막을 구성하는 주요 성분이고, 혈액 중 지질의 운송 및 세포막을 통한 물질교환에도 매우 중요한 역할을 한다.

생리적으로 중요한 인지질에는 분자 내 콜린(choline)을 포함하고 있는 레시틴(lecithin), 에탄올아민(ethanolamine)을 포함하고 있는 세팔린(cephalin), 스핑고신(sphingosine)을 함유하고 있는 스핑고미엘린(sphingomyelin)이 있다.

(2) 당지질(glycolipid)

1분자의 지방산에 스핑고신, 탄수화물, 질소를 함유하는 지질이다.

뇌와 신경조직에서 많이 존재하며 세레브로시드(cerebroside)와 강글리오시드(ganglioside)가 당지질에 속한다.

(3) 지단백질(lipoprotein)

지방과 단백질의 복합체로, 혈액 내 불수용성인 지방의 체내 운송에 매우 중요한 역할을 한다.

지단백질로는 카일로마이크론(chylomicron), VLDL(very low density lipoprotein), LDL(low density lipoprotein), 그리고 HDL(high density lipoprotein) 등이 있다.

(4) 황지질(sulfolipid)

황산을 포함하는 지질로 동물의 간과 뇌에 많이 존재한다.

식물체의 경우 황지질은 황순환(sulfurcycle)에 중요한 중간물질(intermediate)이다.

3) 유도지방

유도지방(derived lipid)은 단순지방과 복합지방의 가수분해로 생성된 물질로 지방산(fatty acid), 탄화수소(hydrocarbon), 스테롤(sterol), 지용성 비타민(fat-soluble vitamin), 케톤체(ketone body) 등이 있다. 이 중 사이클로알케인 고리(cycloalkane ring)를 가진 스테로이드계(steroid) 물질로 콜레스테롤(cholesterol)과 담즙산(bile acid) 등이 동물의 생리작용에 매우 중요한 스테롤이다.

또한, 스테롤은 부신호르몬(adrenal hormone)과 성호르몬(sex hormone)의 주요 전구물질이다.

(1) 지방산

지방산(fatty acid)은 모든 유지의 구성성분이다. 자연계에 존재하는 대부분의 지방산은 탄소의 수가 짝수이고, 자연계에서 유리상태가 아닌 에스테르 형태로 존재하며, 직선적인 탄소골격(hydro-carbon chain)에 카르복실기(-COOH)가 결합되어 있다.

또한, 반추동물의 제1위(rumen)에서는 반추위 내 미생물에 의해서 C(15:0), C(17:0) 등 탄소의 수가 홀수이고, 가지가 달린 사슬 모양(branched-chain)의 지방산이 합성되기도 한다. 일반적으로 동물계에 널리 분포되어 있는 지방산은 팔미트산(palmitic acid), 올레산(oleic acid), 스테아르산(stearic acid)이며, 식물유에는 리놀레산(linoleic acid)도 많이 들어 있다.

지방산을 탄소와 이중결합의 유무 등에 따라 구분한다.

이중결합을 4개 가진 아라키돈산(arachidonic acid, $C_{20}H_{32}O_2$)은 이중결합을 2개 가진 리놀레산 및 3개 가진 리놀렌산과 더불어 영양학상 매우 중요한 필수지방산(essential fatty acid)이다. 탄소의 수가 짝수인 지방산으로 탄소고리가 10 이하인 지방산은 실내온도에서 액체상태이며, 그 이상은 융점이 실내온도보다 높기 때문에 고체상태에 있다.

반면, 불포화지방산은 이중결합의 특성 때문에 반응성이 현저하고 융점도 매우 낮아, 보통 상태에서는 모두 액체상태로 있다.

① 포화지방산(saturated fatty acid)

분자 구조 내 이중결합이 없는 완전 포화된 알킬 지방산으로 $C_nH_{2n+1}COOH$의 일반식으로 표시한다. 탄소수가 증가하면 물에 녹기 어렵고 융점이 상승한다.

예를 들어, 지방산은 액체상태와 고체상태로 존재하는데, 실온에서 액체상태로 존재하는 지방산은 보통 탄소수가 10 이하이고, 고체상태로 존재하는 지방산은 탄소수가 10 이상이다.

동물성 지방에는 팔미트산(palmitic acid)과 스테아르산(stearic acid)의 함량이 높은데, 그 이유는 이 두 가지 포화지방이 체내 지방산신합성(denovo lipogenesis)의 주요 최종 생성물(end-product)이기 때문이다.

② 불포화지방산(unsaturated fatty acid)

분자 구조 내 탄소골격에 1개 이상의 이중결합을 가진 지방산을 불포화지방산이라 하는데, $C_nH_{2n-1}COOH$의 일반식으로 표시한다. 일반적으로 불포화지방산은 포화지방산에 비해 융점이 낮아서 실온에서는 액체상태로 존재한다. 같은 탄소수를 가지고 있을 경우 이중결합의 수가 증가할수록 녹는점은 더 낮아진다. 그 이유는 불포화지방산의 이중결합은 지방산 분자구조에 꺾임을 유발하여 탄화수소 간 반데르발스 힘(van der Waales force)을 약화하기 때문이다. 이러한 꺾임 현상은 세포막의 유동성(membrane fluidity)을 유지하는 데 매우 중요한 역할을 한다.

지방산의 이중결합은 매우 불안정하여 산화되기 쉽다. 따라서 수소를 첨가(hydrogenation)하여 융점을 높일 수 있는데, 버터나 마가린은 이러한 원리를 이용한 것이다.

또한, 반추동물의 주요 사료인 조사료에는 불포화지방산의 함량이 높으나 반추동물의 생산물에는 포화지방산의 함량이 높은 이유는 반추위 내 미생물이 사료 내 불포화지방산에 수소를 첨가하여 포화지방산 형태로 변형시켰기 때문이다.

불포화지방산은 불포화 정도에 따라 다음과 같이 분류한다.

㉮ **단가불포화지방산**(monoun-saturated fatty acid)

단가불포화지방산은 이중결합을 1개 가진 불포화지방산으로 oleic산과 palmitoleic산이 동물지방에 많이 존재한다. 한 개의 이중결합으로 인해 시스(cis)형과 트랜스(trans)형의 이성체가 존재한다.

㉯ **다가불포화지방산**(polyunsaturated fatty acid)

다가불포화지방산은 이중결합을 2개 이상 가지는 불포화지방산을 말하며 포유동물에는 2개의 이중결합을 가지는 리놀레산(linoleic acid), 3개의 이중결합을 가지는 리놀렌산(linolenic acid), 4개의 이중결합을 가지는 아라키돈산(arachidonic acid)이 존재한다.

일반적으로 불포화지방산은 수소원자가 탄소-탄소 이중결합의 같은 쪽에 위치하는 시스(cis)형이 대부분이나, 반대쪽에 위치하는 트랜스(trans)형 지방산도 존재한다. 트랜스형 지방산은 자연계에는 존재하지 않고, 지방을 가공하는 과정 중에 생겨날 수 있는 형태이다.

표 3-7 지방산(fatty acid)의 종류

보 통 명	분자식	녹는점(℃)	탄소 수	이중결합수
1) 포화지방산				
아세트산(acetic acid)	$C_2H_4O_2$	16.6	C_2	0
프로피온산(propionic acid)	$C_3H_6O_2$	−22	C_3	0
부티르산(butyric acid)	$C_4H_8O_2$	−6	C_4	0
카프로산(caproic acid)	$C_6H_{12}O_2$	−3	C_6	0
카프릴산(caprylic acid)	$C_8H_{16}O_2$	16.5	C_8	0
카프르산(capric acid)	$C_{10}H_{20}O_2$	31.4	C_{10}	0
라우르산(lauric acid)	$C_{12}H_{24}O_2$	44.2	C_{12}	0
미리스트산(myristic acid)	$C_{14}H_{28}O_2$	53.9	C_{14}	0
팔미트산(palmitic acid)	$C_{16}H_{32}O_2$	63.1	C_{16}	0
스테아르산(stearic acid)	$C_{18}H_{36}O_2$	96.9	C_{18}	0
아라키드산(arachidic acid)	$C_{20}H_{40}O_2$	76.5	C_{20}	0
베펜산(befenicacid)	$C_{22}H_{44}O_2$	80	C_{22}	0
리그노세르산(lignocericacid)	$C_{24}H_{48}O_2$	86	C_{24}	0
2) 불포화지방산				
팔미톨레산(palmitoleic acid)	$C_{16}H_{30}O_2$	1.5	C_{16}	1
올레산(oleic acid)	$C_{18}H_{34}O_2$	16.3	C_{18}	1
리놀레산(linoleic acid)*	$C_{18}H_{32}O_2$	−5	C_{18}	2
리놀렌산(linolenic acid)*	$C_{18}H_{30}O_2$	−11.3	C_{18}	3
아라키돈산(arachidonic acid)*	$C_{20}H_{32}O_2$	−49.5	C_{20}	4

*리놀레산, 리놀렌산은 개와 고양이에게 필수지방산이다. 아라키돈산은 고양이에게 필수지방산이다.

3. 지방의 기능

지방의 기능은 다음의 세 가지로 크게 분류할 수 있다.

1) 에너지 공급 및 저장

중성지방을 가수분해하면 에너지가 농축된 글리세롤과 지방산으로 분리된다. 지방에서 이용될 수 있는 에너지의 양은 이들의 소화율과 관계가 있다. 동물에게 반드시 급여되어야 하는 필수지방산을 제외하고는 에너지원은 지방 외에 탄수화물로부터 공급된다. 즉, 사료에서 에너지 공급을 위한 지방의 요구량은 일반적으로 없다.

체내에서 사용되고 남은 에너지를 저장할 때는 글리코겐이나 단백질, 체지방 등으로 저장하게 된다. 글리코겐이나 단백질은 수분의 함량이 높아 단위 무게당 생산할 수 있는 에너지 발생량이 적지만 지방은 탄수화물이나 단백질보다 좀 더 환원되어 있고, 지방세포는 소수성으로 수분을 적게 함유하고 있어 에너지 발생 효율이 높다.

지방은 탄수화물이나 단백질보다 단위 무게당 발생할 수 있는 열량이 2배 이상 높으므로, 동물 체내에 효율적인 에너지 공급원이다.

동물 체내에서는 주로 지방세포 내 중성지방의 형태로 저장되며, 이들 세포는 피하, 복강 등에 축적된다. 따라서 지방으로 에너지를 저장하는 것이 효율적인 에너지 저장방법이라고 할 수 있다. 하지만, 동물에게 너무 과도한 영양소를 공급하면 쓰이지 못한 에너지가 중성지방으로 다량 축적되거나, 지방 침착이 과도한 축산물이 생산되기 때문에 주의하여야 한다.

2) 세포막의 구성성분

지방은 세포막의 구성성분으로, 인지질이나 당지질과 같은 물질이 세포막 구성성분의 기초물질이 된다. 콜레스테롤도 인지질과 마찬가지로 세포막을 구성하며, 간이나, 신장, 뇌 등에는 콜레스테롤이 많아 세포의 안정성을 제공한다. 이러한 세포막 구성물질은 친수성과 소수성을 함께 띠는 양극성의 성질을 갖고 있어 친수성 부분(인)은 외부로 노출되고 소수성 부분(지질)은 세포막의 내부를 형성하게 된다. 이렇게 세포막은 인지질 등의 양극성 물질과 함께 이중막 구조를 형성한다.

3) 필수지방산 및 지용성 비타민 공급

지방은 체내에서 필요한 필수지방산을 공급한다. 필수지방산은 체내의 성장, 유지, 활동에는 반드시 필요하지만 체내에서 합성되지 않거나, 합성되는 양이 요구량에 못 미쳐 동물이 사료를 통해 필수적으로 섭취해야 하는 지방산을 말한다.

지질을 섭취하면 이러한 필수지방산인 리놀레산(linoleic acid), 리놀렌산(linolenic acid), 아라키돈산(arachidonic acid)을 공급받을 수 있다. 이러한 필수지방산은 세포막의 구조적 안정성을 제공하고, 혈중 콜레스테롤을 감소시키며, EPA나 DHA의 공급을 통한 두뇌발달과 시각기능을 유지할 수 있으며, 생리조절 물질 중 하나인 에이코사노이드(eicosanoid)를 합성할 수 있다.

지방은 지용성 비타민의 흡수를 촉진할 수 있는데, 일반적으로 지용성 비타민은 지방에 녹아 있는 상태로 지방의 소화·흡수 작용과 비슷한 대사과정을 거치게 된다. 따라서 동물이 지방의 섭취가 적어지면 지용성 비타민의 섭취량도 함께 감소할 수 있다.

지용성 비타민 결핍 시 성장저해, 부종, 성성숙 지연, 피모 불량 등이 나타날 수 있다.

4) 기타 기능

체내에 축적된 지장 중 반 이상은 피하에 저장되며, 지질은 물보다 열전도율이 낮아 피하에 저장된 지방조직은 체온 변동을 줄여주는 역할을 한다. 장기에 축적된 지방은 외부의 충격으로부터 장기를 보호한다.

지방은 뼈의 석회화를 촉진할 수 있는데, 칼슘의 체내 흡수와 침착을 돕는 비타민 D는 7-디하이드로콜레스테롤(7-dehydrocholesterol)과 에르고스테롤(ergosterol) 등의 지방으로부터 생성된다. 동물사료의 경우 사료에 지방을 첨가하였을 때 사료 내 먼지 발생량을 줄여 동물과 사람의 호흡기 질병 발생을 감소시킬 수 있다.

4. 지방의 대사작용

지방은 소화기관에서 리파아제에 의해 글리세롤과 지방산으로 분해되면 혈액 또는 림프액으로 흡수되어 에너지 발생에 이용되거나 지방조직에 축적되는 등 활발한 대사과정을 거치게 된다.

지방의 대부분은 비용해성인 중성지방으로 체내에 저장되며, 필요에 따라 체세포의 에너지 보충을 위해 분해 이용된다.

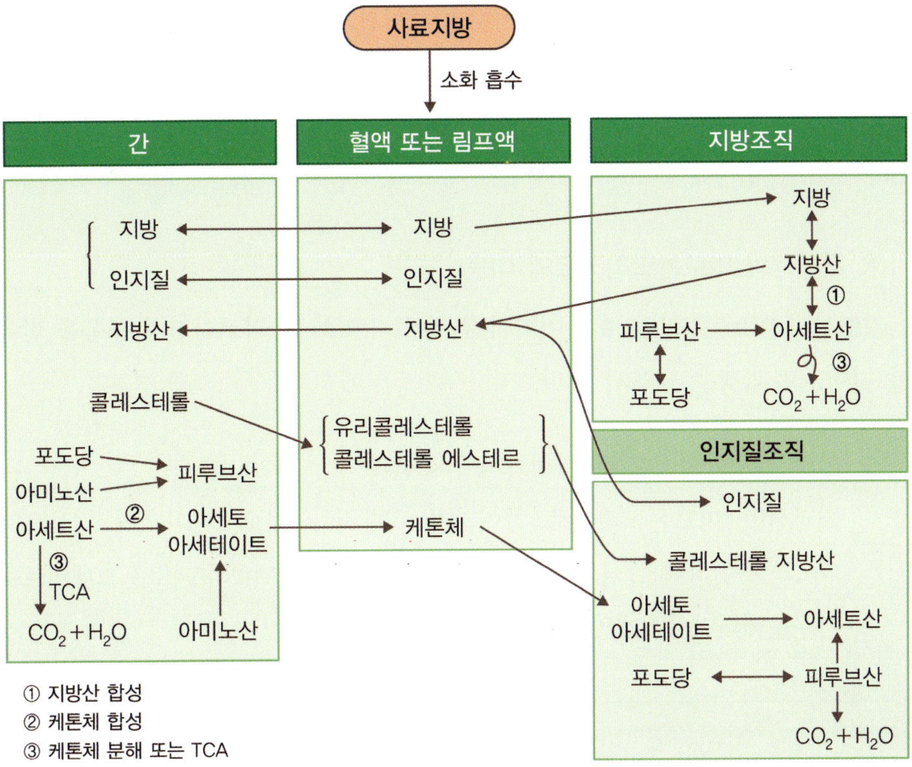

그림 3-12 지방의 체내 대사

출처: 정천용, 김유용(2018). 가축영양학. 한국방송통신대학교출판문화원.

1) 지방산의 산화 작용

지방이 글리세롤과 지방산으로 분해되면, 글리세롤은 α-글리세롤포스페이트가 되어 해당과정(glycolysis)을 거치며, 지방산은 β-산화(β-oxidation)로 분해된다.

(1) β-산화

지방산은 산화 시 카르복실기(-COOH)로부터 베타 위치에 있는 탄소들이 2개씩

산화, 분리된다. 이를 β-산화라고 한다.

지방산의 β-산화는 1904년 누프(Knoop)에 의해서 처음으로 알려졌으며, 이후 조효소 A와 아세틸 등이 단계적으로 발견, 보완되면서 지방산의 산화기구가 완성되었다.

지방산의 β-산화는 미토콘드리아에서 이루어진다. 따라서 지방산은 미토콘드리아 안으로 이동되어야 한다. 그러나 지방산 자체만으로는 들어갈 수 없어 막을 통과하기 위한 특별한 수송수단을 필요로 하며, 그 구체적인 산화경로는 다음과 같다.

① 지방산의 미토콘드리아로의 이동

지방산이 미토콘드리아로 들어가기 위해서는 효소 및 카르니틴의 도움을 받아야 하며, 그 과정은 다음과 같다.

가. 지방산은 아실 CoA로 활성화되어야 한다.

지방산이 미토콘드리아로 들어가기 위해서는 티오키나아제의 작용으로 CoA와 결합하여 활성화되어야 한다. 이때 ATP는 AMP와 피로포스페이트로 가수분해되면서 2개의 ATP를 소모한다.

$$\mathrm{RCOO^-} + \mathrm{CoA} + \mathrm{ATP} \xrightarrow{\text{티오키나아제}} \text{아실 CoA} + \mathrm{AMP} + \mathrm{PPi}$$

나. 활성화된 아실 CoA는 미토콘드리아 막에 존재하는 효소인 카르니틴(carnitine)의 작용으로 아실카르니틴을 형성하면서 CoA를 분리한다.

$$\text{아실 CoA} + \text{카르니틴} \longrightarrow \text{아실카르니틴} + \mathrm{CoA}$$

다. 아실카르니틴과 CoA는 미토콘드리아 안으로 들어가 다시 아실 CoA를 형성하고, 분리된 카르니틴은 밖으로 나가게 된다.

이와 같은 과정이 반복되면서 지방산의 이동이 이루어진다.

② 단계별 지방산의 산화과정

지방산이 미토콘드리아로 들어가는 과정에 활성화된 아실 CoA는 산화하며, 한 개의 아세틸 CoA와 처음보다 탄소 2원자가 적은 아실 CoA로 분리되는 경로를 반복하면서 산화과정이 이루어진다. 지방산 산화경로에서 탄소의 수가 짝수인 지방산은 항상 아세틸 CoA를 생성하고, 홀수의 지방산은 아세틸 CoA와 프로피오닐 CoA를 마지막으로 생성한다. 지방산은 매 산화경로 회전으로 1분자의 $FADH_2$와 1분자의 NADH를 생성한다. 따라서, 한 회전에 5개의 ATP를 생성하게 된다.

[그림 3-13]은 팔미트산(palmitic acid)의 산화과정의 예이다. 팔미트산은 β-산화를 7회전 하면서 각각 7개의 $FADH_2$와 $NADH_2$ 그리고 8개의 아세틸 CoA를 생산한다. 단계별로 살펴보면 다음과 같다.

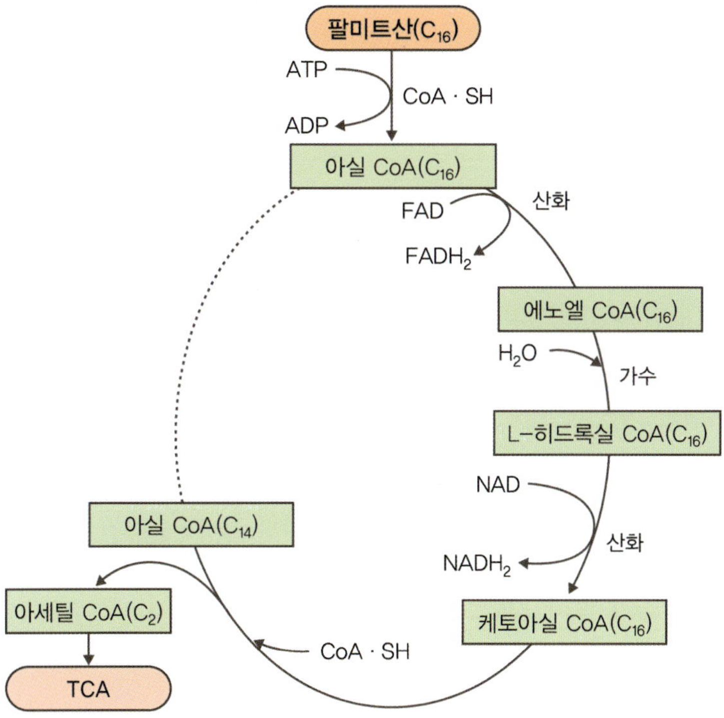

그림 3-13 지방산(팔미트산)의 산화작용

출처: 정천용, 김유용(2018). 가축영양학. 한국방송통신대학교출판문화원.

가. 제1단계

아실 CoA 형성단계로, 탄소의 수가 16개인 팔미트산이 효소계를 7회 통과하면서 7개의 $FADH_2$와 $NADH_2$를 생성하므로 결국 ATP를 35개 생성하는 것과 같다.

그러나 이때 지방산의 활성화를 위하여 ATP를 2개 소모하므로 실제로는 33개의 ATP를 얻게 된다.

지방산 활성화를 위한 ATP 2개 소모: 35ATP − 2ATP = 33ATP

나. 제2단계

아세틸 CoA의 산화단계이다.

이때 매 산화단계마다 12개의 ATP를 생성하므로 96개의 ATP를 생성하게 된다.

8아세틸 CoA×12 ATP/아세틸 CoA = 96 ATP

따라서, 팔미트산 1몰(mole)이 완전 산화될 경우에 1단계 33APT, 2단계 96ATP, 총 129몰의 ATP를 생성한다.

한편, 팔미트산 1몰의 연소열은 2,338kcal이므로, 에너지 효율은 약 40%임을 알 수 있다.

에너지 효율 = (129몰×7.3 / 2,338kcal)×100 = 40.3%

(2) α-산화와 ω-산화

지방산의 산화는 주로 β-산화에 의하여 이루어지나, α-산화, ω-산화에 의해서도 이루어지고 있음이 밝혀지고 있다.

α-산화는 처음 싹이 트는 식물 종자에서 발견되었으며, 그 후 식물의 잎, 포유동물의 간이나 뇌 등에서도 발생한다는 사실이 알려졌다. 동물체에서 피탄산(phytanic acid)을 CO_2와 H_2O로 분해할 때 α-산화가 작용한다.

사료 중에 함유된 클로로필은 섭취된 후 피톨이 되며, 피톨은 다시 피탄산으로 되었다가 α-산화만으로는 분해되지 못하고, 먼저 β-산화가 일어난 후 β-산화 과정에 의하여 분해될 수 있다.

ω-산화는 주로 탄소의 수가 6개부터 18개 사이의 지방산에서 볼 수 있다. ω-산화는 지방산의 카르복실기로부터 가장 멀리 떨어진 탄소원자가 산화되어 염기성산을 생성하고 β-산화계에 전달되어 분해되고 있는 것으로 알려지고 있다.

2) 휘발성 지방산의 대사

반추동물은 주 에너지원으로 아세트산, 프로피온산, 부티르산 등 휘발성 지방산(VFA)을 이용하며, 대사과정은 다음과 같다.

(1) 아세트산

반추위에서 흡수된 아세트산은 아세틸 CoA로 전환된 다음, TCA 회로를 통하여 산화되거나 지방산의 합성에 사용된다. 아세트산이 활성화과정을 거쳐 아세틸 CoA가 전환되는 동안 2개의 ATP가 소모되고(실제로는 ATP → AMP), 아세틸 CoA가 TCA 회로를 통하여 산화되는 동안 12개의 ATP를 생산하므로 아세트산 1분자당 10개의 ATP가 생성되는 셈이다. 아세트산은 우유지방 생산 원료물질로, 분자량이 작은 지방산은 거의 아세트산으로부터 합성된다고 볼 수 있다.

(2) 프로피온산

프로피온산은 주로 간에서 글루코오스 합성에 쓰인다. 이것이 반추동물에 있어서 글루코오스 공급 원료물질로 우유 생산에 소요되는 글루코오스의 약 60%가 프로피온산으로부터 공급된다. 프로피온산은 TCA 회로의 숙시닐 CoA를 통하여 글루코오스 합성(glyconeogenesis) 경로로 들어가는데, 그 과정에서 3개의 ATP와 비오틴(biotin)과 비타민 B_{12}를 필요로 한다. 프로피온산 1분자의 산화로 17개의 ATP가 생성된다.

(3) 부티르산

부티르산은 아세틸 CoA를 통하여 지방산 합성에 쓰이거나 산화되어 에너지를 발생하는데, 1분자당 25개의 ATP가 생성된다.

3) 지방산의 합성

지방산 합성은 β-산화의 역반응으로 이루어지지 않으며, 기본단위로 말로닐 CoA가 관여한다. 지방산의 단계별 합성과정은 다음과 같다.

첫째 단계는 CO_2-비오틴 효소복합체(CO_2-biotin-enzyme complex) 형성과정이다. 이 과정은 비오틴과 ATP로 CO_2의 활성화(activation)를 통해서 이루어진다. 형성된 CO_2-비오틴 효소복합체는 아세틸 CoA와 결합하여 말로닐 CoA를 생성하고, 비오틴은 다시 유리되어 CO_2 활성화 작용에 다시 관여한다.

$$CO_2 + ATP + biotin - enz \Leftrightarrow CO_2 - biotin - enz + ADP + H_3PO_4$$
$$CO_2 - biotin - enz + acetyl\ CoA \Leftrightarrow malonyl\ CoA + biotin - enz$$

그 다음 단계는 [그림 3-14]와 같다. 여기에서 β-산화와 또 다른 중요한 차이점은 환원작용에서 조효소(coenzyme)로 쓰이는 것이 NADH가 아니라, 탄수화물대사의 하나인 육탄당일인산회로에서 주로 생성되는 NADPH라는 점이다.

말로닐 CoA가 일단 합성되면, 6개의 지방산 합성효소로 구성된 반응계에 의해 지방산이 합성된다. 이 반응계에는 6개의 효소 외에 그 자신은 효소의 기능을 가지지 않고 다만 아실(acyl)기의 운반체로 작용하는 또 하나의 단백질이 존재하는데, 이것을 아실 운반단백질, 즉 ACP(acyl carrier protein)라고 한다.

말로닐 CoA는 말로닐 그룹(malonyl group)을 ACP에 전달하여 말로닐 ACP를 형성하는데, 이때 말로닐 그룹은 공유결합에 의하여 ACP에 연결된다.

ACP의 주위를 둘러싸고 있는 6개의 효소는 또다른 아세틸 CoA 또는 짧은 탄소고리의 아실 CoA로부터 아세틸군이나 아실군을 인수받아 단계적인 반응으로 말로닐군에 축합시켜서 보다 긴 탄소고리의 아실군을 만들면서 1회전한다.

이와 같은 회전이 반복됨에 따라 아실군은 점차 길어지고, 결과적으로 탄소의 수가 많은 지방산을 합성하게 된다.

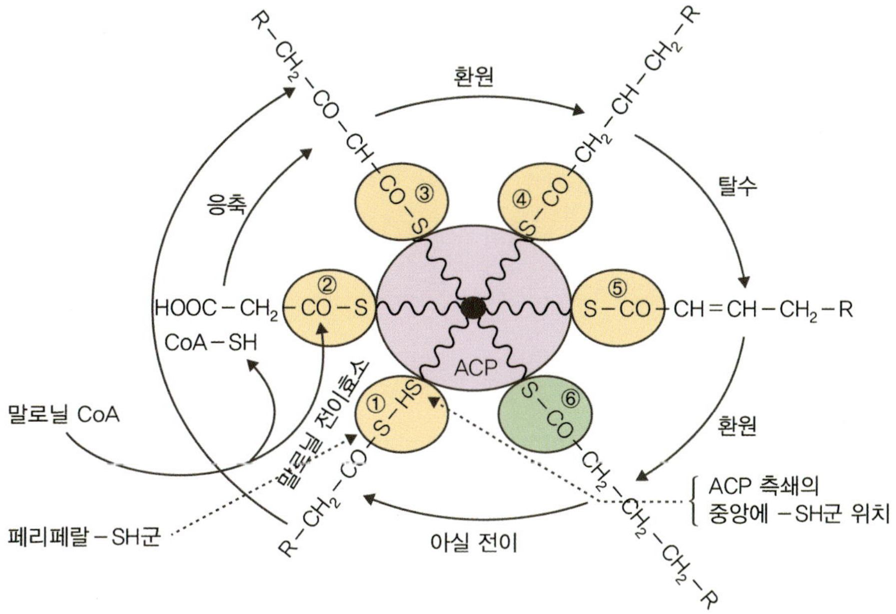

① 아실 전이효소 ② 말로닐 전이효소 ③ β– 케토아실 효소합성제
④ β– 케토아실 효소 환원제 ⑤ 수소효소 ⑥ αβ– 불포화아실 효소환원제

그림 3-14 지방산 합성효소 반응계

출처: 정천용, 김유용(2018). 가축영양학. 한국방송통신대학교출판문화원.

4) 중성지방의 합성

동물체 내에 축적되어 있는 대부분의 지방은 중성지방이다. 이들 중성지방은 간이나 지방세포에서 활성적으로 합성되는데, 그 경로는 다음과 같은 세 가지가 있다.

(1) 모노아실글리세롤의 중성지방 합성

섭취된 중성지방은 바로 체지방으로 이송되지 못하고 장 내에서 리파아제의 작용에 의해서 지방산과 2-모노아실글리세롤로 가수분해된다. 이것이 흡수되면, 모노아실글리세롤은 아실 CoA에 의해 아실화되어서 중성지방으로 합성된다.

(2) 글리세롤에 의한 지방 합성

해당에서 생성된 글리세롤은 먼저 인지질 에스테르가 되고, 다음에 아실 CoA에 의해 아실화되어서 포스파티드산(phosphatidic acid)이 된다. 여기서 포스파티다아제에 의해서 포스파티드산이 가수분해되면 디아실글리세롤과 무기인산이 된다. 이것이 한 번 더 아실화되어서 트리아실글리세롤, 즉 중성지방이 된다. 3-Sn-포스파티드산은 인지방과 중성지방 그 어느 쪽으로도 될 수 있는 중간산물이라고 볼 수 있다.

(3) 디히드록시아세톤인산염의 중성지방 합성

해당작용에서 촉매효소의 일종인 알돌라아제(aldolase)에 의해 생성된 디히드록시아세톤인산염(dihydroxy-aceton phosphate)에서 포스파티드산이 생성되어 둘째 방법과 같이 중성지방으로 합성된다. 따라서 중성지방의 합성경로는 전구물질인 글리세롤-3-포스페이트가 중간산물인 포스파티드산의 형태를 거치느냐 거치지 않느냐에 따라 달라지는데, 대개의 경우 포스파티드산의 생성 전후에 중성지방이 합성된다고 볼 수 있다.

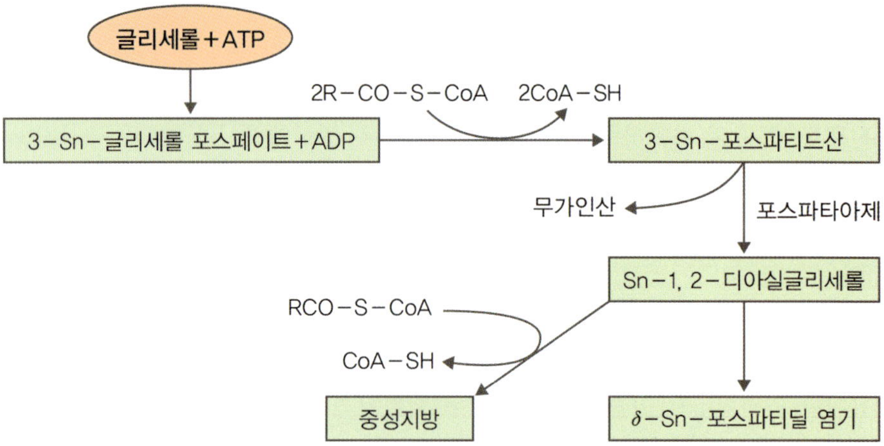

그림 3-15 중성지방의 합성 경로

출처: 정천용, 김유용(2018). 가축영양학. 한국방송통신대학교출판문화원.

IV

단백질

학습목표

1. 단백질의 정의를 설명할 수 있다.
2. 단백질의 분류를 설명할 수 있다.
3. 아미노산의 분류와 특성을 설명할 수 있다.
4. 비단백태질소화합물을 설명할 수 있다.
5. 단백질의 기능을 이해한다.
6. 단백질의 대사작용을 이해한다.

1. 단백질의 정의

단백질(protein)의 영어표현인 protein은 그리스어 'proteios(우선적인)'에서 비롯된 것으로 1838년 Mulder에 의해 명명되었다. 어원에서도 알 수 있듯이 단백질은 동물의 체내 모든 세포의 구성성분으로 효소, 호르몬 및 근육단백질을 구성하며, 면역기능 및 체내 항상성 유지에 기여하는 등 중요한 역할을 수행한다. 단백질은 여러 종류의 아미노산이 펩타이드(peptide) 결합으로 연결된 구조를 가지고 있으며, 아미노산 배열 및 화학적 상관관계에 따라 입체적 구조를 이루어 각각의 고유한 기능을 수행한다.

자연계에 존재하는 식물성 단백질의 경우 약 100종 이상의 아미노산이 존재하는 것으로 알려져 있으나 동물성 단백질의 경우 약 20여 종의 아미노산으로 구성되어 있다. 동물성 단백질을 구성하는 아미노산들은 동물의 체내에서 필요한 만큼 충분히 합성될 수 있는 비필수아미노산(dispensible 혹은 nonessential amino acids)과 체내에서 합성되지 않거나 합성이 되더라도 요구량을 충족시키지 못해 외부로부터 공급되어야 하는 필수아미노산(indispensible 혹은 essential amino acids)으로 구분된다.

1) 단백질의 중요성

(1) 단백질은 동물세포의 구성성분으로, 생물학적 구조를 견고하게 하고 보호하는 능력을 가지고 있다.

(2) 단백질은 생명체의 기본물질로, 노쇠된 조직의 대체나 새로운 근육조직의 형성을 위해 없어서는 안 될 물질이다.

(3) 단백질은 효소의 주성분으로, 생체 내의 유기생체분자의 화학반응을 촉매한다. 유전현상 및 생명현상에 관여하는 기본물질이다.

(4) 단백질은 운반단백질의 기능도 있다. 헤모글로빈의 주성분으로 산소를 세포로 운반하며, 지질을 운반하고, 세포막을 통하여 글루코오스 · 아미노산 등을 수송하기도 한다.

(5) 영양 및 저장 단백질의 기능을 하며, 핵단백질, 클로로필(chlorophyll)의 구성분이기도 하다.

(6) 항체의 주성분으로 생체의 방어기능을 하며, 세포의 활성이나 생리작용을 조절하는 기능을 하기도 한다.

(7) 단백질은 우유 · 달걀 · 고기 등 축산물의 필수 구성분이다.

2) 단백질의 특성

단백질은 종류도 많고, 각기 고유의 특성도 다양하다. 이들 단백질의 공통적인 특성은 다음과 같다.

(1) 단백질은 화학적으로 산과 염기가 함께 결합된 양성물질이다.

아미노산과 같은 양성물질로, 등전점에 있는 단백질에 산을 가하면 양이온화하여 피크르산(picric acid), 타닌산(tannic acid) 등의 첨가로 침전되는 한편, 알칼리를 가하면 음이온화하고 납(Pb) 등의 금속이온에 의하여 침전한다.

(2) 단백질은 물에서 교질상태로 존재한다.

알부민 같은 단순단백질은 물에 녹지만, 대부분 단백질은 물에 녹지 않고, 에테르(ether)에도 녹지 않는다.

(3) 황산암모니아 같은 중성염에 의하여 침전된다.

(4) 열이나 알코올에 의하여 응고되며, 소화 도중에 효소에 의해서도 응고된다.

(5) 단백질은 여러 가지 작용에 의하여 변성이 일어나며, 물리적 및 생물학적 성질에도 변화가 온다. 관련되는 작용으로 열, 산, 알칼리, X선, 자외선, 아세톤 등을 들 수 있다. 변성이 일어나면 더욱 소화효소의 공격을 받기 쉽다.

2. 단백질의 분류

단백질은 분자구조에 따라 단순단백질(simple protein), 복합단백질(conjugated protein) 및 유도단백질(inducible protein)로 구분된다.

단순단백질은 아미노산만으로 구성된 단백질을 의미하며, 단백질의 종류에 따라 아미노산의 종류 및 수가 다르다. 복합단백질은 아미노산 이외에도 당지질 등 다른 분자들이 함께 결합된 것으로 당단백질(glycoprotein 혹은 protein-carbohydrate complex), 지단백질(lipoprotein 혹은 protein-lipid complex) 등이 있다. 유도단백질은 단백질이 가수분해나 산, 염기, 효소 등의 다양한 작용에 의해 생긴 2차적 산물을 의미하며, 젤라틴(gelatin), 펩톤(peptone) 등이 있다.

1) 단순단백질

(1) 알부민(albumin)

알부민은 혈액이나 우유, 계란 등에 존재하며, 알부민에 속하는 단백질로는 혈청알부민, 락토알부민, 오브알부민 등이 있다. 알부민은 수용성이며, 열을 가했을 때 변성된다. 혈청알부민은 혈액이 응고되고 남은 투명한 액체 속에 녹아 있는 단백질로 혈청단백질의 약 60%를 차지한다. 간이나 근육에 존재하는 알부민은 마이오겐(myogen)이라고 하며, 식물성 알부민으로는 보리씨에 함유된 류코신(leucosin), 완두콩에 존재하는 레구멜린(legumelin), 피마자씨에 존재하는 리신(ricin)이 있다.

(2) 글로불린(globulin)

글로불린에 속하는 단백질로는 혈청 글로불린, 근육 내의 마이오신(myosin), 감자의 튜베린(tuberin) 등이 있다. 글로불린은 물에 잘 녹지 않는 단순단백질로 약알칼리 혹은 중성 염류용액에는 녹는다. 동물의 혈장에는 alpha-, beta-, gamma-글로불린이 존재하며, 우유 속에는 락토글로불린(lactoglobulin)이 있다. 식물에서도 글로불린이 존재하는 것으로 알려져 있으나 동물에 비해 그 농도는 매우 낮은 편이다.

(3) 글루텔린(glutelin)

글루텔린은 식물 종자에 많이 함유된 단순단백질로 물에 녹지 않으며, 다량의 글루탐산을 함유하고 있다. 곡류 원료사료인 밀에 들어 있는 글루테닌(glutenin)이 대표적이며, 쌀에는 오리제닌(oryzenin), 보리에는 호르데닌(hordenine)이 들어 있다. 글루텔린은 비교적 불안정한 단백질이기 때문에 순수한 글루텔린으로 추출되기는 어려우며, 대부분 유사 단백질과의 혼합물 형태로 추출된다. 글루텔린이 물과 혼합되면 글루텐(gluten)을 형성한다.

(4) 프롤라민(prolamin)

프롤라민은 염기성 단순단백질로 글루탐산(glutamic acid), 프롤린(proline) 및 류신(leucine)을 많이 함유하고 있다. 프롤라민에 속하는 단백질로는 밀이나 호밀의 글리아딘(gliadin), 옥수수의 제인(zein), 호밀의 세칼린(secalin), 보리의 호르데인(hordein) 등이 있으며, 물이나 무수알코올에는 녹지 않지만 70~80% 알코올에는 녹는다.

(5) 히스톤(histone)

히스톤은 갑상샘이나 췌장에 많이 존재하며, 수용성이다. 히스톤은 염기성이며, 아르기닌(arginine)과 라이신(lysine) 및 히스티딘(histidine)이 풍부하다. 히스톤과 DNA가 결합한 뉴클레오좀(nucleosome)은 대표적인 핵단백질이다.

(6) 콜라겐(collagen)

콜라겐은 결합조직(connective tissue), 뼈 및 연골을 구성하는 단백질로 소화효소에 의해 분해되지 않지만 끓는 물에서 젤라틴으로 분해된다. 콜라겐은 프롤린, 옥시프롤린(oxy-proline), 글라이신(glycine) 등으로 구성되어 있으며, 옥시프롤린의 함량이 비교적 높다.

(7) 엘라스틴(elastin)

엘라스틴은 동물의 결합조직에 많이 함유되어 있으며, 콜라겐과 비슷한 물질이지만 젤라틴으로 분해되지는 않는다.

(8) 케라틴(keratin)

케라틴은 머리털, 손톱, 피부, 뿔, 깃털 등을 구성하는 단백질로 매우 단단하며 분해가 어렵고 진성케라틴(eukeratin) 및 유사케라틴(pseudokeratin)으로 구분된다. 진성케라틴은 머리털, 손톱, 뿔, 깃털 등을 구성하는 주요 단백질로 황함유 아미노산의 일종인 시스틴(cystine)의 함량이 높다. 유사케라틴은 피부, 신경조직 등에 존재하는 단백질로 시스틴의 함량이 비교적 낮다.

2) 복합단백질

(1) 핵단백질(nucleoprotein)

핵단백질은 핵산과 단백질이 결합된 복합단백질로 세포질 내에 존재하는 리보핵단백질(ribonucleo protein) 및 염색체의 핵에 존재하는 디옥시리보핵단백질(deoxyribonucleo protein)로 구분된다. 핵단백질은 핵산, 질소, 인 등으로 구성되어 있다.

(2) 점액단백질(mucoprotein)

점액단백질에는 아미노산과 당이 결합한 형태가 많다. 점액다당류인 글루코사미노글리칸(glucosaminoglycan)이 단백질과 결합하여 점액단백질인 프로테오글리칸(proteoglycan)을 형성한다. 점액단백질에는 침 속에 존재하는 뮤신단백질, 난백에 존재하는 오보뮤코이드(ovomucoid) 등이 있다.

(3) 당단백질(glycoprotein)

당단백질은 점액단백질을 포함하며, 일반적으로 2~6개의 단당류가 단백질과 결합한 복합단백질을 의미한다. 뼈에는 오세오뮤코이드(osseomucoid), 힘줄에는 텐도뮤코이드(tendomucoid), 연골에는 콘드로뮤코이드(chondromucoid)가 존재한다.

(4) 인단백질(phosphoprotein)

인단백질에는 우유의 케이신(casein), 난황의 오보비텔린(ovovitellin) 등이 있으며, 인산과 단백질이 에스터(ester) 결합을 이루고 있다.

(5) 색소단백질(chromoprotein)

색소단백질에는 헤모글로빈(hemoglobin), 미오글로빈(myoglobin), 카로티노이드(carotinoid) 등이 있으며, 산화환원 반응을 통해 색소부분이 변화하여 변색된다.

(6) 지단백질(lipoprotein)

지단백질은 지질과 수용성 단백질의 결합으로 이루어진 복합단백질로, 뇌, 신경세포, 혈액, 우유, 계란 등 모든 세포에 존재한다. 혈청에 존재하는 지단백질은 고밀도지단백질(high-density lipoprotein, HDL), 저밀도지단백질(low-density lipoprotein, LDL), 초저밀도지단백질(very low-density lipoprotein, VLDL)로 구분된다. 고밀도지단백질은 콜레스테롤 17%, 인지질 22% 및 단백질 50%를 함유한다. 저밀도지단백질은 콜레스테롤 45%, 인지질 20%, 트리글리세리드(triglyceride) 10% 및 단백질 25%를 함유한다. 지단백질은 콜레스테롤을 체내의 각 조직으로 운반하는 역할을 한다.

(7) 금속단백질(metalloprotein)

금속단백질은 금속원자와 단백질이 결합한 복합단백질로, 헤모글로빈, 페리틴(ferritin), 탄산무수화효소(carbonic anhydrase), 세룰로플라스민(ceruloplasmin) 등이 있다. 철분(Fe)을 함유하지 않은 단백질은 apoferritin이며, 체내에서apoferritin의 합성이 여의치 않을 경우에는 hemosiderin의 형태로 철분을 저장한다.

3) 유도단백질

(1) 프로티안(protean)

프로티안은 1차 유도단백질로 단백질이 산이나 효소 등에 의해 변성되어 불용성으로 변한 단백질이다. 엘라스틴(elastin) 및 마이오신(myosin)으로부터 프로티안의 일종인 에데스탄(edestan) 및 마이오산(myosan)이 각각 생성된다.

(2) 프로티오즈(proteose)

프로티오즈는 2차 유도단백질이며, 단백질 소화과정에서의 중간산물로 수용성이다. 프로티오즈는 펩신이나 트립신에 의해 단백질이 부분적으로 소화되었을 때 생성되며, 단백질과 펩톤(peptone)의 중간 형태를 띤다.

(3) 펩톤(peptone)

펩톤은 2차 유도단백질이며 단백질 소화과정에서의 중간산물로 프로티오즈와 비슷한 성상을 지니지만 분자량이 더 작다.

(4) 펩타이드(peptide)

펩타이드는 2차 유도단백질이며, 단백질 분해의 중간산물로 2개 이상의 아미노산이 결합하고 있다. 펩타이드는 아미노산으로 가수분해된다.

3. 아미노산

1) 아미노산의 특성

아미노산(amino acid)은 모든 생명현상을 관장하는 단백질의 기본적 구성단위이다. 아미노산 중 최초로 발견된 것은 아스파라긴이며, 가장 늦게 발견된 것은 트레오닌이다.

아미노산은 공통적으로 아미노기(-NH_2)와 카르복실기(-COOH)를 가지며, 한 아미노산의 아미노기와 다른 아미노산의 카르복실기가 연결되는 공유결합(peptide bond)으로 수많은 아미노산이 연결되어, 각기 성질과 활성이 다른 펩티드나 단백질을 만들고 있다.

아미노산의 공통된 구조적 특성은 다음과 같다.

(1) 아미노산은 모두 수용성으로, 아미노산의 공유결합은 가수분해로 끊어진다.

(2) 아미노산은 대부분 탄소의 수가 적은 지방산의 유도체이다.

(3) 자연계에 존재하는 아미노산은 대부분 l-form이다.

(4) 아미노산은 대부분 -NH_2와 -COOH를 가지고 있는 양성물질이다.

(5) 모든 아미노산은 자기 고유의 등전점(isoelectric point)을 가지고 있다.

2) 아미노산의 분류

아미노산은 각각 아미노기와 카르복실기의 수 그리고 곁사슬(측쇄) R기에 따라 각 아미노산의 구조와 크기, 전하, 물에 대한 용해도 등이 다르다.

(1) 앨리패틱 아미노산

앨리패틱 아미노산(aliphatic amino acid)은 일종의 지방족 아미노산으로, 구성하고 있는 $-NH_2$와 -COOH의 수에 따라 다음과 같이 분류된다.

① 모노아미노-모노카르복실 아미노산(monoamino monocarboxylic amino acid)

가. 글리신(glycin): 가장 간단한 아미노산으로, 아미노 아세트산이라고도 한다. 포피린(phophyrin), 퓨린(purine), 혈색소 등의 합성에 이용된다.

나. 알라닌(alanine): 글루탐산 생성에 관여하고, 피루브산을 통하여 TCA로 통한다. 천연 아미노산으로는 알파-알라닌과 베타-알라닌이 있다.

다. 발린(valine): 필수아미노산으로, 체내 질소의 평형에 중요하다.

라. 류신(leucine): 필수아미노산으로 자연계에도 널리 분포되어 있다. 글루텐 · 카세인 · 젤라틴 등의 가수분해에서도 얻는다.

마. 이소류신(isoleucine): 필수아미노산으로, 자연계에도 널리 분포되어 있다. 글루텐 · 카세인 · 젤라틴 등의 가수분해로도 생성된다.

바. 세린(serine): 여러 가지 효소의 활력의 중심이 되는 아미노산이다.

사. 트레오닌(threonine): 대사 시 글리신과 젖산으로 분해된다.

② 모노아미노-디카르복실 아미노산(acidic amino acid)

가. 아스파르트산(aspartic acid): TCA 회로나 오르니틴 회로의 양쪽에 관여하는 대사에 중요한 아미노산이다.

나. 글루탐산(glutamic acid): 글루탐산-피루브산 트란스아미나아제(glutamic-pyruvic transaminase, GPT)의 기질로 이용된다.

③ 디아미노-모노카르복실 아미노산(diamino-monocarboxylic amino acid; basic amino acid)

가. 리신(lysin): 필수아미노산으로 히스톤 · 알부민 등에 많이 들어 있다.

나. 아르기닌(arginine): 필수아미노산으로, 요소회로의 구성성분이다. 아르기나아제의 작용으로 요소와 오르니틴으로 분해된다.

④ 함황 아미노산(sulfur-containing amino acid)

가. 시스틴(cystine): 시스테인의 산화된 형태의 아미노산이다.

나. 메티오닌(methionine): 필수아미노산으로 메틸(methyl)기 공급원으로 역할을 한다.

다. 시스테인(cysteine): 여러 효소활동에 중요한 HS기를 공급한다.

(2) 방향족 아미노산

방향족 아미노산(aromatic amino acid)은 페닐알라닌과 티로신으로 분류된다.

① 페닐알라닌(phenylalanine): 필수아미노산으로, 두과 종자 배아에 존재하며, 생체 내에서 비가역적으로 히드록실화하여 티로신이 된다.

② 티로신(tyrosine): 티록신(thyroxine), 카테콜라민(catecholamine) 합성에 이용된다.

(3) 이상환상 아미노산

이상환상 아미노산(heterocyclic amino acid)은 아래와 같이 분류된다.

① 트립토판(tryptophan): 필수아미노산으로, 대사작용을 할 때 카이누레닌(kynurenine)의 형성경로에 역할을 한다.

② 프롤린(proline): 콜라겐에 많이 들어 있으며, 피롤리딘 고리(pyrrolidin ring)를 가지고 있다.

③ 히스티딘(histidine): 염기성 아미노산으로, 여러 가지 단백질에 들어 있으나, 특히 혈액의 헤모글로빈에 많이 들어 있다.

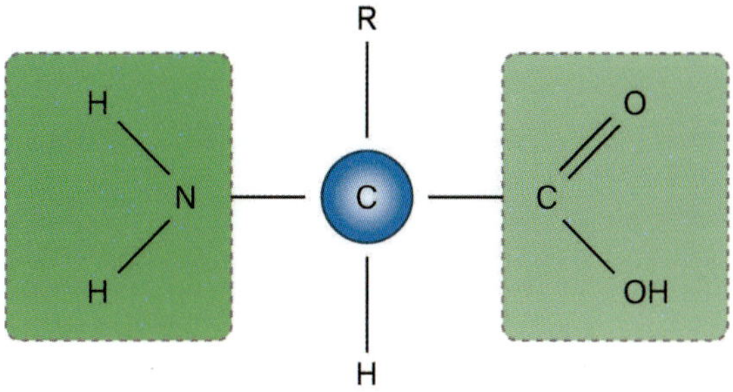

그림 3-16 아미노산의 기본 구조

출처: 김유용 외(2022). 동물영양학(3판). 라이프사이언스.

3) 필수아미노산

(1) 필수아미노산

동물체 단백질을 구성하는 아미노산에는 체내에서 합성이 되는 아미노산과 합성이 불가능한 아미노산이 있다. 이와 같은 사실은 동물의 영양에서 특정 아미노산의 필요성 여부에 대한 많은 시험연구를 통하여 밝혀지게 되었으며, 그 결과로 10개의 아미노산은 필수적으로 공급되어야 한다는 사실이 규명되었다. 이와 같은 아미노산을 필수아미노산(essential amino acid)이라고 한다.

닭은 포유동물과 달리, 10개의 필수아미노산 외에 글리신 한 가지가 더 포함된다. 조류는 체내에서 생성되는 질소의 노폐물을 요산의 형태로 배설하는데, 요산 합성에 많은 양의 글리신이 전구물질로 이용되기 때문이다. 고양이도 타우린 한 가지가 더 포함된다. 고양이에서의 타우린은 담즙염의 성분으로 결핍되면 소화 장애를 일으키고, 심장 근육의 약화, 눈 망막 세포가 빨리 퇴화되므로 고양이에서는 타우린이 부족하지 않도록 해야 한다.

그러나 반추동물은 위 내에 서식하는 미생물에 의해서 필수아미노산 조성이 우수한 균체단백질이 생성되므로 필수아미노산의 개념은 그리 중요하지 않다.

표 3-8 필수 및 비필수 아미노산

아미노산(amino acid) 종류		
필수아미노산(essential amino acid)		비필수아미노산 (nonessential amino acid)
대치 불가능한 필수아미노산	대치 가능한 준필수아미노산	
아르기닌(arginine)		글리신(glycine)
리신(lysine)		알라닌(alanine)
트립토판(tryptophan)		세린(serine)
히스티딘(histidine)		아스파르트산(aspartic acid)
페닐알라닌(phenylalanine)	티로신(tyrosine)	글루탐산(glutamic acid)
류신(leucine)		프롤린(proline)
이소류신(isoleucine)		히드록시프롤린(hydroxyproline)
트레오닌(threonine)		시스테인(cysteine)
메티오닌(methionine)	시스틴(cystine)	티록신(thyroxine)
발린(valine)		히드록시티로신(hydroxytyrosine)

(2) 준필수아미노산

아미노산 중에는 기능상 특정 아미노산을 대치하거나 또는 합성할 수 있는 것이 있다. 예를 들어, 시스틴은 메티오닌 요구량의 1/6을 대치할 수 있으며, 티로신의 경우는 페닐알라닌 요구량의 약 1/2을 대치할 수 있다.

이와 같이 필수아미노산의 일부를 대치할 수 있거나 체내에서 합성할 수 있다고 하더라도 생리적인 요구에 충분할 만큼 합성할 수 있는 아미노산을 준필수아미노산으로 분류한다.

4) 아미노산의 균형

동물체 내에서 체단백질을 합성하려면 단백질 구성에 필요한 아미노산들이 충분히 공급되어야 한다. 만일 한두 종류라도 필수아미노산이 부족하면 단백질 합성률이 저하된다.

체단백질 합성에 필요한 아미노산, 특히 필수아미노산의 종류나 양이 요구량에 알맞게 들어 있을 때 이를 아미노산의 균형(balanced amino acid)이라고 한다.

필수아미노산 중에서 체단백질 합성 요구량에 미달하는 아미노산들을 제한 아미노산(limiting amino acid)이라 하는데, 그중 양적으로 가장 많이 모자라는 것을 제1제한아미노산(first limiting amino acid)이라 하고, 이보다 적게 모자라는 것을 제2제한아미노산이라 한다.

4. 비단백태질소화합물

반추동물의 위 내에 서식하는 미생물들은 질소를 이용하여 균체단백질을 생성한다. 이때 이용하는 질소들은 단백질과 비단백태질소화합물의 분해로부터 오는 것이다.

비단백태질소화합물(non-protein nitrogenous compound; NPN)이란 단백질에서 유래하지 않는 질소화합물로, 반추동물에서는 중요한 단백질 보충제로 이용되고 있다.

일반적으로 NPN은 성장하는 목초 내 총 질소화합물에 약 30% 들어 있으며, 익어가는 종자에도 상당히 들어 있다. 또한, 근채류에도 단백질 이외에 NPN을 함유하고 있다. 그러나 완숙한 조사료와 농후사료에는 극히 미량이 들어 있을 뿐이다.

반추동물이 이용할 수 있는 비단백태질소화합물에는 아스파라긴(asparagin), 요소, 뷰렛, 요인산, 암모니아염, 요산, 질산염(nitrate) 등이 있다.

1) 요소(urea): 대표적인 비단백태질소화합물이다. 요소에는 약 46%의 질소가 들어 있다. 단백질에는 평균 16%의 질소가 들어 있으므로 이를 토대로 미생물이 단백질을 만든다면 287%의 단백질을 합성할 수 있다. 다만 요소는 분해가 빠르기 때문에 사용량과 사용방법에 주의를 하지 않으면 중독의 위험이 있다.

2) 뷰렛(biuret): 두 분자의 요소가 축합(ester)된 질소화합물이다. 요소와 달리, 반추위 안에서 분해가 서서히 이루어지기 때문에 중독의 위험성이 적고 안정성이 높은 것이 특징이다.

3) 요인산(urea phosphate): 요소에 인산을 첨가하여 만든 화합물이다. 질소가 17%, 인이 20% 들어 있어, 질소와 인을 동시에 공급하는 장점이 있다.

4) 요산(uric acid): 주로 가금의 배설물에 들어 있는 질소화합물이다. 가금의 자리깃은 질소 이용이라는 면에서 관심의 대상이 되고 있다.

5. 단백질의 기능

1) 구조단백질

단백질은 세포막, 세포질 및 세포소기관을 포함한 모든 세포의 구성성분으로 피부, 털, 근육 등을 구성하는 기본 성분이다. 동물의 체내에서 가장 풍부한 단백질은 콜라겐(collagen)으로 세포의 구조를 유지시키고 뼈, 연골, 이빨, 힘줄, 인대, 반흔 조직(scar tissue), 피부 등의 기본단위가 된다. 만일 단백질 섭취량이 요구량에 미치지 않는다면 이러한 기반 구조가 붕괴되어 우선적으로 근육 축소, 피부 탄력성 감소, 거친 털 및 탈모현상이 유발되고 심한 경우 폐사에까지 이를 수 있다.

2) 효소 및 호르몬의 구성성분

효소는 기본적으로 대사반응을 촉진하는 역할을 수행하는 단백질 분자로서 반응 과정 중에 파괴되거나 대사반응에서 직접적으로 사용되지는 않는다. 만일 대사반응 과정 중에 효소가 관여하지 않으면 화학적 변화를 일으키기 위한 많은 에너지 및 관련 분자들이 필요하게 되고 반응시간이 매우 길어지게 되며 정상적인 동물의 생리를 뒷받침하지 못하는 결과를 유발한다.

호르몬은 화학적 신호를 전달하는 전달자(messenger) 역할을 하는 분자화합물로서 체내의 특정 조직이나 기관에서 혈액 내로 분비되며 목표 조직에 특이성을 가지고 반응한다. 단백질로 이루어진 호르몬을 단백질호르몬 혹은 펩타이드호르몬이라고 부르며, 이 밖에 콜레스테롤로 구성될 경우 스테로이드호르몬이라 지칭한다.

3) 수축성 단백질

수축성 단백질(contractile protein)은 동물이 운동을 수행하기 위해 필요로 하는 분자화합물로서 대표적으로 근육단백질인 액틴(actin)과 마이오신(myosin)을 들 수 있다. 액틴과 마이오신은 근수축계의 기본을 이루는 물질로 근육이 수축과 이완을 반복할 수 있도록 구조적인 역할을 수행한다. 이러한 액틴과 마이오신의 기능은 운동을 수행하는 근육에만 국한된 것이 아니라 심장근, 장벽 근육 및 혈관 근육으로서의 기능도 수행한다. 기본적으로 이러한 수축작용에서는 에너지원으로 ATP(adenosine triphosphate)를 이용하는 것으로 알려져 있다.

4) 면역기능 및 체내 항상성 유지

단백질은 기본적으로 동물을 외부의 부상 및 병원체로부터 보호하는 역할을 수행한다. 피부는 부상 및 감염으로부터 동물을 보호하는 첫 번째 외벽이며, 외부의 먼지나 세균을 차단한다. 또한 피부손상이나 혈관손상이 일어날 경우 혈액응고단백질(blood-clotting protein)의 일종인 피브리노겐(fibrinogen) 및 트롬빈(thrombin)이 관여하여 혈액 응고시킴으로써 다량의 혈액 유출을 방지한다. 이러한 방어선을 뚫고 체내로 병원체가 유입될 경우 2차적으로 면역체계가 발동되어 단백질로 이루어진 항체(antibody)가 생성되고 각각의 침입 병원균은 항체와 특정 구조를 형성하여 파괴된다.

체세포 외부의 체액에 존재하는 단백질은 동물 체내의 항상성 유지와 관련하여 중요한 기능을 수행한다. 만일 세포 내부와 외부의 미립자 간에 농도 차이가 발생하면 체액이 세포막을 통과하여 이동하면서 내부와 외부의 균형을 맞추게 되는데 이때 단백질은 항상성을 유지하고 과도한 체액의 이동을 방지하기 위해 두 가지 경로로 관여한다. 첫 번째는 세포막(cell membrane)에 존재하는 단백질 펌프가 세포 내외부로 미립자가 이동하는 것을 도와주며, 두 번째는 혈액 내 거대단백질 분자의 경우 삼투압 적재(osmotic load)를 증가시켜 체액의 손실을 방지하는 역할을 한다. 단백질결핍증이 발생하게 될 경우 거대단백질 분자가 제 기능을 발휘하지 못하고 혈액 내 체액이 조직으로 이동할 수 있다.

혈액과 세포 내에 존재하는 단백질은 과도한 pH 변화를 막아주는 완충역할을 수행한다. 이러한 단백질의 기능은 수소이온을 붙잡거나 풀어주는 역할을 하는 것으로 적혈구 내 헤모글로빈 단백질의 경우 이산화탄소와 물 분자가 반응할 때 생성되는 수소이온을 중화시키는 역할을 한다.

5) 운송단백질

단백질은 여러 물질들을 체내에서 운송하는 역할을 수행한다. 세포 수준에서 세포막에 있는 단백질은 포도당과 아미노산이 세포 내로 유입될 수 있도록 도와주며 소장점막에서는 소화관에서 혈관으로 아미노산을 흡수하기 위해 사용된다. 혈액에서는 적혈구의 헤모글로빈이 폐에서 유입된 산소를 다른 기관으로 운반하며, 지단백질(lipoprotein)은 장과 간에서 유입된 지방을 체세포로 운송하는 역할을 한다. 비타민 A의 경우에도 혈액 내에서 운송단백질에 의하여 이송되는데, 만일 단백질이 결핍되면 이 작용에 문제가 생겨 비타민 A 결핍증이 발생할 수 있다. 이러한 경우 아무리 사료를 통해 비타민 A를 보충해도 이상 증세가 해소되지 않는다.

6. 단백질의 대사작용

동물이 섭취하는 단백질은 소장에서 아미노산으로 분해되어 흡수되면, 대사과정을 거치면서 동물체가 필요로 하는 여러 목적에 이용되는데, 주요 경로는 아래와 같다.

- 체단백질 합성이나 기타 질소화합물 합성: 체조직 · 우유 · 달걀 · 효소 · 호르몬 등의 합성 또는 노쇠한 조직의 대체(손톱 · 발톱 · 머리털) 등에 이용된다.
- 탈아미노 반응이나 아미노기 전이반응을 통한 분해 · 이용: 탄소골격은 CO_2와 H_2O로 분해를 통하여 에너지 발생에 이용되거나 글리코겐(glycogen)이나 글루코오스(glucose) 및 체지방 합성 등에 이용된다. 한편 암모니아는 요소로 합성되어 배설되거나 비필수아미노산의 합성에 이용된다.

체내에서 질소화합물은 지방과 같이 동적 상태(dynamic state)를 이루고 있어, 아미노산의 합성과 분해나 단백질의 합성과 분해 사이에는 일정한 관계가 유지된다.

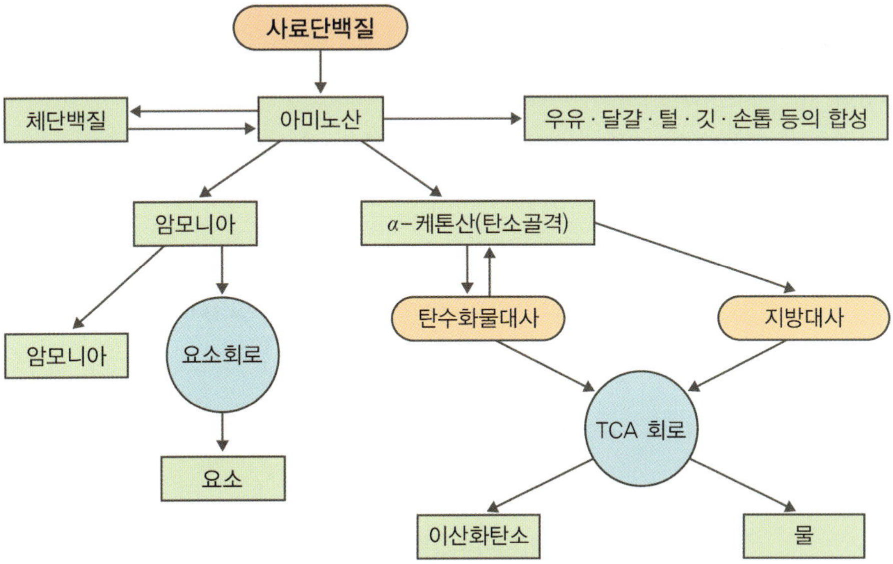

그림 3-17 단백질의 대사 과정

출처: 정천용, 김유용(2018). 가축영양학. 한국방송통신대학교출판문화원.

1) 아미노산의 분해 및 이용

섭취한 사료단백질 중 체단백질 등을 형성하고 남는 아미노산은 분해되어, 탄소골격은 에너지를 공급하거나 글루코오스나 체지방을 형성하게 되면, 암모니아는 요소로 합성되거나 아미노산을 만드는 데 이용하게 된다.

(1) 탈아미노 반응 및 탄소골격의 이용

탈아미노 반응(deamination)은 아미노산을 분해하는 첫 반응이다. 아미노기 절단을 수반하는 반응으로 산화적 방법과 효소적 방법 등에 의해서 이루어진다.

산화적 탈아미노 반응은 간과 신장에서 이루어진다.

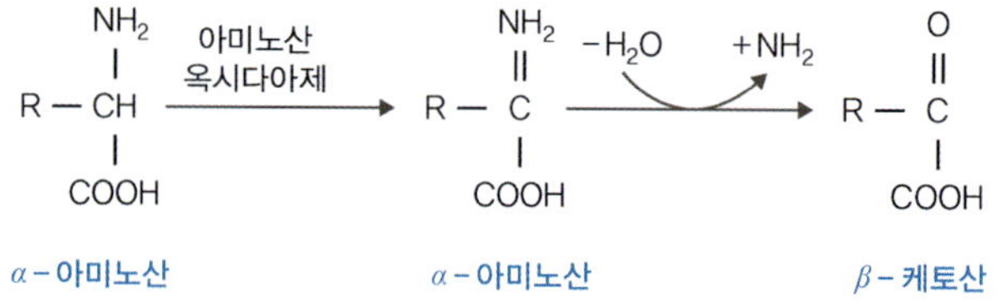

그림 3-18 산화적 탈아미노산 반응과정

출처: 정천용, 김유용(2018). 가축영양학. 한국방송통신대학교출판문화원.

탈아미노산이 먼저 수소를 잃고 이미노산(imnio acid)이 된 후, 암모니아를 잃고 케토산이 된다. 케토산은 탄수화물 및 지방대사를 통해서 에너지, 글루코오스를 생성하거나 지방 합성원료로 쓰이게 된다.

아미노기 전이반응(transamination)은 암모니아를 경유하지 않고 아미노기를 하나의 화합물에서 다른 화합물로 전이시키는 반응과정이다.

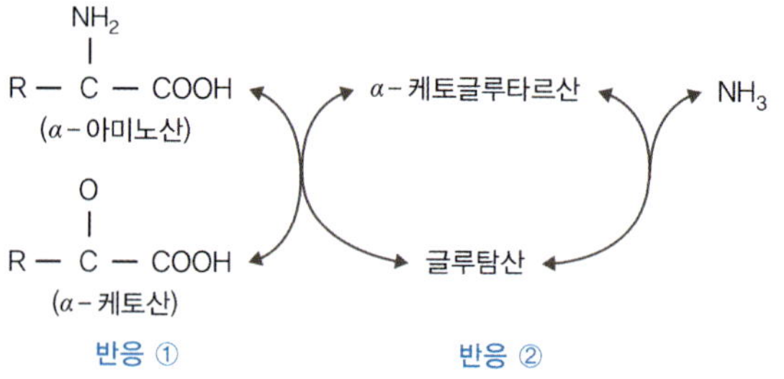

그림 3-19 아미노산의 탈아미노반응

출처: 정천용, 김유용(2018). 가축영양학. 한국방송통신대학교출판문화원.

※ 아미노기 전이효소에 의해서 반응①이 일어나고 글루탐산을 매개로 글루탐산탈수소효소에 의한 반응② 로 암모니아가 생성된다. 이 반응의 역경로로 아미노산이 합성된다.

아미노산의 분해로 생성되는 탄소골격의 TCA 회로 진입은 아미노산의 종류에 따라 달라지는데, 회로 밖에서는 피루브산과 아세토아세틸 CoA를 통해 이루어지고, 안에서는 α-케토글루타르산이 주 경로이며, 숙시닐 CoA, 푸말산, 옥살아세트산으로도 이루어진다. 이 경로로 들어온 아미노산 중 탄소골격은 산화되어 에너지를 생성하고, 글루코오스, 글리코겐, 지방합성에 이용된다.

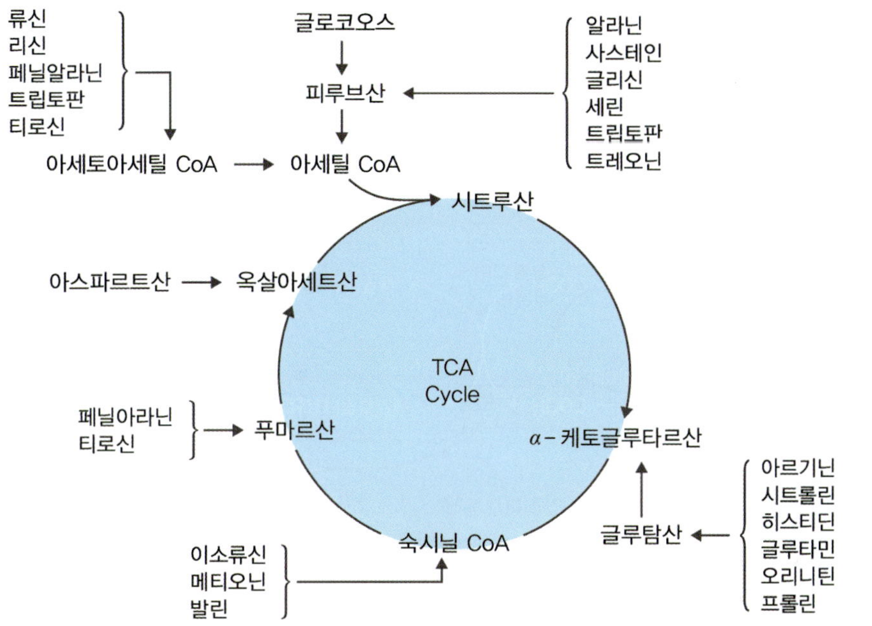

그림 3-20 아미노산 분해 탄소골격의 중간대사 산물

출처: 정천용, 김유용(2018). 가축영양학. 한국방송통신대학교출판문화원.

(2) 암모니아의 생성과 요소합성

아미노산의 분해로 생성된 암모니아(NH_3^+)는 대부분 요소로 합성되어 배설되거나, TCA 회로의 여러 중간 대사물로부터 비필수아미노산 합성에 이용된다. 암모니아의 체순환에 따른 중독작용을 방지하기 위하여 글루타민(glutamine)과 아스파라긴(asparagine) 같은 물질은 NH_3운반체로 쓰이기도 한다.

동물체 내 암모니아로부터 요소합성은 간에서 일어난다. 요소의 합성반응에는 오르니틴(ornithine), 시트룰린(citrulline), 아르기닌(arginine) 등 아미노산과 아르기나아제(arginase)가 관여한다.

요소합성에 사용되는 질소 중 한 분자는 탈아미노 반응에서, 다른 분자는 아스파르트산으로부터 온다. 요소합성에는 4분자의 ATP를 소모한다. 특히 요소합성 회로의 활성화를 위해서 중요한 아스파르트산은 옥살아세트산으로부터 오기 때문에, 요소합성을 위해서는 TCA회로의 정상적인 진행도 매우 중요하다.

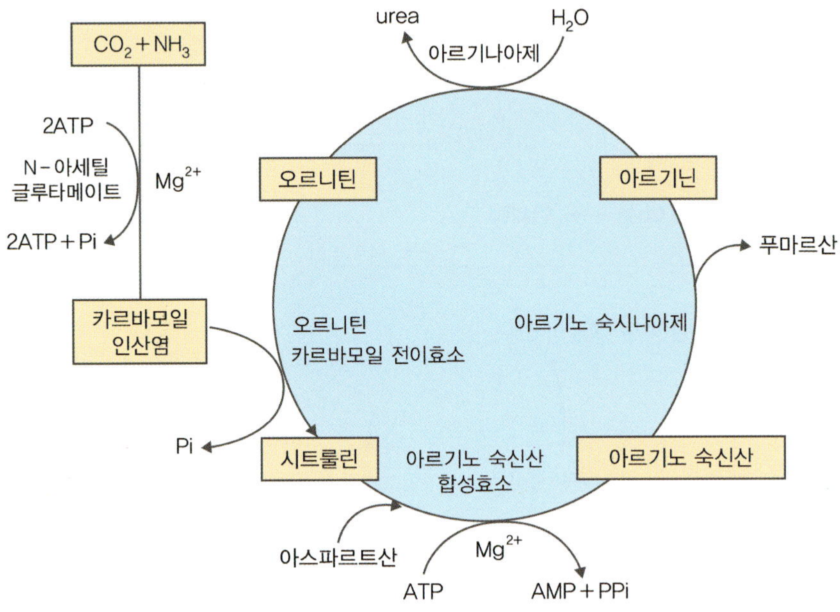

그림 3-21 요소 회로

출처: 정천용, 김유용(2018). 가축영양학. 한국방송통신대학교출판문화원.

※ 요소회로는 이산화탄소와 암모니아가 ATP를 소모하여 형성된 카르바모일 포스페이트(carbamoyl phosphate)가 오르니틴과 함께 시트룰린을 생성하면서 시작된다. 시트룰린은 다시 ATP를 소모하면서 아스파르트산과 결합하여 아르기노 숙신산을 만들고, 푸마르산을 분리하면서 아르기닌을 형성한다. 아르기닌은 아르기나아제에 의해서 요소를 분리시키고, 다시 오르니틴을 형성하면서 요소회로의 한 회전이 완료된다.

Q & A

대사수(metabolic water)란?

동물의 체내에서는 필요한 에너지를 얻기 위하여 끊임없이 혐기적 대사와 호기적 대사작용이 이루어지는데 호기적 대사작용은 산소를 필요로 하며, 이때 에너지와 함께 물이 생성된다. 이 물을 대사수라고 한다.

비단백태질소화합물(non-protein nitrogenous compound: NPN)이란?

단백질에서 유래하지 않는 질소화합물로, 반추동물에서는 중요한 단백질 보충제로 이용되고 있다.

알아두기

영양소란?

영양소(營養素, nutrient)는 생명 활동에 필요한 에너지를 제공하거나, 체 조직을 구성하거나, 체내 생리 기능을 조절하는 물질들을 통칭하는 말이다.

동물영양학이란?

동물영양학(動物營養學, animal nutrition)은 동물체의 영양소 대사 작용에 관한 지식을 바탕으로 사료 중의 각종 영양소를 효율적으로 공급함으로써 고기, 달걀, 우유 및 모피 등을 생산하여 인류에게 제공할 수 있는 응용학문이다.

단원 학습 정리

01. 물은 체구성에서 가장 많은 비중을 차지하는 물질로, 체액의 형태로 존재한다. 세포 내에서 물은 용매제로서 비열과 증발열이 커서 영양소의 소화, 흡수와 수송을 돕고, 체액이나 윤활제로서 불필요한 물질의 배설을 촉진하기 때문에 동물에게 중요한 물질이다.

02. 탄수화물은 탄소(C), 수소(H), 산소(O)로 이루어진 지구상에 가장 많이 존재하는 에너지 공급원으로 식물이 광합성작용을 거쳐 열매, 잎, 줄기, 뿌리 등에 전분(starch)이나 섬유소(fiber)의 형태로 저장한 물질을 말한다.

03. 산화적 인산화(oxidative phosphorylation)란 ATP를 획득하는 대사과정의 하나이다.

04. 동물은 체내에 필요한 글루코오스를 탄수화물로부터 공급받지 못하면 다른 유기물로 만들어야 한다. 이 과정을 글루코오스 신합성(gluconeogenesis)이라고 한다.

05. 지방은 동물 체내에서 에너지의 저장 형태이며, 필수지방산, 지용성 비타민 및 미지성장인자의 공급제로서 대단히 중요한 영양소이다.

06. 지방에는 단순지방, 복합지방 · 유도지방 및 기타 지방이 있으며, 지방산에는 휘발성 지방산, 포화지방산, 불포화지방산 등이 있다.

07. 단백질은 생명의 기본물질로 성장하는 동물조직의 주요 구성성분일 뿐만 아니라 효소 및 호르몬, 헤모글로빈 등의 주성분이다.

쉬어가기

운동량이 많은 개

어질리티(Agility, 애견 스포츠 중의 하나로 개가 장애물을 통과하는 경기)에 출전하는 개는 육상선수와 마찬가지로 운동으로 근육이 파괴되고, 회복되는 과정을 통해 근육을 단련합니다. 운동한 후에는 근육을 키우기 위한 아미노산이 필요하므로 일반 성견보다 육류나 생선 등의 양을 늘리는 편이 좋습니다.

운동 의욕이 없는 개에게 긴장감을 가지도록 훈련하는 반려인이 종종 있습니다. 육상선수에 알맞은 사람이 있듯이 개에게 장애물 경기견으로서 적합한 특성이 있는지 확인해야 합니다. 우선 장애물 경기견 육성 전문가에게 훈련을 할 수 있는지 상담받아본 다음 시킬지 말지 결정하세요.

성적만 추구해서 훈련을 과하게 시키면 개와 사람이 모두 지쳐버리는 경우도 많습니다. 함께 놀면서 즐기는 마음으로 임합시다.

운동을 자주 하는 개를 기르는 반려인 중에는 반려견에게 영양공급이 충분한지 염려하는 분이 많습니다. 보통 경기견은 일반견보다 많이 먹습니다. 근육 형성에 필요한 육류나 생선 등은 반려견이 먹고 싶어 하는 만큼 줘도 괜찮습니다. 단, 체형 확인을 게을리해서는 안 됩니다. 옆구리의 갈비뼈와 허리가 들어간 부분 등을 확인해서 살이 쪘다거나 지나치게 야위지 않았는지 정기적으로 확인하고 근력을 기르는 식사를 챙겨주세요. 근육을 만들고 운동 중에 손상된 근섬유를 회복하려면 단백질을 반드시 섭취해야 합니다. 풍부한 비타민 B_6는 단백질 대사를 촉진시키는데, 단백질을 많이 섭취할수록 비타민 B_6도 많이 필요합니다.

비타민 C는 근육과 뼈를 결합하는 콜라겐 합성에 필요하며 육체적, 정신적 스트레스 완화에도 도움이 되는 필수 영양소입니다. 스트레스로 손상된 세포 표면을 회복하는 비타민 E도 챙겨주세요.

운동을 하면 체내에 활성산소가 많이 발생하므로 항산화물질을 충분히 섭취하는 것도 중요합니다. 경기 전에는 육류와 생선 등을 넣어 만든 음식으로 아미노산을 공급해서 스태미나를 향상시킵시다.

또한 실제 경기를 앞두면 어찌 된 영문인지 애견의 체력이 떨어진다고 상담하는 반려인이 많은데 이는 감염증 때문일 수 있습니다. 비타민 A를 섭취시켜 병원체에 대한 저항력을 높이고 점막을 강화해주세요. 매일 주는 식사에 녹황색 채소를 듬뿍 넣어서 몸을 튼튼하게 만들어줍시다.

출처: 스사키 야스히코 지음(2018). 강아지 영약학 사전(박재영 옮김). 서울: 보누스.

CHAPTER

04

영양소 종류와 기능 및 대사 2

Ⅴ. 비타민

Ⅵ. 광물질(무기질, 미네랄)

Ⅶ. 항산화

CHAPTER 04 영양소 종류와 기능 및 대사 2

영양소(nutrient)란 동물의 생명유지와 새로운 조직 형성을 위하여 체외로부터 공급되어야 하는 물질을 말하며, 체내에 필수적인 영양소로는 탄수화물, 지질, 단백질, 비타민, 미네랄이 있다. **물(water)**은 동물의 체조성에서 가장 높은 비율을 차지하는 성분임에도 불구하고 그 중요성이 과소평가되는 경향이 있다. 그러나, 실제로는 가장 중요한 영양소 중 하나이며, 최근에는 물의 영양적 가치에 대한 재평가가 이루어지고 있다.

동물의 영양요구량은 연령, 성장, 번식, 질병 등에 대한 요구를 충족하는 데 필요한 영양소를 매일 최적 조건에서 공급할 필요가 있다. 일반적으로 탄수화물, 지방(지질), 단백질, 비타민, 광물질(무기질), 물이 대표적이다.

동물에게 최적화된 영양식을 제공할 수 있도록 각종 영양소의 역할, 기능, 대사과정을 파악하여 사료 제조 및 급여 시 적극 활용하는 것이 중요하다.

이 장에서는 개, 고양이 성장과 건강을 유지하기 위해 영양소의 분류, 기능 대사에 대해 학습한다.

V 비타민

학습목표

1. 비타민의 종류, 중요성 및 역할에 대하여 이해할 수 있다.
2. 동물의 체내에서 비타민의 기능을 비교 정리할 수 있다.

1. 비타민의 정의 및 중요성

비타민(vitamin)은 미국 생화학자 카시미르 풍크(Casimir Funk)가 1912년에 생명을 뜻하는 라틴어 vita과 각기병을 예방하는 질소화합물 amine을 합성하여 만든 단어에서 유래되었다. 최초의 비타민은 티아민(thiamine)이며, 비타민은 일반적으로 동물이 체내에서 합성하지 못하거나 합성되더라도 충분한 양을 생산해 주지 못해 공급해 주어야 건강을 유지할 수 있다.

비타민의 주된 생리적 기능은 생체 내의 대사나 생리기능의 촉매제 역할을 하며 건강한 성장과 번식을 위해 중요하다. 동물 사료에 함유된 비타민은 미량으로 어느 한 비타민의 흡수가 낮거나 과잉되면 질병에 노출될 확률이 높으므로 최적화된 비타민 급여량 확립과 흡수효율을 높이는 것이 중요하다.

2. 비타민 분류의 특징

비타민의 분류는 크게 지방에 녹는 지용성 비타민 A, D, E, K와 물에 녹는 수용성 비타민 B군, C로 분류한다.

지용성 비타민은 탄소(C), 수소(H), 산소(O)로 이루어져 있으며, 수용성 비타민은 탄소, 수소, 산소는 물론 질소(N), 황(S), 코발트(Co) 등의 무기물이 포함된다.

지용성 비타민의 체내 흡수는 지방 대사와 유사하고 체내에 축적되고 과량 섭취 시에는 독성이 나타날 수 있다. 반면에 수용성 비타민은 체내에서 쉽게 흡수되어 이용되며 여분은 소변으로 배설되어 일반적으로 독성을 일으키지 않는다.

표 4-1 수용성 비타민과 지용성 비타민의 차이

구분	지용성 비타민	수용성 비타민
종류	• A, D, E, K	• B군, C
구성원소	• 탄소(C), 수소(H), 산소(O)	• 탄소(C), 수소(H), 산소(O), 질소(N), 황(S), 코발트(Co) 등의 무기물이 포함
물성	• 지용성(소수성), 기름/유기용매에 용해됨 • 긴사슬 형태 • 열, 자외선 등에 약함	• 수용성(친수성), 물에 용해 • 극성기 형태 • 열, 빛, 습기에 약함
대사작용	• 비타민 전구체 형태 포함	• 전구체 없음 • 조효소의 구성성분으로 기능
흡수/배설 형태	• 소장의 융모 내 카일로미크론 단백질 → 림프관 → 간 → 전신 • 지방의 배설과 유사, 담즙을 통하여 대변으로 서서히 배출	• 수용성 영양물질 흡수경로와 비슷 • 소장의 융모 내 능동–수동–확산을 통해 모세혈관 → 간문맥 → 간 → 전신
이동 수단	• 단백질 운반체를 통해 이동	• 혈액에서 자유롭게 이동
섭취 형태	• 주기적으로 섭취	• 소량씩 자주 섭취
축척 독성	• 있음	• 거의 없음
결핍증	• 간에 저장 → 결핍증이 서서히 나타남, 과잉증이 심함	• 체내에 잘 저장되지 않고 주로 소변으로 배출 → 결핍증이 발생하기 쉬움

3. 비타민의 주요 기능 요약

비타민의 주요 기능은 체내에서 에너지를 발생시키지 않으나 생명의 유지에 꼭 필요하다.

- 미량의 비타민은 세포의 증식과 분화, 시각, 골격형성 등의 발달에 관여한다.
- 조효소(coenzyme), 탈수소효소(dehydrogenase) 등이 탄수화물, 지방, 단백질의 대사와 에너지 발생에 관여한다.
- 여러 가지 영양소를 활성화하고 무기질의 이용을 쉽게 한다.
- 조직의 건강을 도모하고 질병에 대한 저항성을 갖도록 유도한다.
- 핵산의 유전물질 합성에 관여하고 생식이나 번식 활동을 왕성하게 한다.
- 시력 강화, 피부병, 빈혈, 신경증, 근육위축 등 방지 기능을 가지고 있다.

비타민의 종류, 기능과 특징, 그리고 반려동물의 일 일권장량을 확인하는 것은 동물에게 최적의 사료를 급여하거나 사료 제조의 품질과 밀접한 관련성을 가진다.

표 4-2 반려동물을 위한 비타민의 주요 화합물과 생리적 기능

종류	주요 화합물	기능	일일 권장량*	결핍/과잉
A	레티놀(retinol), 카로틴(carotene)	밤낮의 시각 적응, 면역기능, 태아 발달, 성장/세포분화, 피부와 점막형성과 기능 유지	379μg	• 결핍: 시각 질환, 신경성 식욕 부진증, 피부병변, 감염에 대한 감수성 증가 • 과잉: 뼈 재형성 과정의 불균형, 중추신경계 억제, 관절 통증
D	콜레칼시페롤(cholecalciferol) 에르고스테롤(ergocalciferol)	칼슘과 인의 균형 흡수 대사에 중요, 뼈의 형성과 골다공증 예방	3.4μg	• 결핍: 구루병, 골연화증, 근 긴장도 상실, 뼈의 팽창과 굽힘 • 과잉: 개 · 고양이 연조직의 석회화(뼈 광물화 발생)
E	토코페롤(tocopherol)	항산화제, 산화에 의한 손상으로부터 세포보호, 동맥경화 예방	8mg	• 결핍: 개 · 고양이 망막변성, 생식장애, 근육약화 • 과잉: 개 · 고양이 독성과 혈액응고시간 장기간

K	메나디온 (menadione)	응고 인자의 활성화, 뼈의 구성에 필요	0.41mg	• 결핍: 개 · 고양이 혈액응고과정 방해, 출혈 • 과잉: 보고 없음
B_1	티아민 (thiamine)	탄수화물 에너지 대사, 신경조직의 이온 채널 활성화	0.56mg	• 결핍: 강아지의 성장장애, 체중 감소 및 신경학적 이상, 성견의 신경계 및 심장 손상
B_2	리보플라빈 (riboflavin)	지질대사와 성장촉진, 체내 에너지 생성에 필요	1.3mg	• 신경성 식욕 부진증, 체중 감량, 근육 약화, 피부염, 눈 병변
B_3	나아신 (niacin), 니코틴산 (nicotinic acid)	체내 에너지 생성, 뇌 신경계에 작용, 피부 건강 유지	4mg	• 결핍: 신경성 식욕 부진증, 체중 감량, 입술, 피 섞인 설사 • 과잉: 구토 피부 손상, 가려움
B_5	판토텐산 (pantothenic acid)	3대 영양소 대사와 에너지 생성에 필요, 항스트레스 작용	4mg	• 결핍: 피로, 면역저하, 성장장애, 피부염 • 개 · 고양이 과잉증 없음
B_6	피리독신 (pyridoxine)	포도당 당대사, 혈구 기능, 니아신 합성, 신경계 기능, 면역반응, 호르몬 조절 활성화	0.4mg	• 결핍: 강아지의 거식증 및 체중 감소, 성견의 경련, 근육 경련 및 빈혈 • 과잉: 신경장애, 피부병, 졸림
B_7	비오틴 (biotin)	3대 영양소 대사와 에너지 생성에 필요, 피부 건강 유지	80ug	• 결핍: 탈모, 피부염, 성장/발달 지연
B_9	엽산 (folic acid)	아미노산/뉴클레오티드 대사, 임신 중 신경관 발달, 헤모글로빈 형성에 관여 조혈인자로 작용	68ug	• 결핍: 구개열, 신경관 결손증, 성장지연 • 과잉: 독성증세 미약
B_{12}	시아노코발아민 (cyanocobalamin)	엽산대사에 필요, 신경기능 안정, 적혈구 생성 촉진	9ug	• 결핍: 엽산대사에 필요, 신경안정, 적혈구 생성 촉진 • 과잉: 개 · 고양이 영향 없음
콜린	콜린 (choline)	인지질 세포막 성분	425mg	• 결핍: 근육량 감소, 신장질환, 성장/발달 지연
C	아스코르브산 (ascorbic acid)	항산화작용, 피부-근육을 구성하는 콜라겐 합성, 철의 흡수, 면역세포 활성화	10~ 500mg	• 개 · 고양이 결핍증 없음 • 과잉증: 결석유발 가능성 제기 • 노령견이나 질병이 노출시 공급 필요

*건강한 성견을 대상

4. 비타민의 종류별 기능과 대사

1) 비타민 A, 레티놀(Vitamin A, retinol)

비타민 A는 1915년에 성장인자 중의 하나로 처음 분류되었고 화학구조는 1931년에 알려졌다. 화학적 특성으로는 담황색 또는 무색결정의 레티놀(retinol), 레티날(retinal), 레틴알데히드(retinaldehyde), β-카로틴(β-carotene) 등이 해당한다. 지용성으로 기름에 녹기 쉽고 공기 중 산화가 쉬우며 항산화제로 사용되는 특성을 가지고 있다.

주로 기능은 정상적인 시각 기능, 뼈 발달, 면역기능, 태아 발달, 세포분화에 중요한 영양소이다.

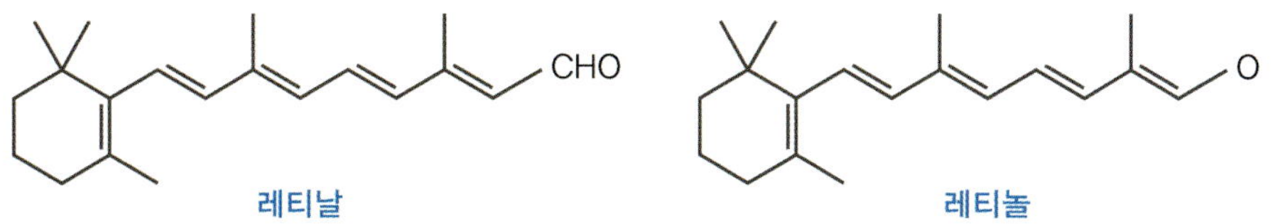

그림 4-1 레티날(retinal) 구조

(1) 생리적 기능과 흡수

레티놀은 색 지각(요돕신, iodopsin)과 야간 시력(로돕신, rhodopsin)에 필요한 망막 색소의 합성에 중요하고, 레티날은 폴리엔(polyene) 발색단으로, 옵신(opsin)이라는 단백질에 결합하고 동물의 시각과 관련이 있다.

카로티노이드(carotenoid, β-carotene)가 레티날의 전구체이고 레티날은 다양한 형태의 비타민 A의 전구체(β-carotene + O_2 → 2 retinal)이다. 레티날과 레티놀은 서로 전환이 가능하며, 레티놀 탈수소효소(retinol dehydrogenase)와 알코올 탈수소효소(alcohol dehydrogenase)가 촉매작용을 한다.

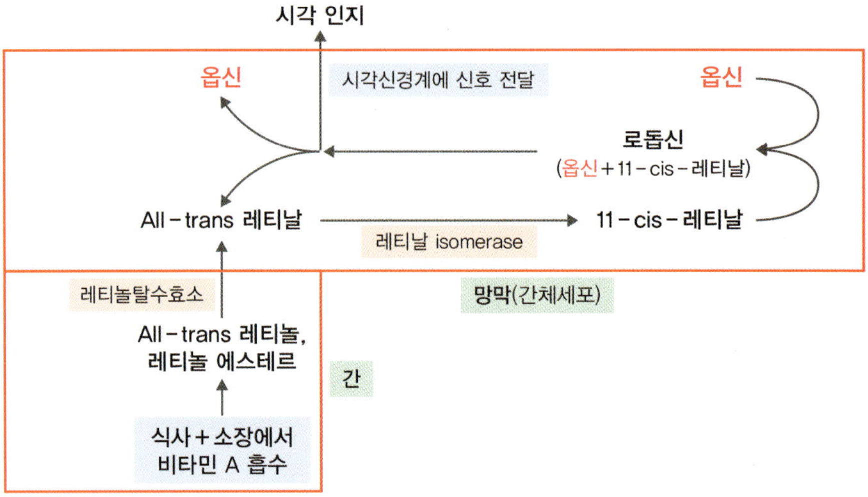

그림 4-2 비타민 A와 시각인지

- retinal + NADPH + H^+ ⇔ retinol + $NADP^+$
- retinol + NAD^+ ⇔ retinal + NADH + H^+

개와 고양이에서의 비타민 A의 역할은 건강한 시력이나 시각을 유지하고 어둠에 적응하는 데 중요하다. 레티날은 옵신(opsin)과 결합하여 어둠 속에서 점차 전변하여 볼 수 있도록 로돕신(rhodopsin)을 생성하며, 어두운 곳에서는 레티놀은 레티놀 탈수소효소의 작용으로 레티날로 전환하여 옵신과 결합하고 다시 로돕신을 합성하여 볼 수 있게 하는 기능을 가진다.

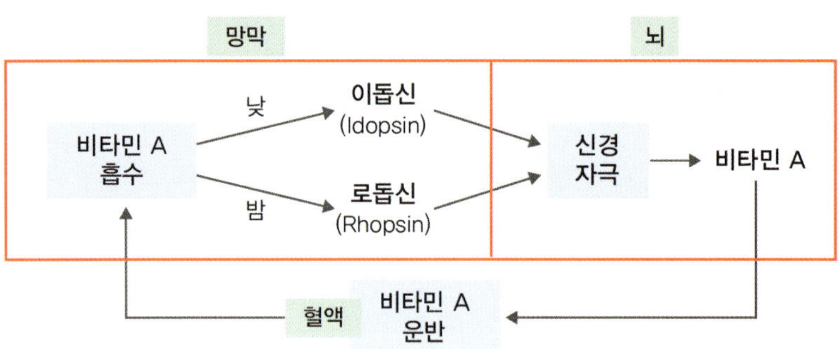

그림 4-3 동물의 밤과 낮의 시각 차이에 따른 비타민 A의 기능

생식 호르몬 합성과 단백질 합성에 관여하며 피부세포의 성장과 피지 생성을 조절한다. 비타민 A의 소화관 내 특징은 지방, 단백질 등에 용해되는 긴사슬의 알코올로서 위에서 펩신과 소장 중 십이지장에서 가수분해효소에 의해 레티닐에스터(retinyl ester)가 레티놀로 전환한다. 전환된 레티놀은 다양한 지방산, 담즙산, 미셀(micelle) 등 관련 물질과 결합하여 장내 융모세포의 당단백질로 확산하고 수동적으로 흡수된다.

이후 레티놀은 소장 세포에서 다른 지방산과 결합하고 카일로미크론(chylomicron)은 림프관(lymphatic vessel)을 거쳐 혈액으로 녹아 들어가 간으로 운반된다. 레티놀은 간에 대부분 저장하거나 이용된다.

β-카로틴은 레틴올로 전환할 수 있으며 지방 조직에 85%, 간 조직에 10%가 저장된다. 개는 β-카로틴을 비타민 A를 합성할 수 있지만 고양이는 이를 수행하는데 필요한 효소가 부족하다.

> 예) 고양이의 경우 프로비타민 A인 β-카로틴을 레티놀로 전환하는 효소가 부족함으로 동물의 간이나 지방 등을 공급해 주어야 한다.

Q & A

프로비타민 A(provitamin A)이란?

동물 체내의 비타민 A는 식품으로 직접 섭취하기도 하지만 대부분은 프로비타민 A의 형태로 섭취한 후 간에서 비타민 A로 전환한다. 다시 말하면 프로비타민은 비타민 A 전구체이고 자신은 비타민 A의 활성은 없지만 체내에서 비타민 A로 변한 것이다. 프로비타민 A는 대부분 β-카로틴의 형태로 존재하고 적황색 과채류 및 녹색 채소, 우유, 달걀 등에 풍부하다. 기능적으로는 눈 건강, 피부나 점막의 정상화, 암 생성억제 작용 등이 있고, 결핍증으로는 성장억제, 암 발생 등이 해당한다.

(2) 결핍증 및 과잉증

결핍증은 눈의 시각 문제, 피부 건조, 생식 기형, 면역력 감소로 감염 및 폐 합병증에 대해서 민감성을 초래한다. 과잉 섭취는 뼈 재형성과정 시 불균형에 따른 관절 이상과 생식기능 저하, 중추신경계 억제 등을 초래한다.

(3) 공급원

주요 식이 공급원은 동물성 식품으로 동물의 간, 생선, 계란, 치즈 등과 식물성 식품은 호박, 당근, 시금치 브로콜리, 살구 등의 녹색식물에 많이 함유되어있는 것으로 알려져 있다.

2) 비타민 D, 콜레칼시페롤(Vitamin D, cholecalciferol)

비타민 D는 1782년 생선에서 구루병(rickets) 예방을 위한 물질을 발견하였고, 1932년에 분리하였다. 화학적 특성으로는 지용성 비타민으로 기름에 잘 녹고, 산화되기 쉽다.

주요 화합물은 콜레칼시페롤(D_3)과 에르고칼시페롤(D_2)이 대표적이며, 활성이 강하고 양적으로 많은 화합물에 해당한다.

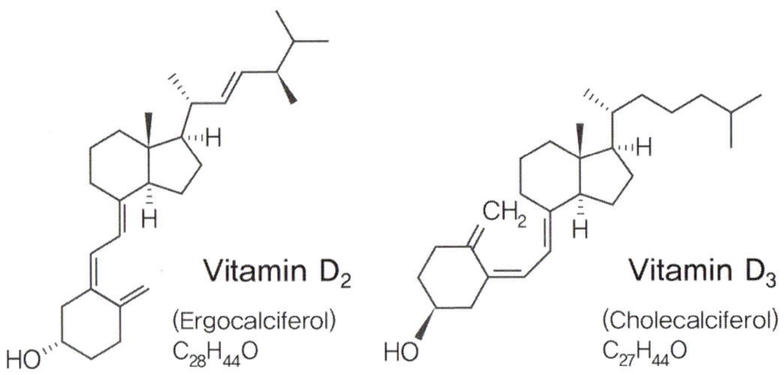

그림 4-4 콜레칼시페롤(D_3)과 에르고칼시페롤(D_2)의 구조

(1) 생리적 기능과 흡수

비타민 D의 체내 저장은 주로 지방조직이나 간이며, 체내에서 활성화되기 위해서는 간과 신장에서 화합물이 변형된 후에 사용된다.

음식물 섭취 후 소장에서 콜레칼시페롤이 간의 하이드록실화효소(hydroxylase)에 의해 칼시디올(calcidiol)인 25-OH-비타민 D(25-hydroxyvitamin D)로 전환되고 신장에서 부갑상선샘호르몬(parathyroid hirmone, PHT)에 의해 촉진되어 칼시트리올(calcitriol)인 1,25-$(OH)_2$-비타민 D(1,25-dihydroxyvitamin D)로 전환된다.

이때 24,25-$(OH)_2$-비타민 D(24,25-dihydroxyvitamin D_3) 역시 칼시트리올(calcitriol)과 유사하게 소장에서 칼슘과 인의 흡수를 촉진하여 칼시트로익산(calcitroic acid)으로 전환되어 소변으로 배출된다.

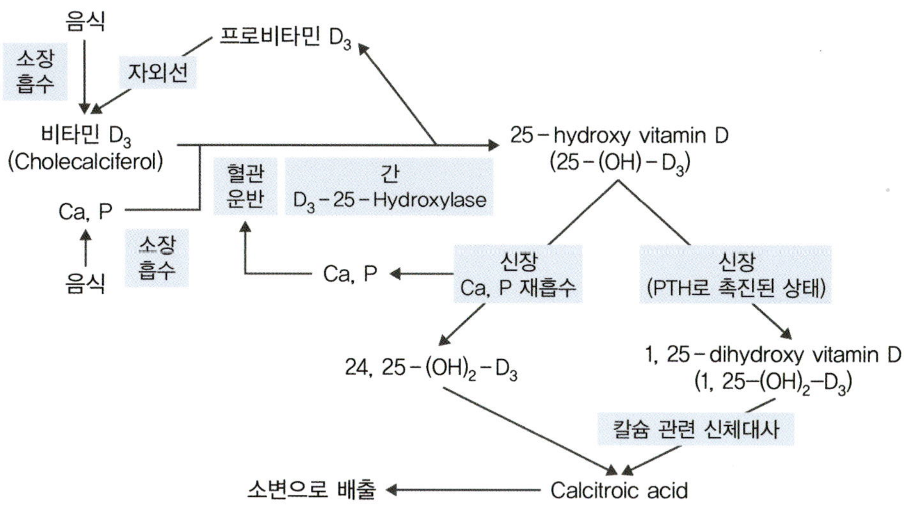

그림 4-5 비타민 D의 대사경로와 활성화

비타민 D가 세포에 반응하기 위해서는 칼슘이나 특수단백질과 결합하여 활성형의 비타민 D로 작용하고, 소장으로부터 칼슘과 인의 흡수를 촉진, 신장의 세뇨관에서 칼슘과 인의 재흡수를 촉진하여 손실을 줄여주는 기능이 있다.

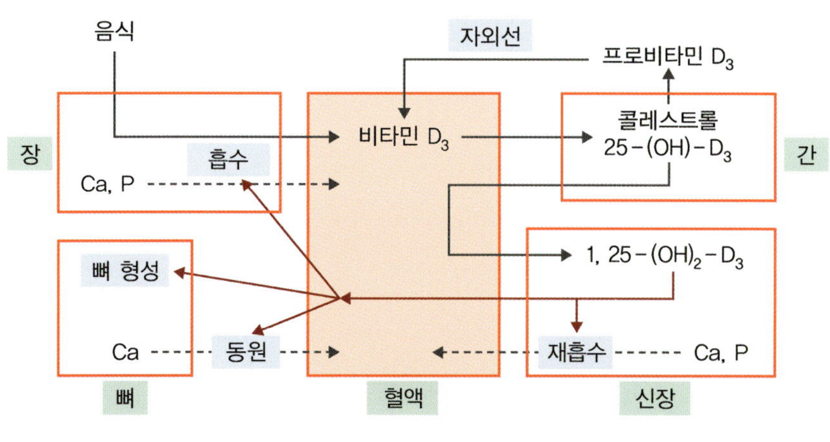

그림 4-6 비타민 D의 활성화 반응

또한 자외선에 의해 비타민 D를 합성할 수 있는 능력을 갖추고 있다.

- 개의 피부는 주로 자외선의 빛을 받아 첫 번째로 활성화된 비타민을 생성하고, 2차 대사는 간에서, 3차 대사는 신장에서 활성화되어 비타민 D로 변환시켜 이용한다.
- 고양이 피부는 개와는 달리 이의 활성화 능력이 떨어지는 편이다.
- 비타민 D의 요구량은 고양이는 개보다 높은 편이다.

(2) 결핍증 및 과잉증

비타민 D 결핍은 개와 고양이에게서는 드물게 발생하는 구루병, 체중 감소, 및 골연화증(osteomalacia)을 유발할 수 있다.

비타민 D를 과잉 섭취하면 개에서 골전환율(osteogenesis)이 낮아지고 골화되어 과도한 뼈 광물화(bone mineralization)가 발생한다.

고양이의 경우 과잉의 비타민 D 섭취는 연조직에서 미네랄 침착, 고칼슘혈증, 우울증, 구토 및 무기력을 유발할 가능성 있고, 어린 개와 고양이는 뼈의 이상이 가장 흔한 증상이고 또한 연조직의 석회화를 초래한다.

(3) 공급원

공급원으로 고기와 야채는 비타민 D가 거의 없으므로 이상적인 공급원으로는 정어리와 참치와 같은 기름진 생선, 간, 우유, 난황유 등이 해당한다.

3) 비타민 E, α-토코페롤(Vitamin E, α-tocopherol)

비타민 E는 미국의 유전학자 에반스(Evans)와 비숍(Bishop)에 의해 1922년도에 발견되고 1980년대에 항산화 생리활성을 발견하였으며, 이후 2011년도에 콜레스테롤함량 감소효과, 2018년 심혈관건강 개선 등의 효능이 발견되었다.

대표적인 화합물로 α-토코페롤(α-tocopherol)이고 그 유도체로는 β-, γ-, δ-가 있으며, 이들 중에 가장 생물학적 활성이 큰 것은 α-형이다.

비타민 E의 기능은 지질막의 손상을 방지하며, 체내 저장은 간과 근육 내의 지방조직과 혈액에서 이루어진다.

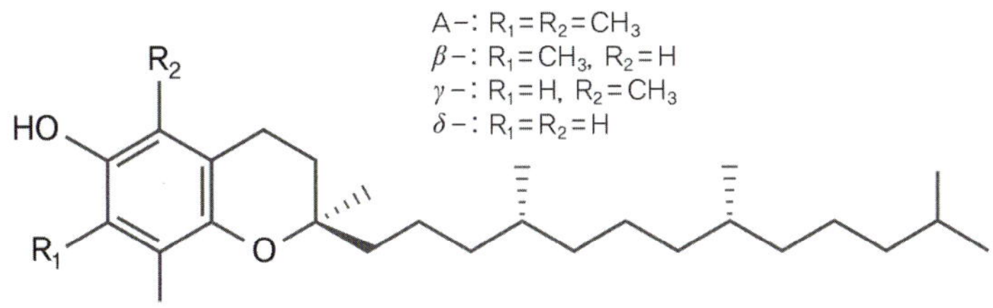

그림 4-7 비타민 E, α-토코페롤(α-tocopherol)의 구조

(1) 생리적 기능과 흡수

세포에서 산화가 일어나면 과산화물이 생성되고 불안정한 프리 라디칼[ROS (Reactive Oxygen Species, 활성산소종)]이 세포막의 구조를 손상시키거나 대사과정을 저해하는 등의 역할을 담당하는데 비타민 E와 같은 항산화제의 처리는 수소이온을 제공함으로써 세포를 보호하고 면역력을 강화하는 기능을 수행한다.

α-토코페롤이 프리 라디칼과 작용하면 그 자체도 라디칼로 변하는데, 이때 아스코르브산이 충분치 않으면 α-토코페롤은 반응성이 강한 상태로 존재하여 리놀레산의 자가산화를 촉진하게 된다.

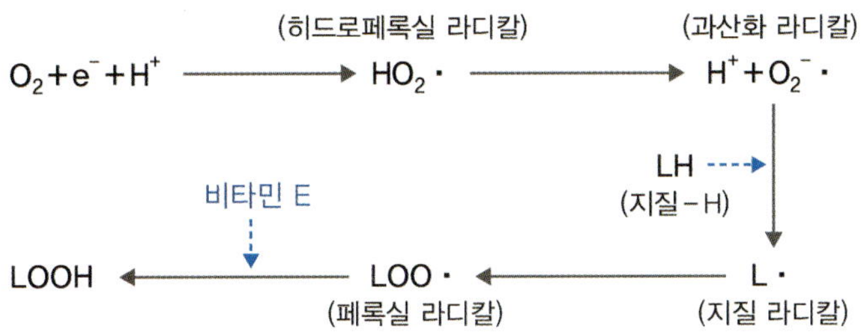

그림 4-8 프리 라디칼과 산화적 스트레스에서 비타민 E 작용

발암물질 생성억제: 가공된 육류 중에 아질산나트륨(sodium nitrite)이 첨가하면 체내 아민과 반응하여 발암물질인 니트로소아민(nitrosoamine)이 생성되는데 비타민 E의 급여는 니트로소아민의 생성을 억제해 항산화 작용을 수행한다.

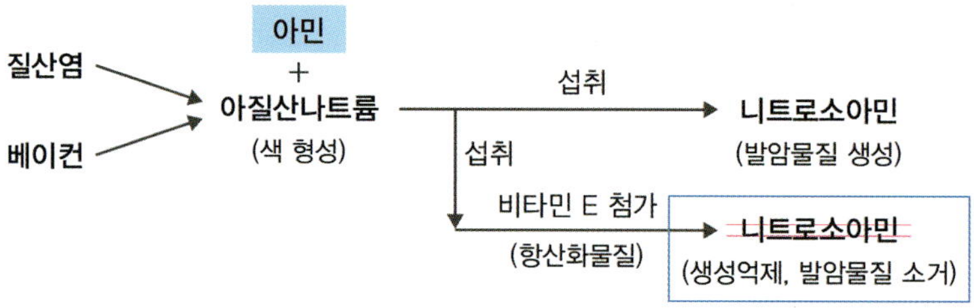

그림 4-9 발암물질인 니트로소아민(nitrosoamine)이 생성억제

비타민 C와 E는 tocopheroxyl 라디칼과 그 중간체 형태를 이용해 비타민 E를 재생하는데 서로 도와주며 항산화성을 유지하는 역할을 한다. 체내에서 영양소를 태우기 위해 산소를 받아들인다. 이때 여분의 산소가 활성산소를 생성하여 세포를 손상하는데 이때 비타민 E는 과산화물의 생성을 억제해 세포를 보호한다.

비타민 E는 보통 세포막에 위치하여 항산화 작용을 하며, 보조인자인 셀레늄은 세포질에 존재하는 글루타치온 과산화효소(Glutathione Peroxidase, GSH-Px)의 구성성분으로 항산화 작용을 수행한다.

비타민 E의 흡수는 췌장이나 소장에서 분비되는 효소에 의해 가수분해되고 미셀(micelle)을 형성하여 소장 내 융모세포에 의해 흡수된 후 장의 상피세포 내 카일로미크론(chylomicron)을 재형성된다. 이후에는 림프관을 거쳐 간으로 들어간 후 전신으로 이동한다.

(2) 결핍증 및 과잉증

개와 고양이의 결핍 징후는 근육 약화, 생식 장애, 망막 변성 등이 야기된다.

고양이에게서 비타민 E 과잉 급여는 혈액의 응고 시간을 길게 만들 수 있어 주의를 요하나 과잉을 공급하더라도 비타민 E의 독성은 지용성 비타민 중에는 낮은 편이다.

(3) 공급원

가장 중요한 공급원은 식물성으로 참깨, 옥수수, 캐놀라 등의 오일, 곡물과 곡물의 배아, 새싹 등에 포함되어 있다. 동물성 공급원은 동물의 간 등에서 일부가 발견된다.

4) 비타민 K, 메나퀴논-7-MK-7(Vitamin K, menaquinone-7-MK-7)

1929년에 출혈로 인해 그 존재가 드러나고, 1936년에 비타민 K가 분리된다.

비타민 K는 지용성 비타민의 하나로서 혈액 응고 과정에 필수적인 비타민이다.

화합물의 물성과 종류로는 노란색을 띠는 퀴논(quinone)계 화합물로 사슬의 형태와 수에 따라 필로퀴논(Phylloquinone; K_1)과 메나퀴논(Menaquinone; K_2)으로 나누며, 전자는 식물에서 합성되고 후자는 박테리아에 의해 합성되는 성분이다.

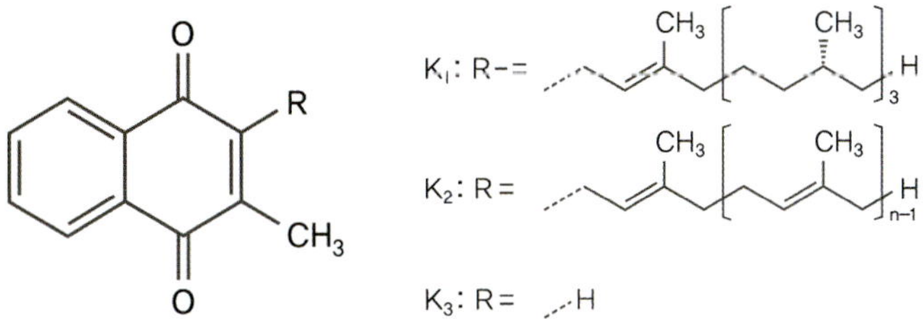

그림 4-10 비타민 K의 화학구조

(1) 생리적 기능과 흡수

비타민 K는 혈액 응고(blood clotting) 과정에서 효소의 작용에 중요한 역할을 담당한다. 혈액 응고에 관한 프로트롬빈(phothrombin) 생성에 필수적이며, 결핍시 출혈경향이 보인다.

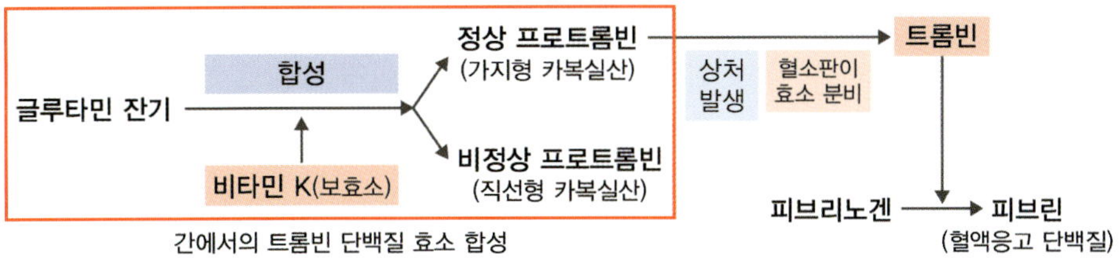

그림 4-11 비타민 K에 의한 혈액 응고 대사

비타민 K 그룹은 많은 효소의 보조인자로 작용한다. 주로 간에서 불활성형 단백질의 형태로 합성 및 저장되고 다양한 대사과정에 관여하여 생체를 활성화한다. 또한 단백질 대사에 관여하고 칼슘이 뼈로 흡수되는 것을 도와준다.

비타민 K의 흡수는 다른 지용성 비타민과 유사하며 주로 림프계를 통해 흡수된 후 카이로미크론 형태로 간으로 이동한다. K_1과 K_2 간에는 소장에서 흡수될 때 탄소 가지수의 형태와 개수에 따라 흡수율이 차이가 있으며, K_2는 결장에서 제한적으로 흡수된다.

(2) 결핍증 및 과잉증

개와 고양이에서 비타민 K 결핍은 혈액 응고 과정을 방해하여 소화기, 비강, 피부, 뇌 등의 출혈을 유발한다. 정상적 개에게서는 자연발생의 보고가 없다.

(3) 공급원

개와 고양이의 장내 세균은 비타민 K를 생성하나 일일 요구량을 제공하지 못할 경우가 있으므로 식이를 통해 공급해 준다. 주요 공급원은 동물의 간, 육류 및 양배추, 케일, 시금치와 같은 채소가 해당된다.

5) 비타민 B_1, 티아민(Vitamin B_1, thiamin)

티아민(thiamin)은 발견된 최초의 비타민이나 각기병(beriberi disease)은 기원전부터 인간에게서 관찰되었으나 그 영양학적 기원이 입증된 것은 1885년이었고, 1910년도에 티아민 결핍이 질병의 원인임을 확인한다.

각기병이라는 말은 다리에 힘이 없다는 것을 의미하며 도정한 쌀보다는 도정을 하지 않는 쌀을 섭취하면 각기병을 예방할 수 있다.

티아민의 화학적 특성은 무색의 유기황화합물로 화학식은 $C_{12}H_{17}N_4OS$이고 종류로는 피리미딘(pyrimidine)과 티아졸(thiazole) 형태에 고리 중간에 메틸렌(methylene)으로 연결된 화합물이다.

티아민은 신경 기능에 중요하며, 심장, 간, 신장, 뇌에 집중적으로 분포한다.

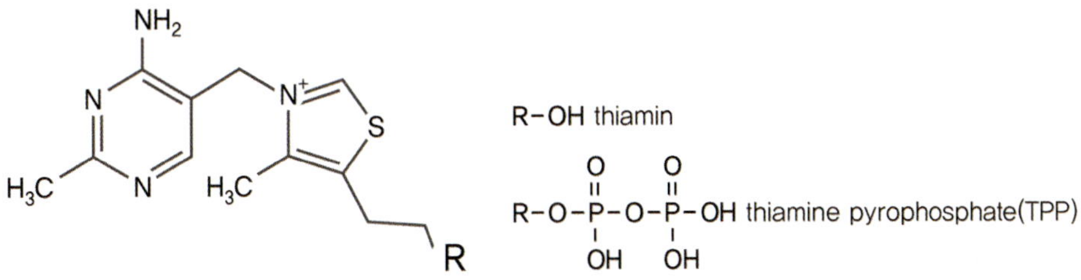

그림 4-12 비타민 B_1(티아민)의 구조

(1) 생리적 기능과 흡수

티아민은 세포의 에너지 생성을 돕는 복잡한 생화학 반응을 한다.

- 티아민의 생리적 기능으로는 해당과정의 피루브산(pyruvic acid)으로부터 피루브산탈수소효소(pyruvate dehydrogenase)에 의해 아세틸코에이(acetyl-CoA)와 이산화탄소로의 반응에 관여한다.
- TCA회로에서는 α-ketoglutaric acid가 glutamate dehydrogenase 작용으로 티아민 피로인산(thiamine pyrophosphate; TPP)로서의 succinic acid에 기여한다.
- 오탄당인산회로(pentose phosphate cycle)에서 TPP가 당의 중간대사에 관여하며, 이 TPP는 탈탄산효소(decarboxylase)의 보효소로서 알파케토산(α-keto acids)의 산화적 탈탄산에 관여한다.

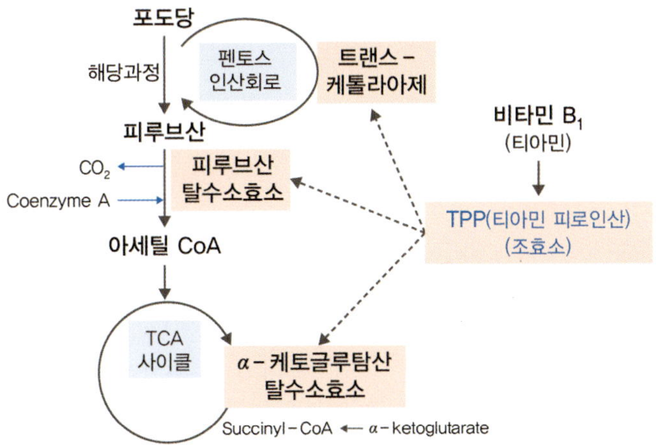

그림 4-13 당질의 분해와 티아민

- 티아민의 부족은 피루브산이 과도하게 축적되거나 젖산이 생성되는 반응으로 진행되어 대사과정에 중대한 영향을 끼치는데 그 결과로 신경계나 순환기계에 장애를 일으킨다.

체내 흡수는 소장 중의 십이지장이나 공장에서 주로 일어난다. 흡수된 티아민 화합물은 인산분해효소(phosphatase)에 의해 유리 형태의 티아민으로 분해되면 쉽게 장의 점막을 통해 확산에 의한 흡수가 일어나고 농도가 상대적으로 낮으면 능동수송에 의해서 흡수된다. 흡수된 티아민은 대부분 TPP로 존재하나 인산이 한 개인 TMP, 세 개인 TTP로도 존재한다.

TPP는 체내에서 조효소로 작용하고 이들의 대사물들은 소변으로 배출된다.

또한 티아민은 신경전달물질인 아세틸콜린을 합성한다.

(2) 결핍증 및 과잉증

티아민의 결핍은 피로, 근육 약화, 보행 및 시력 문제, 발작 등의 질환이 유발될 수 있으며, 사람과 동물에서는 각기병을 유발한다.

티아민 과잉증은 개와 고양이에게 잘 관찰되지 않는다.

(3) 공급원

티아민의 함량이 가장 많은 공급원은 맥주 효모와 밀 배아이며, 육류, 밀기울 및 곡물 등에도 많이 발견된다.

6) 비타민 B_2, 리보플라빈(Vitamin B_2, riboflavin)

리보플라빈은 1937년에 발견되었고 그 중요성은 1980년대에 확인된다.

화학적 특성은 수용성으로 노란색을 띠며 빛에 매우 민감한 특징을 가진다.

리보플라빈 형태는 식품 중에 유리 형태의 순수한 리보플라빈이나 flavin mononucleotide(FMN), flavin adenine dinucleotide(FAD) 형태로 존재한다.

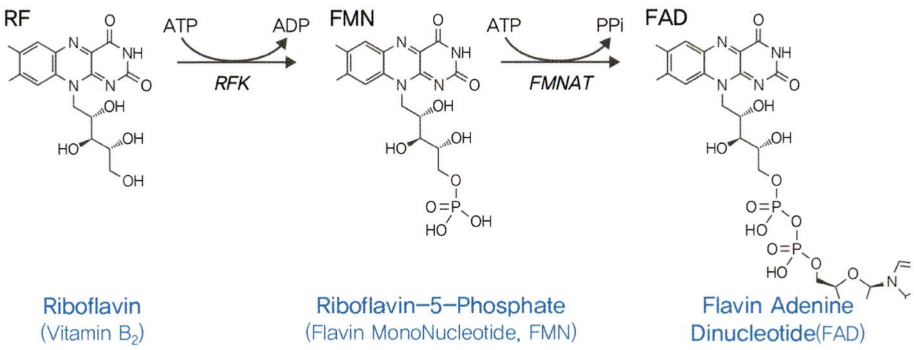

그림 4-14 리보플라빈의 구조

출처: 식품영양위키. https://nutri.fandom.com/ko/wiki/

(1) 생리적 기능과 흡수

리보플라빈은 주요 3대 영양소의 대사작용에 관여하며, 비타민 B_2는 비타민 B_3와 함께 에너지 생산에 관여한다.

호흡반응에서 중요한 역할을 담당하는 FAD는 산화환원 반응에 관여하는 보조인자로서 고에너지의 전자를 운반하고, FMN는 조효소로 작용하고 에너지를 운반하는 역할을 한다. 리보플라빈의 체내 대사(흡수, 배설 등)는 티록신(thyroxine), 트리요오드티로닌(triiodothyronine), 부신피질 자극 호르몬(ACTH), 알도스테론(aldosterone) 등의 호르몬이 관여한다.

단백질과 비공유결합된 FMN이나 FAD는 위의 위산에 의해 단백질 분해작용이 일어나며, 위장관에서 체류하는 시간이 증가할수록 체내 흡수율은 증가한다. 리보플라빈이 가수분해 작용으로 유리되면 소장 중 회장에서 능동수송을 통해 흡수가 일어나고, 장의 점막세포 내로 흡수될 때 리보플라빈의 대부분이 인산화되어 FMN 형성하고 플라보키나아제(flavokinase)에 의해 인산화가 촉진되어 FMN으로 전환된다.

리보플라빈은 FMN과 유리 형태로 간문맥으로 통해 간으로 이동하고 혈액에서 혈장단백질(알부민(albumin), 글로불린(globulin))에 의해 운반된다.

대부분의 FMN은 ATP를 요구하는 FAD 합성효소(FAD synthetase 또는 FAD pyrophospholylase)가 촉매하는 반응으로 FAD를 합성한다.

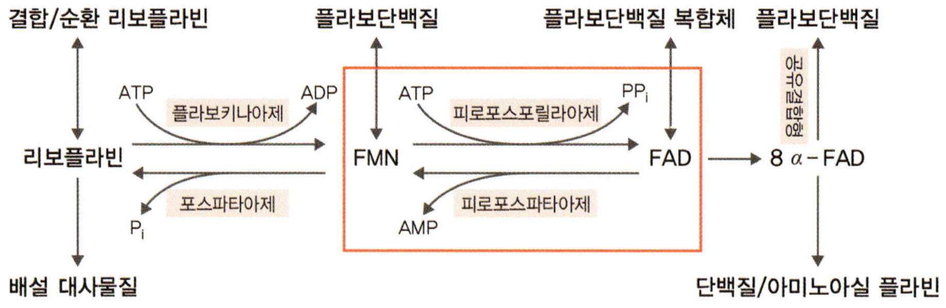

그림 4-15 리보플라빈의 대사

FMN과 FAD와 같은 플라보보조효소(flavocoenzyme)의 합성은 체내의 리보플라빈의 보유상태, 에너지 상태, 그리고 ACTH, 알도스테론, 티록신, 트리요오드티로닌와 같은 호르몬에 의해 조절된다.

FAD는 세포 내에 존재하는 주요 플라보보조효소로서 탈수소효소와 산화효소, 환원효소 등의 여러 플라보단백질과 복합체를 형성한다.

체내에서 리보플라빈의 배출 형태는 유리 형태의 리보플라빈이나 산화물 형태로 소변을 통해 배출한다.

눈의 망막(눈 보호)과 정상적인 성장인자에 관여한다.

(2) 결핍증 및 과잉증

체내의 호르몬 조절작용이 손상되거나 약물을 투여할 경우, 리보플라빈의 결핍이 나타날 수 있으며, 다른 수용성 비타민의 결핍과 복합적으로 일어난다.

결핍시 눈(눈부심 등)과 복부 주변의 피부 변화와 설염이나 구순구각염을 일으킬 수 있으나 다른 비타민 B군과 복합체를 형성하고 있어 단독으로 결핍이 쉽게 일어나지 않는다.

개와 고양이에게 과잉증은 관찰이 되지 않는다.

(3) 공급원

리보플라빈이 가장 풍부한 음식은 탈지분유, 효모류, 달걀 등이고 동물의 주요 장기도 좋은 공급원이다.

7) 비타민 B3, 니아신(Vitamin B3, niacin)

니코틴산의 존재는 18세기 때 알려졌으나 이후 후속연구가 없다가 1926년도에 골드버거(Goldberger)가 '펠라그라(pellagra)'라는 질병에 니코틴산이 효과가 발견되면서 널리 알려졌다. 펠라그라는 이탈리아어로 '거친 피부병'이란 뜻이 있으며, 옥수수를 주식으로 하는 사람의 피부가 암갈색으로 변하거나 거칠고 벗겨지고 등의 증상을 유발한다.

니코틴산은 1946년에 필수아미노산인 트립토판(tryptophan)이 니코틴산(nicotinic acid)의 전구체임을 확인하였다. 니코틴산은 니아신(niacin)으로 이름으로 널리 알려져 있고, 니코틴산(nicotinic acid)과 니코틴아마이드(nicotinamide) 및 그 유도체 중에서 생리활성을 가진 물질을 총칭하는 말이다.

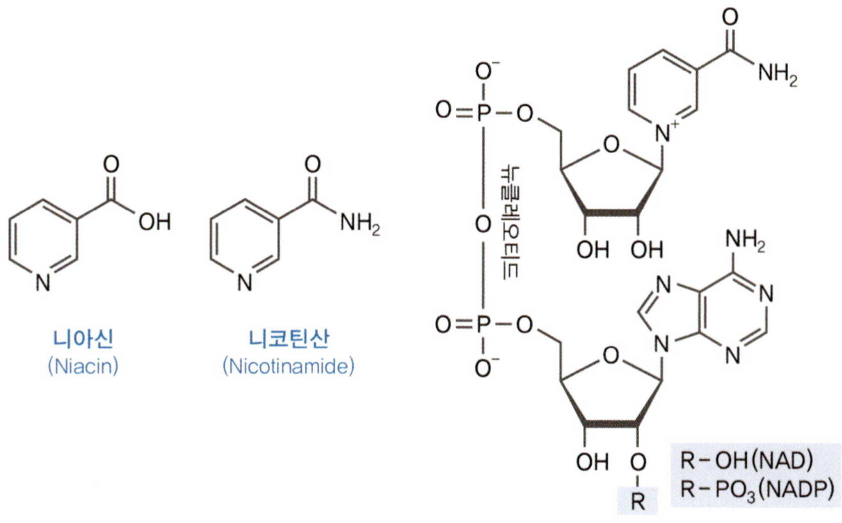

그림 4-16 니코틴산 및 니아신(niacin)과 NAD와 NADP의 구조

(1) 생리적 기능과 흡수

체내에서 니코틴산은 NAD(nicotinamide adenine dinucleotide)나 NADP(nicotinamide adenine dinucleotide phosphate)의 형태로 존재하며, 동물 대부분은 필수 아미노산인 트립토판으로부터 합성된다.

뉴클레오티드를 형성하면 NAD는 DPN(디포스포피리딘 뉴클레오티드), NADP는 TPN(트리포스포피리딘 뉴클레오티드, 조효소 II)가 된다.

니아신은 체내 에너지 대사에서 ATP 생성과정에 중요한 역할을 담당한다. 생체 내 산화환원 반응에서 전자운반체로 작용하며 TCA회로에서 NAD나 NADP는 수소로 받아들이거나 내어놓는 반응을 통해 ATP 생성한다.

NADP는 오탄당 인산대사에서 리보오스 생성과 함께 NADPH를 만들어 지방산, 스테로이드(steroid), 글루탐산(glutamic acid), DNA 생합성 등에 이용된다.

니아신은 피부 지방, 특히 세라마이드(ceramide)의 합성을 촉진하여 피부 탈수를 억제하여 피부를 보호하는 역할을 한다.

니코틴산의 흡수는 위와 소장 전반부에서 주로 흡수되며, 저농도일 때는 능동적 흡수를 하고 고농도일 때는 확산을 통해 흡수된다.

과량의 니아신은 간에 저장되거나 메틸화 작용을 통해 소변으로 배출된다.

또 다른 기능으로는 중성지방, LDL 감소, HDL 증가의 효과와 심혈관계 질환 예방에 도움을 주고, 포도당 내성인자(glucose tolerance factor; GTF)인 인슐린의 작용을 강화한다.

(2) 결핍증 및 과잉증

결핍 현상은 필수아미노산이 함유된 사료, 옥수수 이외의 다양한 사료를 지속해 섭취하면 결핍 증상은 거의 없다.

결핍 증상은 대사이상으로 인한 식욕감퇴 증상이 먼저 나타나고, 피부가 암갈색이나 거칠어지고, 신경계와 소화계에 작용하여 치매, 정신착란, 극도의 불안, 설사 등을 유발한다.

개는 니아신의 결핍 시 복부와 뒷다리 주위에 피부염을 유발한다.

니아신의 과잉증은 구토, 피부 손상, 가려움, 요산 증가 등의 증상이 있다.

(3) 공급원

개는 니아신의 합성할 때 필수아미노산인 트립토판을 이용하여 하루에 48mg과 니아신 1mg 정도를 합성되지만 일일 요구량을 충족시키기 어렵다.

고양이는 개보다 트립토판을 이용하여 합성할 수 있는 능력이 매우 적어 사료를 통해 지속해서 공급되어야 한다.

식품 내 공급원은 소고기, 닭고기 등 육류, 생선 및 시리얼에 다량 존재한다.

8) 비타민 B_5, 판토텐산(Vitamin B_5, pantothenic acid)

프리츠 리프만(Fritz Lipmann)은 판토텐산(pantothenic acid)이 세포 내 에너지 생산과 밀접하게 관련되어 있다는 것을 발견하여 1953년에 노벨 화학상을 수상했다.

판토텐산은 식품에 다량 함유되어 있어 결핍은 드물고 증상은 많지 않다.

판토텐산은 판토산(pantonic acid)과 β-알라닌(β-alanine)이 아미드(amide)를 결합한 구조로 코엔자임 A(coenzyme A, CoA)에 많이 존재한다. 판토테인(pantethine)은 판토텐산 + β-메캅갑토에틸아민(β-mercaptoethanol)을 연결한 구조이다.

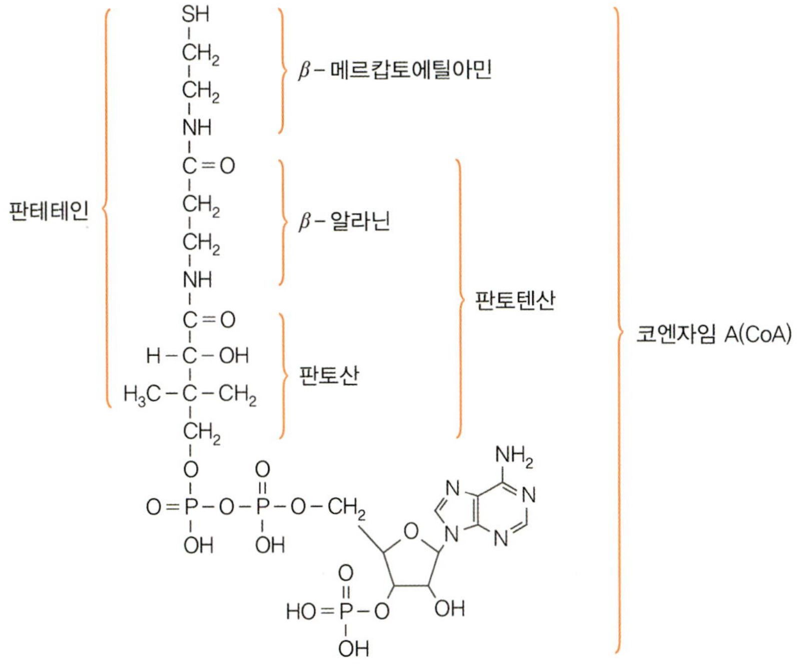

그림 4-17 판토텐산의 화합물 그룹

출처: 식품영양위키. https://nutri.fandom.com/ko/wiki/

(1) 생리적 기능과 흡수

판토텐산은 에너지 대사와 관련 있고 지방산 합성과 분해, 성호르몬, 부신피질 자극호르몬(ACTH)과 같은 스테로이드 호르몬(steroid hormone), 헤모글로빈의 헴, 신경 전달물질인 아세틸콜린(acetylcholine) 등의 합성에 관여한다.

판토텐산의 대사작용은 지방산 합성 시에 아세틸 CoA는 말로닐 CoA(malonyl-CoA)로 전환하고, TCA 회로에서 피루브산으로부터 유도된 아세틸 CoA는 옥살아세트산(oxaloacetic acid)과 축합해서 시트르산(citric acid)을 형성하는 등 대사작용에서 중요한 역할을 담당한다.

판토텐산은 코엔자임 A에 많이 존재하는데 니아신이나 콜린(choline)과 같은 비타민과 시너지 효과를 내어 피부의 지방합성을 촉진하여 피부를 보호하거나 콜라젠(collagen)을 합성하는 데 필수적이다.

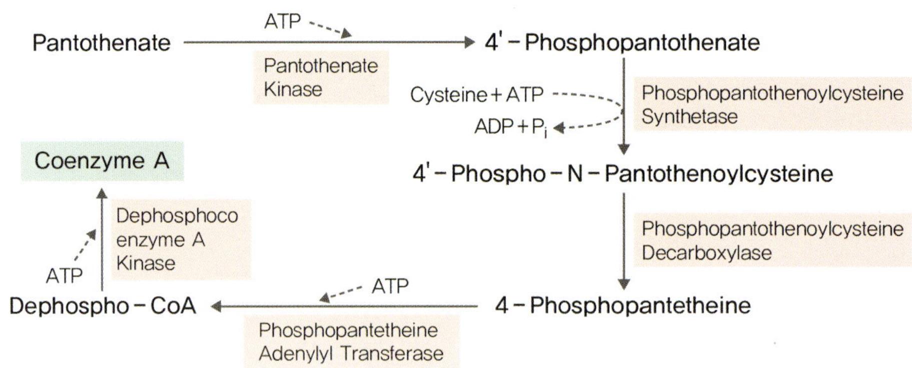

그림 4-18 판토테인으로부터 CoA의 생합성 경로

판토텐산의 흡수 형태는 소장 점막세포에서 흡수되어 조직으로 이동하며, 조직에서 코엔자임 A의 구성성분이 되고 또한 대사되어 신장을 통해 소변으로 배설된다.

(2) 결핍증 및 과잉증

결핍증은 잘 일어나지 않으나 유발될 때 피로, 면역저하, 성장장애, 신경장애, 피부염 등의 증상이 나타난다.

개나 고양이에게서 과잉증은 나타나지 않는다.

(3) 공급원

주요 공급원은 고기, 내장 및 계란 등이 속하고 모든 식품에 널리 함유되어 있다.

사료를 제조할 때는 공급원료가 산도가 높거나 낮은 상태에서 고온의 열을 가하면 해당 성분이 파괴되기 쉽다.

9) 비타민 B_6, 피리독신(Vitamin B_6, pyridoxine)

비타민 B_6는 1935년 미국 생리학자 센트죄르지 얼베르트(Szent-Györgyi Albert)에 의해 발견되었다. 니코틴산에 이어 발견된 쥐의 항피부염인자로 결정상은 1938년에 분리되고 1939년에 화학구조가 밝혀졌다.

비타민 B_6는 단일물질이 아닌 피리독신(pyridoxine; PN), 피리독살(pyridoxal; PL), 피리독사민(pyridoaxamine; PM), 피리독살 5'-인산(Pyridoxal 5'-phosphate; PLP) 등이 있고, 그중에서 PLP이 가장 생리활성이 높다.

비타민 B_6는 소화효소에 의해 PN, PL, PM 등은 가수분해된 후 유리 형태로 흡수하는데 일반적으로 불안정한 화합물이다. 특히 산성과 열에 강하나 빛에 약한 편이다.

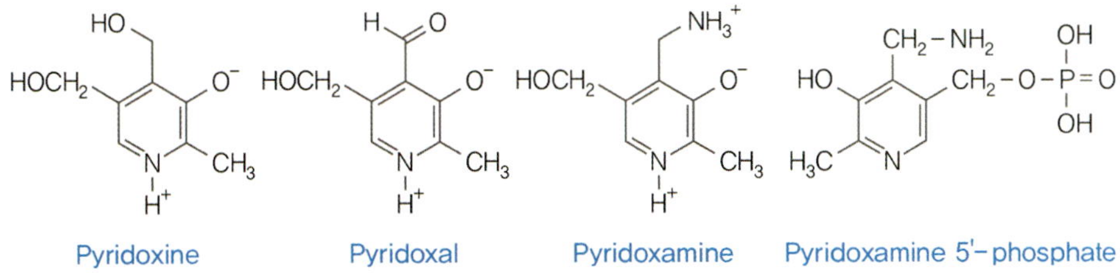

그림 4-19 비타민 B_6의 피리독신의 구조

출처: 식품영양위키. https://nutri.fandom.com/ko/wiki/

(1) 생리적 기능과 흡수

피리독신(PN)은 아미노산이나 단백질 대사와 밀접한 관계가 있으며, 보효소로서 다양한 대사 경로를 가진다.

생체내 피리독살인산(pyridoxal phosphate; PALP)의 형태에서 아미노산 대사, 아미노기 전이 반응(transamination), 탈탄산 반응(decarboxylation), 황이탈 반응 등의 보효소로 작용한다.

- 아미노기 전이반응은 아미노기를 α-케토산으로 전달하여 새로운 아미노산을 생성하는 화학 반응의 보효소로서 PALP에 작용한다.
- 탄소골격에서 포도당 합성반응에 관여 글리코겐 분해시 글리코겐 포스포릴라아제(glycogen phosphorylase)의 보효소로 작용한다.
- 탈탄산 반응은 글루탐산(Glu)이나 아스파트산(Aap)의 아미노산이 α-아민(amine)과 이산화탄소(CO_2)로 분해되는 과정으로 이때 카복실라아제는 타이로신(Tyr)이나 아르지닌(Arg)의 보효소로 작용한다.

PLP와 PMP는 인산에스테르 형태이며 조효소로 단백질과 결합한 상태로 존재한다. 이들의 특성으로 PLP는 생물학적 활성이 크고, PNP와 PMP는 체내에서 PLP로 전환된다.

PLP는 타우린, 도파민, 세로토닌, 노르에피네프린, 히스타민, GABA와 같은 신경전달물질 합성하는 효소의 조효소로 작용한다.

주요 저장 형태는 수용성 비타민인데도 불구하고 주로 PLP의 형태로 체내 저장이 가능하다.

체내 흡수는 PLP이 위장관 내에서 알칼라인 탈인산화효소(alkaline phosphatase)에 의해 인산기가 가수분해되면 유리 형태의 PN 유도체들은 소장 중의 공장에서 수동적 확산으로 흡수되고, 장점막을 통해 흡수된 후 PLP에 의해 다시 인산화되고 재순환된다.

혈장 내 PLP는 알부민과 단단히 결합된 형태로 이동하고 이 결합에서 PL이 방출되자마자 적혈구로 들어가 PLP로 인산화된다.

간에서 흡수된 PN은 산화되어 피리독살산(4-pyridoxic acid)을 소변으로 배출되는 분해 산물에 해당하며, 비특이적 FAD(flavin adenine dinucleotide) 의존성 알데하이드 산화효소에 의한 PL의 산화로 형성된다.

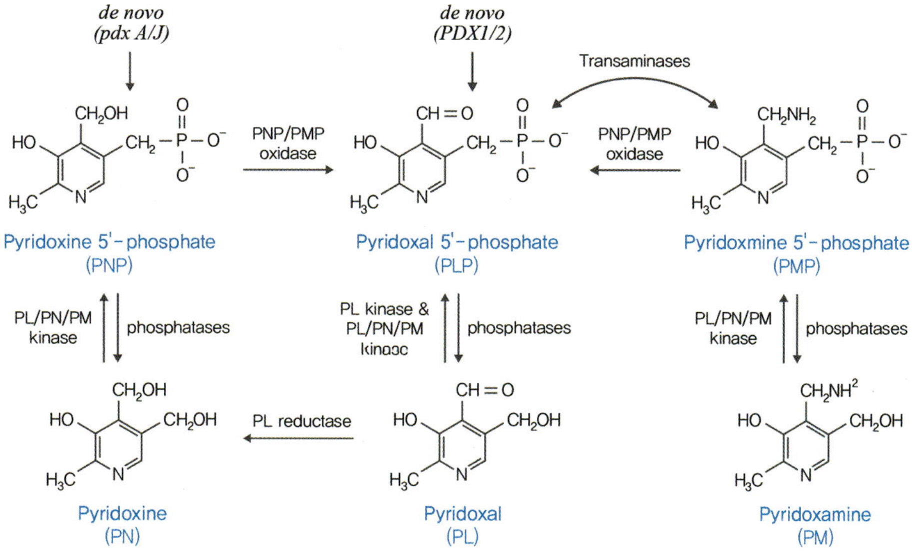

그림 4-20 비타민 B_6의 보효소 대사경로

출처: 식품영양위키. https://nutri.fandom.com/ko/wiki/

비타민 B_6는 트립토판이 니아신(비타민 B_3)으로 전환되는 데 필요하며, 적혈구의 혈색소(hemoglobin) 합성에도 관여한다.

(2) 결핍증 및 과잉증

비타민 B_6가 부족하면 비타민 B_2와 B_3 결핍과 유사한 증상이 나타난다.

피리독신 결핍은 중추신경에 이상을 초래하며, 피부, 신경 및 혈액 장애를 유발한다.

피리독신은 단백질 대사와 관련성이 있어 결핍시 단백질 체내 질소함량 감소, 트립토판 대사 이상, 항체형성 제한, 면역반응 억제 등의 증상을 유발한다.

결핍 시 증상으로는 피부염, 습진, 빈혈 등이다.

과잉의 비타민 B_6의 섭취는 비활성 형태인 피리독신산(pyridoxic acid)으로 전변되어 소변으로 배출된다. 신경장애, 피부병, 졸림 등이 있으나 비타민 B_6의 섭취를 중단하면 회복된다.

(3) 공급원

비타민 B_6의 공급원은 거의 모든 식품에 함유하고 있으며, 효모, 밀 배아, 연어, 육류, 우유, 고기, 계란 등이 주요 공급원에 해당된다.

10) 비타민 B_7, 비오틴(Vitamin B_7, biotin)

비오틴(biotin)은 1920년대 날달걀의 흰자를 섭취한 쥐에게서 대사장애가 일어나며 아비딘(avidin)이라는 성분이 장으로 갔을 때 흡수를 방해하면서 발생한다.

많은 양의 날계란의 흰자를 먹으면 피부 병변, 탈모 및 신경근 장애가 나타난다.

비오틴의 역할은 동물의 건강한 털과 피부나 신경계에 작용하는 중요한 비타민이다.

비오틴은 황을 함유한 비타민으로 발레르산(valeric acid)기를 가지며, 다양한 효소 카르복실화 반응에서 카르복실기 운반체 역할을 한다.

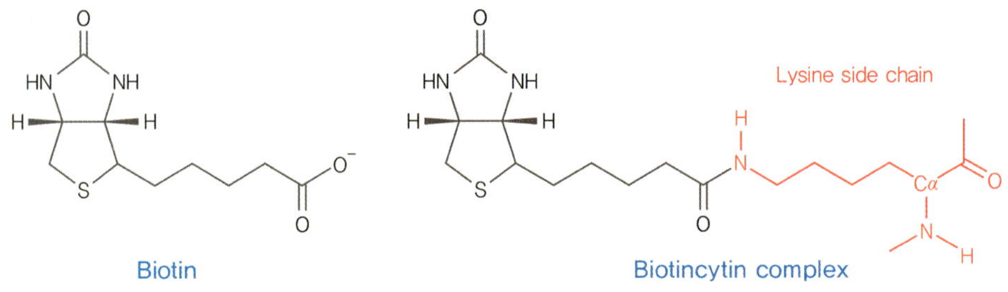

그림 4-21 비오틴의 화학적 구조

출처: http://www.seehint.com/r.asp?no=11551

(1) 생리적 기능과 흡수

비오틴은 포도당과 지방산 합성에 관여, 에너지를 생성과 DNA를 합성하는 데 중요한 역할을 하며, 카르복실화효소(carboxylase)의 구성 요소로 관여하거나 활성화하는 작용을 한다.

- 주요 대사로는 acetyl-CoA carboxylase는 acetyl-CoA를 malonyl-CoA, pyruvate carboxylase는 pyruvate를 oxaloacetate, propionyl-CoA carboxylase는 propionyl-CoA를 succinyl-CoA로 전환하여 대사한다.

소장의 단백질 분해효소에 의해 비오틴-라이신 결합체(biotin-lysine complex)인 비오시틴(biocytin)이나 올리고펩티드(oligo-peptide) 형태로 분해된 후 비오틴분해효소(biocytinase)에 의해 비오틴으로 유리된 후 흡수된다.

흡수 유형은 유리된 비오틴이나 장내 세균에 의해 생합성된 비오틴은 능동수송에 의해 흡수된다.

흡수된 비오틴은 구조 중 탄소가 분해되거나 황이 산화과정을 통해 비스노르비오틴(bisnorbiotin)과 biotin sulfoxide로 전환된 후 소변으로 배설되며, 장에서 흡수되지 않은 비오틴과 대장에서 합성된 비오틴은 변으로 배설된다. 그러나 날달걀에 들어있는 단백질인 아비딘은 비오틴과 강한 결합력을 가져 위와 소장의 융모세포에서 비오틴의 흡수를 방해한다. 비오틴은 간과 신장에 다량 존재하며 피부건강에 필수적이다.

(2) 결핍증 및 과잉증

비오틴 결핍은 공급이 잘 이루어지지 않을 때 발생하며, 또한 생난백의 아비딘 성분을 다량 섭취하였을 때 일어난다.

비오틴이 부족하면 탈모, 피부염 등의 증상이 발생한다.

(3) 공급원

개나 고양이에서 비오틴은 장내 박테리아에 의해 생성되며, 항생제 섭취 후 장내미생물 군락의 변화함으로 이를 회복할 목적으로 급여한다.

비오틴의 공급원은 육류, 생선류, 가금류, 난류, 우유 등 주로 동물성 식품이다.

11) 비타민 B_9, 엽산(Vitamin B_9, folic acid)

엽산(folic acid)은 2세기 전부터 악성빈혈과의 관련성에 대하여 알려져 있고, 라틴어로는 나뭇잎을 의미한다.

엽산의 구조는 2원자고리인 프테리딘과 파라아미노벤조산으로부터 만들어지는 프테로인산에 글루탐산이 결합한 것이며, 생화학적으로 활성형은 테트라히드로폴산(tetrahydrofolic acid; THF)이다.

엽산 및 유도체는 물리화학적으로 빛, 산, 알카리에 불안정한 특성을 가진다.

엽산은 신경계 조직의 발달에 관여하며, 빈혈 예방과 동물의 임신초기에 권장하는 비타민에 해당한다.

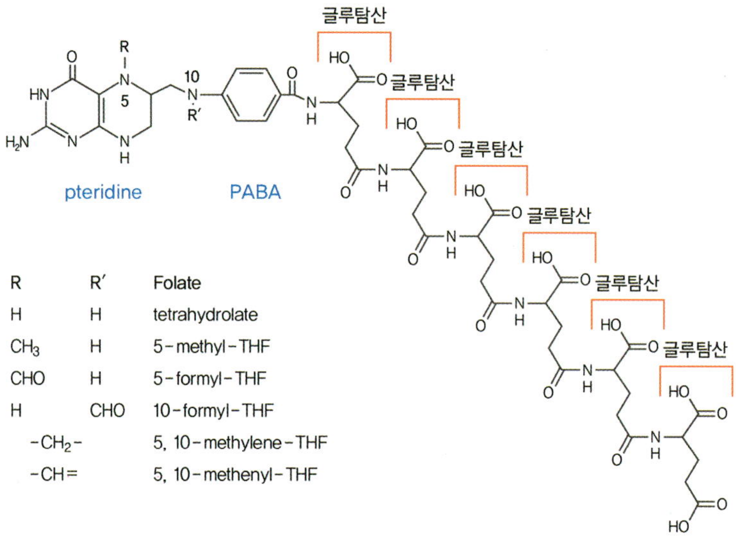

R	R′	Folate
H	H	tetrahydrolate
CH_3	H	5-methyl-THF
CHO	H	5-formyl-THF
H	CHO	10-formyl-THF
$-CH_2-$		5, 10-methylene-THF
$-CH=$		5, 10-methenyl-THF

그림 4-22 엽산의 화학적 구조

출처: http://www.seehint.com/r.asp?md=204&no=11549

(1) 생리적 기능과 흡수

엽산은 생체 내 환원되어 디히드로엽산(dihydrofolate), 테트라히드로폴산(THF) 유도체 형태에서 탄소원자를 주고받는 반응에 관여하고 핵산대사에서 조효소의 임무를 수행한다.

DNA 합성에서 엽산이 부족하면 DNA 복구과정이나 세포분열이 정상적으로 이루어지지 않는다.

엽산은 아미노산의 합성과 분해에 관여하는데 메티오닌의 합성, 페닐알라닌으로부터 티로신 합성, 히스티딘의 분해, 세린과 글리신의 상호전환 등이 해당된다.

호모시스테인은 필수아미노산이 몸속에서 분해될 때 생성되는 중간대사산물로 호모시스테인의 혈중 농도가 높아지면 심혈관질환의 발생이 높아진다.

엽산은 호모시스테인을 인체에 무해한 메티오닌으로 전환시키고, 호모시스테인의 혈중 농도를 정상적으로 유지하는 데에 도움을 준다.

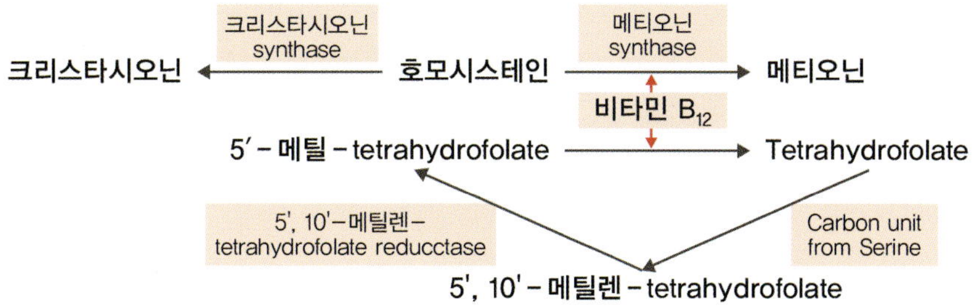

그림 4-23 엽산과 비타크민 B_{12}의 상호 대사작용

흡수과정은 소장 내 십이지장과 공장에서 흡수되기 전에 프테로일글루탐산 가수분해효소(pteroylglutamic acid hydrolase)에 의해 분리되어 모노글루탐산(monoglutamate) 형태로 전환되고, 또한 흡수된 엽산은 테트라히드로폴산(THF) 전환된다.

체내 저장 형태는 폴리글루탐산(polyglutamate) 형태로 존재하며, 신장의 사구체(glomerular)에서 활성화된 엽산은 유리 형태로 여과되고 능동적으로 운반되어 재흡수 또는 소변으로 배설된다.

(2) 결핍증 및 과잉증

5-메틸-TF로부터 비타민 B_{12}의 양이 부족하면 대사산물이 축적된다.

엽산의 결핍은 태아의 기형을 유발할 수 있고, 임신한 암컷에 엽산을 보충하면 갓 태어난 강아지의 구개열(cleft palate) 발병률을 줄인다.

엽산을 과량 섭취하면 비타민 B_{12}가 결핍되는 길항작용을 하며, 독성증세는 미약한 편이다.

(3) 공급원

개의 경우 일부 엽산은 장내 세균에 의해 생성되나 일일 요구량에 충족되는지에 관해서는 추가 연구가 진행 중이다.

고양이는 엽산이 필요하며, 공급원으로는 간, 시금치와 같은 녹색 채소가 이에 해당한다.

12) 비타민 B_{12}, 사이아노코발라민(Vitamin B_{12}, cyanocobalamin)

사이아노코발라민(cyanocobalamin)은 간의 항빈혈(anti-anaemic) 효과를 통해 20세기 중반에 분리되었고, 햄 구조에 코발트(Co)가 함유된 유일한 비타민이다.

사이아노코발라민은 체내에서 단일 탄소단위(one-carbon unit)를 이동시키는 조효소 역할하여 5-디옥시아데노실코발아민(5'-deoxyadenosylcobalamin)과 메틸코발아민(Methylcobalamin) 두 화합물이 생성된다.

박테리아에 의해 합성되고 동물에 축적되며, 현재까지 발견된 비타민 영양소 중 가장 최근에 발견되었다.

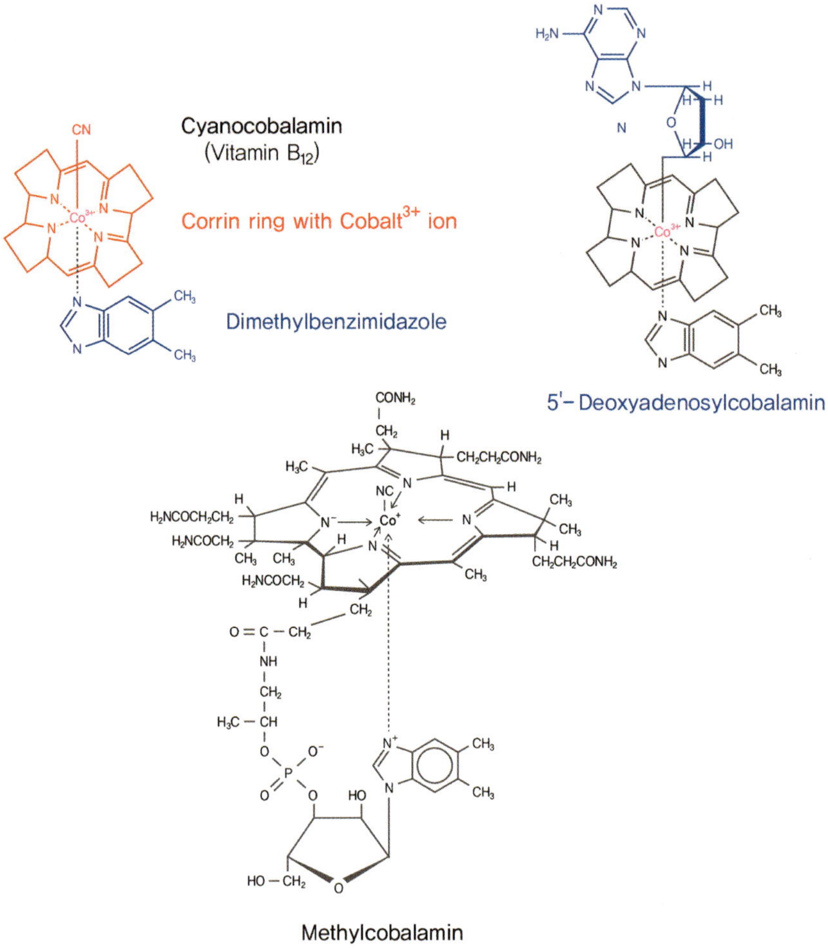

그림 4-24 사이아코발라민과 유도체 구조

출처: http://www.seehint.com/r.asp?no=11550

(1) 생리적 기능과 흡수

비타민 B_{12}는 많은 필수 생화학 반응의 보효소이며 단백질 합성과 적혈구 생산에서도 중요하다.

비타민 B_{12}는 체내에서 메틸코발라민(methylcobalamin) 또는 5-데옥시아데노실코발라민(5-deoxyadenosylcobalamin)으로 전환되어 탄소를 이동시키는 조효소이다.

메틸코발라민은 methyl tetrahydrofolate로부터 메틸기를 호모시스테인으로 전달하여 메티오닌을 합성하는 methionine synthase의 조효소로 작용한다.

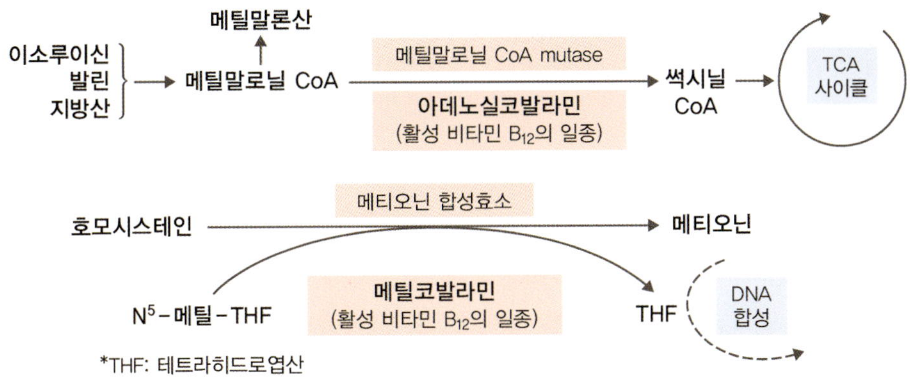

그림 4-25 메틸코발라인이 관여하는 효소반응

흡수 대사는 위의 위산이나 펩신이 관여하여 단백질을 폴리펩타이드 형태로 분해한다.

분해물은 분비물인 침샘의 타액 단백질과 위 점막의 R-단백질(haptocorrin)과 결합하여 소장으로 운반되고, 이 과정에서 췌장에서 분비되는 중탄산염(bicarbonate)이나 트립신(trypsin)과 같은 단백질분해효소에 의해 R-단백질이 분해되어 유리 상태의 비타민 B_{12}로 변환을 쉽게 한다.

유리된 비타민 B_{12}는 위벽세포에서 분비되는 당단백질(glycoprotein)인 내적인자(intrinsic factor)와 결합하여 비타민 B_{12} 복합체가 만들어지고 칼슘이온이 있을 때 소장 중 회장의 점막세포에서 비타민 B_{12}-IF 복합체의 수용체와 결합하여 상피세포에서 흡수된다.

흡수된 복합체가 다시 회장 상피세포 내에서 분리되어 융모 내 모세혈관-간문맥으로 이동하여 재흡수된다.

비타민 B_{12}의 배설은 대장 내 미생물에 의해 합성된 비타민 B_{12} 등은 대변을 통해 배설한다. 비타민 B_{12}는 정상적인 엽산 대사에 필요하고 대부분 간에 존재하는데 주로 코엔자임-B_{12} 형태로 저장된다.

(2) 결핍증 및 과잉증

비타민 B_{12}의 부족은 엽산이 조효소를 생성할 수 없게 되면 결핍증세가 나타난다. 특히 노령 동물의 경우 비타민 B_{12}가 재흡수 되지 않고 배설량 많아지면 결핍증이 빨리 나타난다.

결핍 증상으로는 빈혈과 신경장애가 대표적이며, 식욕부진, 변비 등의 위장장애 증세도 나타난다.

과량을 섭취했을 때 개와 고양이는 영향이 거의 없다.

(3) 공급원

식이 공급원으로 동물의 간 등 장기류에서 발견됨으로 육류, 생선, 달걀 등 동물성 식품이 주 공급원에 해당된다.

13) 콜린(choline)

콜린(choline)은 1862년 아돌프 스트레커(Adolph Strecker)가 레시틴이 가열되었을 때 생성됨을 발견하였다. 포스파티딜콜린(phosphatidylcholine)은 세포 내 인지질의 주요물질로 모든 동물이 합성할 수 있어서 진정한 의미의 비타민이 아니나 동물의 일일 요구량을 충족시키지는 못해 1998년에 이르러서야 필수 영양소로 인정되었다.

비타민 B_4에 해당하는 복합체로 아데닌(adenine), 카르니틴(carnitine) 콜린(choline)이 포함되어 있다.

콜린의 기능은 지방간의 예방인자이며 신경기능, 근육의 움직임 등 신진대사에 중요하다.

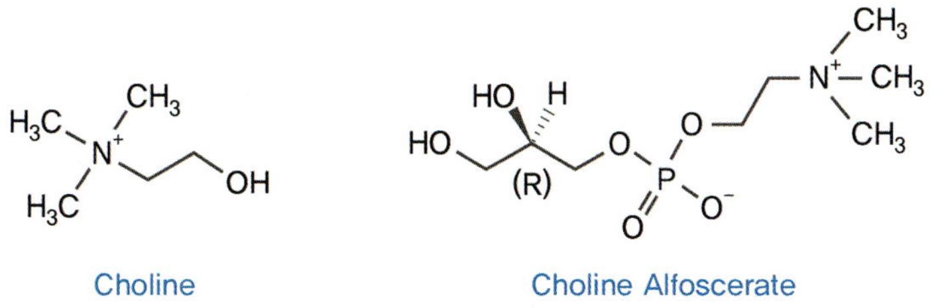

그림 4-26 콜린과 유도체의 구조

출처: 식품영양위키. https://nutri.fandom.com/ko/wiki/

(1) 생리적 기능과 흡수

콜린은 아미노산인 메티오닌의 생합성 과정에서 메틸기를 공여(methyl group process)하는 중요한 역할을 하는 영양소이다.

레시틴(lecithin)은 세포막을 구성하고 피부를 보호하는 물질로 사용되고, 아세틸콜린은 혈압을 내리고 신경전달을 쉽게 하는 등의 중요한 역할을 한다.

항지방간 인자로 콜린은 간에서 지방산의 이용을 촉진하고 비정상적인 지방이 체내에 과도한 축적이 되지 않게 방지한다.

콜린의 체내 흡수는 소장에서 흡수가 이루어지며 세린(serine)이 에탄올아민(ethanolamine)으로 전환되는 탈카르복실화과정을 통해 콜린을 합성한다.

유리 형태의 콜린은 소장 상부에서 흡수되어 간과 신장에서 콜린탈수소효소(choline dehydrogenase)와 비타인알데히드탈수소효소(betaine aldehyde dehydrogenase)의 작용으로 비테인(betaine)을 생성한다. 그 이후 비테인을 소변으로 배출한다.

(2) 결핍증 및 과잉증

콜린의 결핍은 인지능력 저하 등 신경학적 증상이 많고, 노화가 진행되면서 신경의 신호 전달하는 아세틸콜린의 양이 줄어들어 문제를 야기한다.

결핍 시 근육의 양이 줄어들고 지방간이나 신장질환, 성장발달 저하 등의 증상이 나타난다.

(3) 공급원

공급원은 간과 심장, 계란, 콩을 포함한 육류에 풍부한다.

과잉증은 개와 고양이에게 발견되지 않는다.

콜린이 포함된 사료로 첨가할 때 염화콜린(choline chloride)이나 콜린하이드로겐 시트르산염(choline dihydrogen citrate)을 사용한다.

14) 비타민 C, 아스코르브산(Vitamin C, ascorbic acid)

비타민 C는 아스코르브산(ascorbic acid)으로 1912년에 발견되어 1928년에 분리되었으며, 1935년에는 산업적으로 생산된 최초의 비타민이다.

비타민 C는 오렌지에 높은 함량을 가지고 있고, 부족하면 괴혈병(Scurvy)에 걸린다.

화합물의 특성은 열과 자외선, 금속이온(Fe^{3+} 등), 산소농도, 알칼리에는 약한 편이고, 체내활성형은 (L-)아스코르빈산과 (L-)디히드로아스코르빈산(환원형)(dehydroascorbic acid)이 있다.

개와 고양이는 정상적인 소화대사와 신체대사를 통해 비타민 C가 합성되므로 괴혈병은 거의 없으나 대사과정에서 중요한 역할을 담당한다.

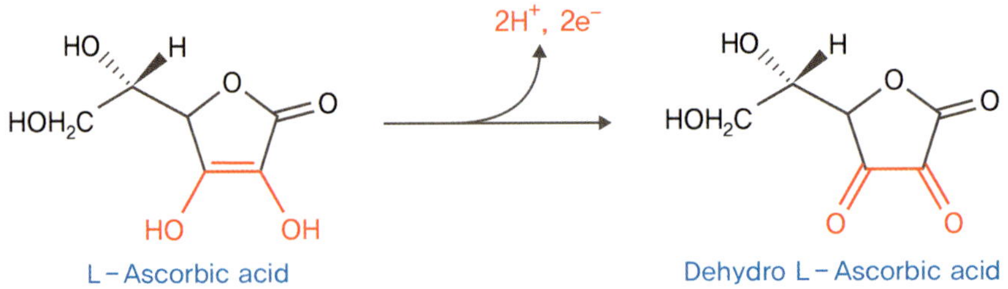

그림 4-27 아스코르빈산과 디히드로아스코르빈산(산화형)

출처: http://www.seehint.com/r.asp?no=10805

(1) 생리적 기능과 흡수

비타민 C는 항산화 활성을 가지고 있으며, 위장을 통해 체내로 흡수되거나 생체에서 효소적으로 교환된다. 아스코르브산은 O_2^-•, H_2O_2, OH•, $^1O_2$, 반응성 산화질소(nitrogen oxide)를 소거(scavenging)하는 데 효과적이다.

HO•는 DNA를 구성하는 퓨린과 피리미딘 염기, phosphate backbone과 반응하고, 퍼옥시 라디칼과 하이드록시 라디칼은 DNA 산화에 관여한다.

아스코르브산은 당(sugar)에서 합성되며, 전자공여자 역할을 하는 조효소로 다양한 생리 기능을 수행한다. 주로 환원상태인 Fe^{2+}, Cu^{2+} 등 금속 수용액의 환원제로 작용하며 강력한 항산화제이다.

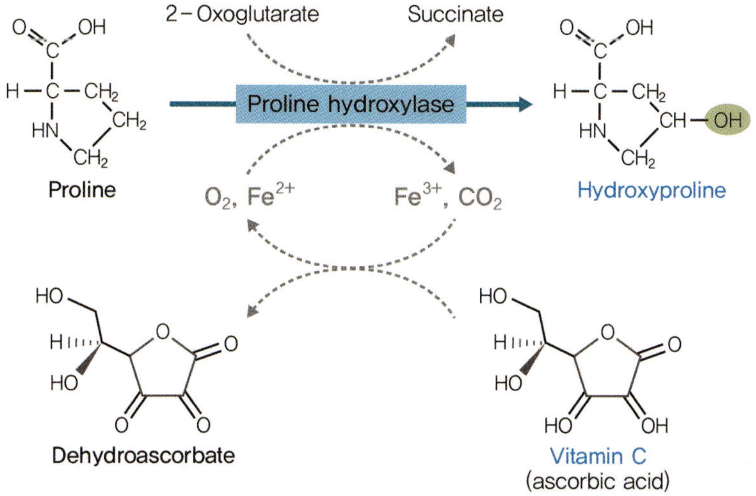

그림 4-28 아스코르브산의 합성과정

출처: http://www.seehint.com/r.asp?no=10805

조효소로의 작용은 콜라젠(collagen), 카르니틴(carnitine), 티로신(tyrosine), 신경전달물질 등을 합성하는 데 중요하다.

콜라젠 합성은 리신(lysine)과 프롤린(proline)과 같은 아미노산의 수산기(-OH)를 결합시켜 수산화 효소(hydroxylase)를 활성화해 하이드록시프롤린(hydroxyproline)과 하이드록시리신(hydroxylysine) 형태로 생성되며, 퇴행성 관절질환 등의 진행을 늦춘다.

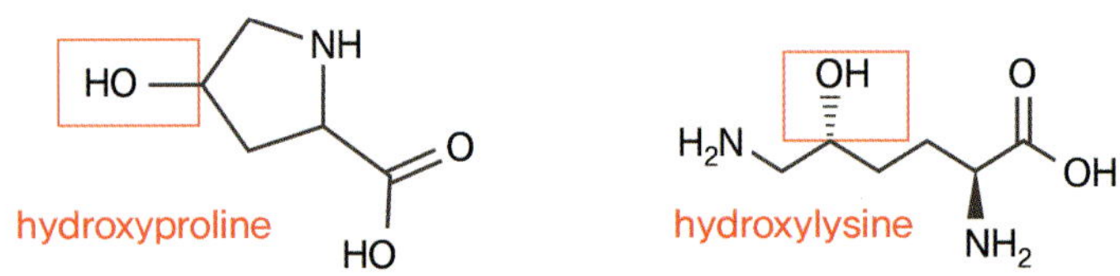

그림 4-29 아스코르브산의 합성과정

출처: http://www.seehint.com/r.asp?no=10805

카르니틴 생합성은 메티오닌으로부터 메틸기를 리신에 전이하는 과정으로 아스코르브산과 다른 조효소인 철분, 비타민 B_6, 니아신이 관여한다.

신경전달물질인 도파민(dopamine)에서 노르에피네프린(norepinephrine)이나 노르아드레날린(noradrenaline)으로 전환되거나 세로토닌(serotonin, 5-Hydroxytryptamine) 합성에 관여한다.

산소화효소 반응은 콜레스테롤이 담즙산으로 배설에 관여하고, 소장 내에서 3가 비헴철의 흡수를 증가시킨다.

단백질 합성에서 cAMP나 cGMP의 합성을 증가시켜 핵산의 합성을 용이하게 한다.

비타민 C는 비타민 E와 항산화와 관련하여 서로 협동하고 보완을 통해 절약작용과 보호작용을 한다.

비타민 C의 흡수는 소장에서 흡수되며 배설은 신장에서 옥살산으로 전환되어 소변으로 배출되지만 흡수량은 섭취량과 신체 내의 포화수준에 의해 흡수량이 결정된다.

비타민 C의 분포는 뇌하수체 조직에 가장 많이 분포하고 부신, 백혈구, 눈의 렌즈, 뇌조직 순으로 분포한다.

비타민 C는 다양한 질병에 대하여 예방, 증상 완화, 치료제로 사용될 수 있다.

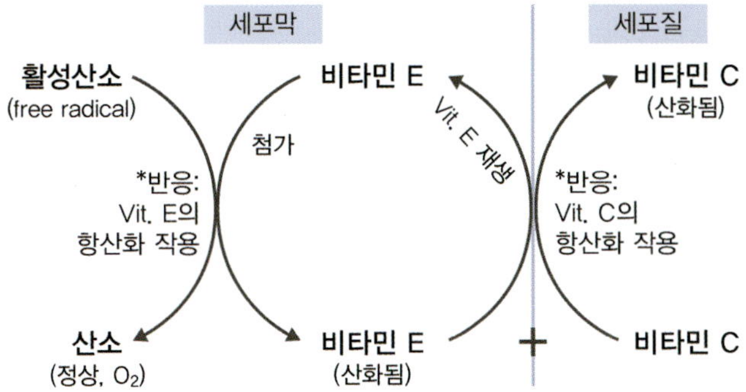

그림 4-30 비타민 C와 비타민 E와 항산화 상호작용

(2) 결핍증 및 과잉증

과잉섭취 시 개나 고양이에는 신장에 칼슘 침전물이 생겨 결석이나 장의 염증 및 설사를 유발할 가능성이 있다. 또한 항생제나 아스피린과 같은 약물과 상호작용할 수 있어 주의해야 한다.

신장 결석 병력이 있는 반려견에게는 아스코르브산을 급여할 때 제한하는 것이 필요한다. 슈나우저 견종을 비롯하여 다수 품종의 개와 고양이에서 소변이 약산성일 때 결석이 잘 형성된다.

(3) 공급원

개와 고양이에게 비타민 C를 영양제로 공급할 필요가 없으나 제공하면 건강 유지에 도움이 된다.

비타민 C의 섭취를 제한하는 견종은 슈나우저, 요크셔테리어, 푸들, 시츄, 비숑프리제 등이다. 옥살레이트(oxalate) 계열의 화합물은 방광결석에 민감한 견종에게 식이를 제한할 필요가 있다.

야채 식이 방법은 비타민 C 외에도 다양한 항산화 성분이 포함돼있어 오히려 소변을 묽게 하여 결석 예방효과가 있어 권장한다.

개와 고양이가 질병에 노출되면 혈중 비타민 C의 농도가 급속히 소실되므로 적절하게 보충한다.

5. 비타민의 안정성

1) 비타민 안정성에 영향을 미치는 요인

비타민을 요구하는 동물에게 각각의 비타민을 종류별로 급여하는 것이 효능면에서 좋으나 편리성을 위하여 비타민 혼합 프리믹스(premix)를 주로 사용한다.

프리믹스는 가공된 사료의 원재료들을 혼합한 것을 말하며, 비타민 개개의 성질을 고려하여 비타민 효능을 최대한 유지할 수 있도록 설계한다.

프리믹스 내 비타민 안정성은 빛, 열, 습기, 산소, pH 등에 대한 노출이나 다른 화합물과의 접촉 특성에 의해 영향을 받는다.

프리믹스 제형의 안정성의 한계가 있는데 개개의 비타민 첨가 비율, 광물질이나 콜린의 유무, 사료 가공방법, 환경 조건, 저장 시간 등이 요인에 영향을 많이 받는다.

비타민 중에 민감하거나 불안정한 비타민은 비타민 K_3, 비타민 A, 피리독신, 비타민 B_{12} 및 엽산으로 특별한 제형 및 가공이 필요한다. 수용성 비타민은 물에 녹는 성질이 클수록 산화의 위험이 커지고 보관방법 등의 문제가 발생 가능성이 크다.

비타민의 형태 중 결정상태인 것은 티아민, 피리독신 등이 있는데 물리적 형태에 따라 비타민의 안정성에 영향을 미치는 경우가 있어 주의를 요한다.

2) 사료 가공과 비타민의 안정성

동물 사료의 가공 형태는 주로 펠렛(pellet)이나 익스트루젼(extrusion)인데 가공할 때 고온, 습도, 압력, 마찰, 산화 등 제조조건에 따라 물성이 변화된다. 특히 비타민의 종류에 따라 다양한 역가가 나타날 수 있어 주의를 요한다.

펠렛형은 익스트루젼(extrusion)형보다 고열, 습기, 압력 및 마모에 노출되기 쉬워 비타민의 안정성 측면에서 가장 문제시되는 과정에 해당한다.

사료 가공시 비타민의 효능은 일반적으로 열보다는 습도가 영향이 크다. 예를 들면 펠렛에 수분함량이 많으면 화학반응과 산화가 쉽게 일어나 산폐시키는 경향이 많다.

또한 비타민 A(레티놀)는 에스테르 형태인 레티닐 아세테이트(retinyl acetate)보다 더 민감하며, 이는 코팅된 비타민 A(물에 불용성)보다 산화되기 더 쉬운 편이다.

비타민 종류에 따라서 안정성에 미치는 영향은 다른데 비타민 A, 비오틴, 엽산은 열에 민감하지만 비타민 A, D, C는 산화가 쉽고, 비타민 K와 판토텐산은 습윤함량에 따라 역가가 변할 가능성이 크다.

표 4-3 비타민 안정성에 미치는 요인

종류	약어	온도	습도	빛	산소	산성	알카리성
Vitamin A	A	Very sensitive	Sensitive	Very sensitive	Very sensitive	Sensitive	Stable
Vitamin D	D	Sensitive	Sensitive	Sensitive	Very sensitive	Sensitive	Stable
Vitamin E	E	Stable	Stable	Sensitive	Sensitive	Sensitive	Sensitive
Vitamin K	K	Sensitive	Very sensitive	Stable	Sensitive	Very sensitive	Stable
Riboflavin	B_2	Stable	Sensitive	Sensitive	Stable	Stable	Stable
Niacin	B_3	Stable	Stable	Stable	Stable	Stable	Stable
Pantothenic acid	B_5	Sensitive	Sensitive	Stable	Stable	Stable	Stable
Vitamin B_{12}	B_{12}	Very sensitive	Sensitive	Sensitive	Sensitive	Stable	Stable
Pyridoxine	B_6	Very sensitive	Sensitive	Sensitive	Stable	Sensitive	Stable
Biotin	H	Sensitive	Stable	Stable	Stable	Stable	Stable
Folic acid	B_9	Very sensitive	Sensitive	Very sensitive	Stable	Very sensitive	Stable

출처: Adapted from DSM Vitamin Nutrition Compendium and Shurson et al.(2011).

6. 비타민의 안정성

1) 광물질과 비타민 간 안정성

비타민은 미량 무기질과의 접촉하면 쉽게 산화환원 반응이 일어나 비타민이 불안정해질 때가 많다. 미량 무기질 중 반응성이 높은 것은 유리 금속이온이고, 그 다음이 황산염, 탄산염 및 산화물이 가장 반응성이 높은 편이다.

- 반응성은 구리, 아연 및 철은 매우 높지만, 셀레늄, 요오드 및 망간은 거의 불활성이다.
- Fe-EDTA와 같은 킬레이트화가 된 것은 반응성이 가장 낮고 흡수가 잘되는 특징을 가진다.

사료 내 비타민을 첨가한 후 과잉의 광물질을 첨가하면 비타민의 안정성에 문제를 일으킬 가능성이 크므로 주의를 요한다.

2) 보관 중 비타민의 안정성

비타민이 함유된 프리믹스 형태는 비타민 손상을 줄이기 위해 저장기간을 단축하거나 보관환경을 양호하게 하여야 생리활성의 역가가 낮아지는 것을 방지할 수 있다.

비타민 손상을 방지하기 위하여 최적의 보관 및 저장방법을 확립해야 하며, 주로 비타민 프리믹스는 보관 중 안정성을 유지하기 위해 밀봉 후 건조하고 서늘하며 어두운 곳에 보관해야 한다.

순수 비타민을 함유한 프리믹스는 약 3~4개월 동안 보관할 수 있으나 콜린과 광물질이 함께 함유되어 있을 때는 보관 기간이 60일을 초과해서는 안 된다.

프리믹스를 장기보관하기 위해서는 비타민과 다른 광물질과 독립적으로 혼합하면 손실을 감소시킬 수 있다.

3) 비타민의 안정성을 향상하는 기술

비타민을 셀룰로스 등으로 코팅하는 기술, 분무 건조하여 과립을 제조하는 기술, 산화를 방지하기 위해 항산화제를 도포하는 기술 등을 적극적으로 개발할 필요가 있다.

Q & A

조효소(coenzyme)와 보조인자(cofactor) 차이?

조효소(보조효소)와 보조인자는 효소 단백질 내의 비단백질 부분으로서 효소의 촉매반응을 보조한다는 점에서 공통점이 있으나, 보조효소는 유기물질이며 보조인자는 무기성분이라는 차이점이 있다.

조효소의 예로 vitamin B_1인 thiamin이 pyrophosphate와 결합하여 유도체인 thiamin pyrophosphate(TPP)를 만드는데 이때 TPP는 조효소가 된다. 비타민 중의 조효소는 thiamin pyrophosphate(B_1), flavin nucleotide(B_2), nicotinamide nucleotide(B_3), pyridoxal phosphate(B_6), coenzyme A(B_5), methylcobalamin(B_{12}), biocytin(B_7), tetrahydrofolic acid(B_9), lipoic acid 및 vitamin K 등이 있다.

보조인자는 효소의 촉매기능을 보조할 뿐만 아니라 효소반응에 관여하는 반응물의 안정화를 통하여 효소반응촉매기능에 도움을 주기도 한다. 보조인자는 유기보조인자인 플라빈과 헴이 있고, 무기 보조인자는 금속이온인 Fe^{2+}, Mg^{2+}, Cu^{2+}, Mn^{2+}, Zn^{2+} 등이 있다.

알아두기

비타민의 역사

우리 생활 속의 활력소 비타민은 무형적 또는 유형적으로 많이 이야기하는 말들이다. 그 유형적 비타민은 우연한 기회에 질병의 단서를 통해 하나씩 발견되었다. 비타민은 1912년 Casimir Funk 박사가 쌀을 도정하고 남은 쌀겨의 활성 성분을 "비타민"이라고 불렀고, 1년 후, Yale과 Wisconsin 대학의 과학자들은 유지방과 간유에서 최초의 비타민을 발견했다. 1920년대에는 비타민 연구가 상당한 진전이 이루는 시기였고, 비타민 C는 식품의 항혈전 인자를 확인하던 중에, 비타민 D는 구루병을 치료하기 위해 음식을 조사하던 중에, 비타민 E는 식물성 기름을 연구하던 중에, 비타민 K는 닭에게 먹인 콜레스테롤이 풍부한 식단을 제공함을 발견했다. 1935년에는 비타민 C를 인공적으로 합성하는 방법을 발견하면서 "비타민 알약" 제조가 시작되었고 'Redoxon'이라는 이름으로 최초의 비타민 C 보충제를 생산하고 판매가 되었다. 이런 유형적 비타민도 중요하지만, 우리 가족들이 행복할 때 생활의 활력소가 되는 '비타민 에너지'도 있다. 우리 삶 속에 어떤 형태의 비타민이건 함께 가까이하면 좋을 것이다.

식물성 비타민과 동물성 비타민이 있다면 어떤 것을 선택해야 할까?

우리는 비타민 보충제를 선택할 때 식물성이 좋을까 동물성이 좋을까 고민한다. 비타민은 동물에는 있고 식물에는 없는 것들이 있어 단언하는 데 무리가 있으나 동물성이 좋다는 데 의견을 같이한다. 동물에는 비타민 B_{12}, D, K_2가 있으나 반대로 식물에는 거의 발견되지 않는다. 비타민의 흡수율은 어떨까? 식물성 비타민은 어떻게 가공하고 제조하느냐에 따라 다르나 일반적으로 동물성 비타민과의 흡수율이 약 10~20배 떨어진다. 주된 이유는 동물의 체내에서 흡수하기 좋은 형태가 아닌 유형이 많기 때문일 것이다. 채식을 주로 하는 사람(비건인)은 처음에는 살도 빠지고 피부도 탱글탱글하게 보이나 장기간 지속되면 피부가 푸석해지고 탄력성을 잃을뿐더러 건강 유지에 어려움을 겪는 분들이 많은 이유와 유사할 것이다. 비단 비타민 문제만이 아니라 미네랄도 한몫하고 있으므로 채소를 먹고 영양제로 보충해 주는 것도 방법일 것이다. 특히 철분은 식물에는 비햄철로 되어 있어 동물의 소화관에서 흡수되기 어렵고 특히, 피틴산과 같은 물질들이 소화 흡수를 방해하는 것도 원인이니만큼 동물성 햄철로 되어 있는 육류를 권한다. 결국 동물성이든 식물성이든 간에 비타민의 특정 성분을 원할 때 이들의 함량과 생체 이용률을 고려하여 비타민을 선택하는 것이 좋을 것이다.

단원 학습 정리

01. 비타민은 동물의 체내에서 합성하지 못하거나 합성되더라도 충분한 양을 생산해 주지 못해 외부에서 공급해 주어야 건강을 유지할 수 있다.

02. 비타민의 주된 생리적 기능은 생체 대사나 생리적 기능의 촉매제 역할을 하며 건강한 성장과 번식을 위해 중요하다.

03. 비타민의 분류는 크게 지방에 녹는 지용성 비타민 A, D, E, K와 물에 녹는 수용성 비타민 B군, C로 분류한다.

04. 지용성 비타민의 체내 흡수는 지방 대사와 유사하고 체내에 축적되고 과량 섭취 시에는 독성이 나타날 수 있다. 반면에 수용성 비타민은 체내에서 쉽게 흡수되어 이용되며 여분은 소변으로 배설되고 일반적으로 독성을 일으키지 않는다.

05. 비타민 A는 레티놀이며, 밤낮의 시각 적응, 면역기능, 태아의 발달, 성장/세포분화, 피부와 점막형성 등의 기능을 한다. 결핍증은 시각 질환, 신경성 식욕 부진증, 피부 병변이 있고, 과잉증은 뼈 재형성 과정의 불균형, 중추신경계 억제가 있다.

06. 비타민 D는 콜레칼시페롤이며, 칼슘과 인의 균형 흡수 대사에 중요, 뼈의 형성과 골다공증 예방 등의 기능을 한다. 결핍증은 구루병, 골연화증, 근 긴장도 상실이 있고, 과잉증은 연조직의 석회화가 있다.

07. 비타민 E는 토코페롤이며, 항산화제, 산화에 의한 손상으로부터 세포보호 등의 기능을 한다. 결핍증은 개와 고양이 망막 변성, 생식 장애, 근육 약화가 있고, 과잉증은 개와 고양이 축적 독성과 혈액응고시간이 더 걸린다.

08. 비타민 K는 메나디온이며, 응고 인자의 활성화, 뼈의 구성에 필요 등의 기능을 한다. 결핍증은 개와 고양이의 혈액응고 과정 방해가 있고, 과잉증은 보고가 없다.

09. 비타민 B_1는 티아민이며, 탄수화물 에너지 대사, 신경조직의 이온 채널 활성화 등의 기능을 한다. 결핍증은 강아지의 성장장애, 체중 감소 및 신경학적 이상과 성견의 신경계 및 심장 손상이다.

10. 비타민 B_2는 리보플라빈이며, 지질대사와 성장촉진, 체내 에너지 생성 등의 기능을 한다. 결핍증은 신경성 식욕 부진증, 근육 약화, 피부염, 눈 병변이다.

11. 비타민 B_3는 니아신이며, 체내 에너지 생성, 뇌 신경계에 작용, 피부 건강 유지 등의 기능을 한다. 결핍증은 신경성 식욕 부진증, 체중 감량, 입술, 피 섞인 설사 등이며, 과잉증은 피부 손상, 가려움 등이 있다.

12. 비타민 B_5는 판토텐산이며, 에너지 생성, 항스트레스 작용 등의 기능을 한다. 결핍증은 피로, 면역저하, 성장장애, 피부염이 있고, 과잉증은 개와 고양이에게 없다.

13. 비타민 B_6는 피리독신이며, 포도당 당대사, 적혈구 기능, 니아신 합성, 신경계기능, 면역반응, 호르몬 조절 활성화 등의 기능을 한다. 결핍증은 강아지의 거식증 및 체중 감소, 성견의 경련, 근육 경련 및 빈혈 등이 있고, 과잉증은 신경장애, 피부병, 졸림이다.

14. 비타민 B_7는 비오틴이며, 3대 영양소 대사와 에너지 생성에 필요, 피부 건강 유지 등의 기능을 한다. 결핍증은 탈모, 피부염, 성장/발달 지연 등이 있다.

15. 비타민 B_9는 엽산이며, 아미노산/뉴클레오티드, 대사, 임신 중 신경관 발달, 헤모글로

빈 형성에 관여 조혈인자로 작용 등의 기능을 한다. 결핍증은 구개열, 신경관 결손증, 성장지연이 있고, 과잉증은 거의 없다.

16. 비타민 B_{12}는 시아노코발아민이며, 엽산대사에 필요, 신경안정, 적혈구 생성 촉진 등의 기능을 한다. 결핍증은 엽산대사에 필요, 적혈구 생성 촉진이 있고, 개와 고양이의 과잉증은 없다.

17. 콜린은 인지질 세포막 성분 등의 기능을 한다. 결핍증은 근육량 감소, 신장질환, 성장/발달 지연 등이다.

18. 비타민 C는 아스코르브산이며, 항산화작용, 피부-근육을 구성하는 콜라겐 합성, 철의 흡수, 면역세포 활성화 등의 기능을 한다. 개와 고양이 결핍증 없고, 과잉증은 결석을 유발할 가능성이 크다.

19. 광물질과 비타민 간에는 미량 무기질과의 접촉하면 쉽게 산화환원 반응이 일어나 비타민이 불안정해질 때가 많아 사료 내 비타민을 첨가하고 또한 과잉의 광물질을 첨가하면 비타민의 안전성에 문제를 일으킬 가능성이 크므로 주의를 요한다.

20. 보관 중에 비타민 손상을 방지하기 위하여 최적의 보관 및 저장 방법을 확립해야 하며, 주로 비타민 프리믹스는 보관 중 안정성을 유지하기 위해 밀봉 후 건조하고 서늘하며 어두운 곳에 보관한다.

Ⅵ 광물질(무기질)

학습목표

1. 광물질의 종류, 중요성 및 역할에 대하여 이해할 수 있다.
2. 반려동물의 체내에서 광물질의 기능을 비교 정리할 수 있다.

1. 광물질의 정의와 주요 특성과 기능

1) 광물질의 정의와 역할

광물질(mineral)은 탄소를 함유한 유기물과는 달리 탄소를 함유하지 않는 형태로 동물 체내나 사료에 함유된 무기물을 말한다.

동물 체내의 C · H · O는 탄수화물과 지방을 구성하고 여기에 질소가 가세하면서 단백질이 만들어진다. 하지만 광물질이 없으면 이러한 대사과정이 제대로 수행될 수 없다.

동물 체내에 존재하는 주요 유 · 무기성분의 비율은 C · H · O · N의 유기화합물과 물이 94~96%를 차지하고 기타 광물질을 포함하는 무기성분이 4~6%를 차지한다.

체내 광물질의 필요량에 따라 두 가지로 나눈다.

식단에서 상대적으로 높은 수준으로 요구되는 광물질은 다량원소(macrominerals), 미량이지만 체내의 건강한 기능을 위해 필수적인 광물질은 미량원소(microminerals)이다.

표 4-4 체내에 필요한 광물질 분류

분류	종류
다량원소(macrominerals)	Ca, P, K, Na, Mg, Cl, S
미량원소(microminerals)	Fe, Zn, Mn, Cu, I, Se, Co, F, Mo, Cr, Si, As

광물질은 체내나 사료에서 직접적인 에너지를 생성하지는 않지만, 생명 유지에 중요하다. 또한 정상적인 대사 과정을 할 수 있도록 촉매 등의 기능적 임무를 수행한다.

필요량 이상으로 공급할 때 중독되는 필수 미량원소는 철, 구리, 크롬, 비소, 몰리브덴, 셀레늄 등이 있어 주의를 요한다.

체내 요구량보다 적은 양을 공급할 경우는 성장이나 발달 지연, 근육위축병, 신경과민증, 구루병 등의 질환을 유발한다.

광물질 공급은 식단을 통해 자연적으로 존재하는 것도 있으나 부족시 인위적으로 공급되어야 하는 것이 있다. 주로 황산철(iron sulphate), 산화아연(zinc oxide), 산화망간(manganese oxide), 황산구리(copper sulphate), 아셀렌산나트륨(sodium selenite), 요오드산칼슘(calcium iodate)과 같은 정제된 염 등을 첨가할 수 있다.

2) 광물질의 주요 기능

(1) 뼈조직의 구성: 칼슘, 인, 마그네슘 등은 동물 체내에서 골격, 치아 등을 구성하는 주성분으로 뼈의 성장과 발달에 기여하고 뼈의 경도를 높이다.

(2) 연조직의 구성: 동물 체내의 뼈조직 이외의 근육, 피부, 신경, 장기 등은 광물질인 철, 아연, 황, 요오드, 칼륨, 인, 염소 등과 결합하여 조직을 구성한다.

(3) 체액의 조절: 세포의 내액과 외액에 존재하는 나트륨, 칼륨, 구리, 마그네슘 등의 양이온과 인, 염소 등의 음이온들은 삼투압이나 pH 조절, 산과 알칼리의 완충작용, 신경물질의 전달 등의 물질 수송과 체조직의 유지에 중요하다.

(4) 효소반응의 활성작용: 에너지의 생성과 분해에 관련된 대사작용에 관여하는 광물질은 인(ATP), 철(시토크롬, 카탈라아제), 마그네슘 · 구리 · 망간(효소반응을 촉진)이 해당하고, 칼슘은 혈액응고(blood cloiting), 철은 헤로글로빈(hemoglobin)과 미오글로빈(myoglobin), 아연은 인슐린(insulin), 구리는 멜라닌(melanin)의 생성을 조절하는 산화효소인 티로시나아제(tyrosinase), 황은 모발, 요오드는 갑상선(thyroid)에서 분비되는 호르몬인 티록신(thytoxine)의 물질대사 촉진에 관여한다.

(5) 신경과 근육의 흥분성 조절: 흥분작용을 하는 것은 나트륨과 칼륨이며, 진정작용을 하는 것은 칼슘과 마그네슘이 관여한다.

(6) 산과 염기의 평형조절: 산과 염기의 조절하는 주요 전해질(electrolyte)로는 칼륨, 나트륨, 염소가 속하고 체액 및 혈액의 산도를 일정하게 중성으로 유지하게 한다. 산도가 높은 오렌지를 먹었을 때 혈액 속에서는 중탄산나트륨염($NaHCO_3$, sodium bicarbonate)을 만들어 중화시킨다.

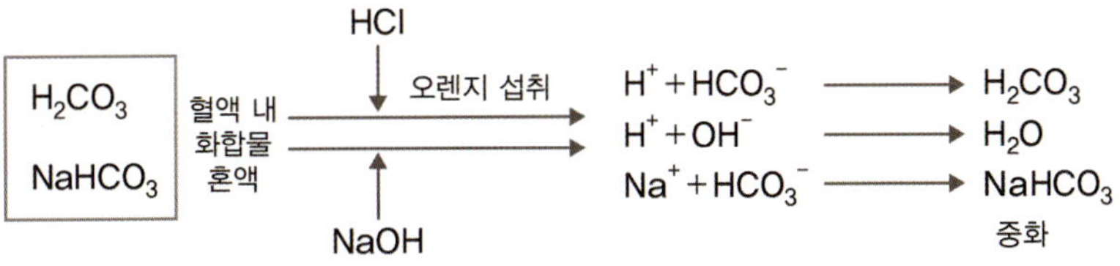

그림 4-31 혈액 내 산과 염기의 조절

3) 광물질 간 화학적 특성과 흡수

광물질이 이온화되면 체내 이온 간 흡수가 잘되게 하는 협동작용(synergism)과 반면에 이온끼리 서로 경합하여 흡수를 방해하는 길항작용(antagonism)이 있다.

길항작용은 양이온과 양이온(K^+와 Na^+, K^+와 Ca^{+2} 등), 음이온과 음이온(Cl^-와 PO_4^-) 간 대표적이나 절대적인 요소는 아니다.

예) 골다공증 예방을 위해 칼슘이온은 인산이온과 공존하면 인산칼슘(calcium phsphate)을 형성하고 침전시키다. 그 결과로 체내 흡수를 방해한다.

협동작용으로 인산화된 펩타이드는 칼슘이온과 이온결합을 형성하여 소장 내에서 칼슘의 흡수를 촉진한다. 또한 구리, 아연, 철의 양이온 간에는 서로 길항작용하는 경우가 대부분이나 구리가 결핍하면 철을 첨가하여 주면 협동작용을 하기도 한다.

2. 광물질의 분류와 역할

1) 광물질의 주요 역할

광물질의 원소별 기능과 역할을 파악하는 것은 동물에게 최적의 무기영양소를 공급하기 위한다.

표 4-5 동물 체내 다량원소의 주요 기능

원소	주요 기능과 역할	개의 권장허용량/일*	체조직 내 비율(%)
칼슘 (Ca, calcium)	뼈와 치아 구성에 필수 혈액응고, 신경전달, 근육수축, 세포신호 등	1g	49
인 (P, Phosphorus)	골격구조, DNA · RNA 구조, 에너지 대사, 운동, 산 · 염기 균형	0.75g	27
마그네슘 (Mg, magnesium)	에너지 대사, DNA · RNA 대사, 단백질 합성, 근육 및 신경 세포막 기능	150mg	1
칼륨 (K, Potassium)	산 · 염기 균형, 신경전달, 효소반응, 물질 수송 기능	1g	6
나트륨 (Na, sodium)	산 · 염기 균형, 삼투압 조절, 신경 생성 · 전달	200mg	4
염소 (Cl, chloride)	산 · 염기 평형과 균형 유지	300mg	4
황(S, sulfur), 기타 광물질	함황단백질 생성, 생체 내 산화와 환원, 해독작용 등	–	1

*하루 1,000칼로리를 소비하는 성견의 일일 필요량(National Academy of Sciences, 2006)

표 4-6 동물 체내 미량원소의 주요 기능

원소	주요 기능과 역할	개의 권장허용량/일*
철 (Fe, iron)	헤모글로빈의 햄구조 형성, 에너지 대사 관여	7.5mg
아연 (Zn, zinc)	효소반응, 세포 복제, 단백질 및 탄수화물 대사, 피부 건강과 상처 치유	15mg
망간 (Mn, manganese)	연골형성 및 피부색소합성, 뼈와 관절 연골 및 신경 기능의 형성	1.2mg
구리 (Cu, copper)	피부색소 합성, 힘줄의 콜라겐 합성, 신경계의 미엘린 합성, 모발 색소인 멜라닌 합성	1.5mg
코발트 (Co, cobalt)	비타민 B_{12}의 합성을 촉진하며 이의 구성성분	–
요오드 (I, iodine)	갑상선 기능, 성장, 발달 및 신진대사율의 조절	220㎍
불소 (F, fluorine)	충치 및 골연증 예방	150ppm 이하 (보존제)
셀레늄 (Se, selenium)	산화방지제(antioxidant): 세포 손상을 줄이고 면역반응을 보조하는 역할	90㎍
몰리브덴 (Mo, molybdenum)	산화환원효소의 활성에 필요	–
크롬 (Cr, chromium)	철의 대사과정의 트랜스페린 및 알부민과 결합	–

*하루 1,000칼로리를 소비하는 성견의 일일 필요량(National Academy of Sciences, 2006)

2) 광물질의 기능과 생리대사

(1) 칼슘(Calcium, Ca)

① 칼슘의 특성

칼슘(Ca)은 지구상의 다섯 번째로 풍부한 원소로서 개와 고양이 등 동물 뼈의 95% 이상의 구성 물질이고, 나머지는 연조직에 분포한다. 뼈에서의 칼슘은 대부분은 수산화인회석($Ca_{10}(PO_4)_6(OH)_2$, hydroxyapatite)의 형태로 존재한다.

칼슘은 불용성염과 가용성이온으로 존재하고, 일반적으로 가용성이온으로 전환되어 흡수된다.

② 체내에서 기능과 대사

칼슘의 주요 생리적 기능은 다양하며 생체 조직을 구성하는 데 중요한 광물질이다.

㉮ 동물의 신체에서 칼슘은 대부분을 뼈와 치아를 구성 및 유지

㉯ 세포 간 정보 및 신호 전달에 중요한 역할을 담당

㉰ 신경자극을 전달하고 근육의 수축이나 이완작용에 중요한 역할(액틴과 미오신 수축)

㉱ 혈액의 응고에 관여하는 단백질인 피브린(fibrin)을 형성하는 반응에 관여한다.

- 건강한 뼈의 성장과 유지를 위해 칼슘은 인(P)과 협력하여 뼈를 단단하게 하고 서로 균형을 이루도록 조절하는 것이 중요하다. 인이 칼슘보다 과잉 시에는 칼슘과 불용성염을 형성하여 흡수를 저해한다.
- 단백질합성, 당분해, 지방대사에 관여하고 칼슘과 인이 상호협력하여 결정화핵(crystalization nucleii)을 형성한다.

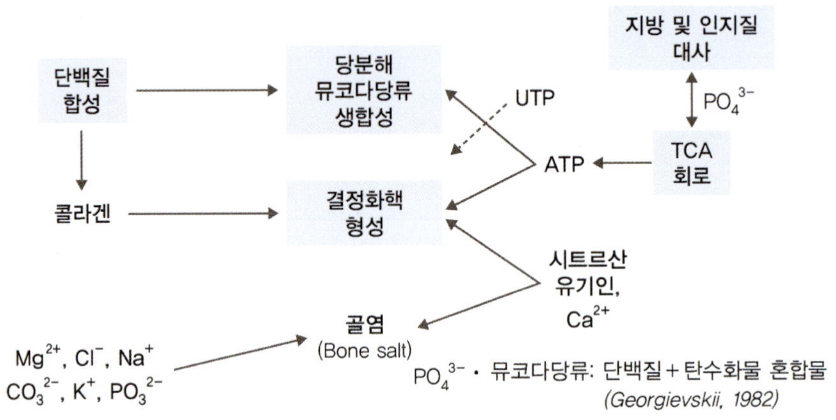

그림 4-32 골격형성 대사에서 칼슘과 인의 협력

- 지방의 함량이 많으면 지방산 칼슘염 생성하여 흡수를 방해하고, 단백질 섭취량이 상대적으로 많으면 칼슘의 흡수율은 증가한다.
- 칼슘의 흡수: 체내의 칼슘이 흡수되기 위해서는 위장액인 염산(HCl)에 녹아 이온화가 필요하다. 흡수 형태는 소장 중 십이지장에서는 가용성 이온 형태로 능동수송에 의해 흡수되고, 나머지는 회장과 공장에서는 수동적 확산으로 흡수된다.

능동적 과정의 흡수는 세포막을 통해서 이동되고, 비타민 D에 의해서 조절이 되는데, 특히 비타민 D에 의존하는 칼슘 결합 단백질(calcium binding protein)이나 칼바인딘(calbindin)의 영향을 받는다.

흡수율은 성장과 발달이 왕성한 어린 동물이나 임신한 동물일 때 흡수가 잘 이루어지며, 일정한 칼슘을 체내에 유지(항상성)하기 위해서 비타민 D, 부갑상샘호르몬(PHT)이나 칼시토닌(calcitonin), 비타민 D_3(1,25-dihydroxycholecalciferol)가 관여한다.

표 4-7 동물의 체내 칼슘 대사

칼슘농도와 호르몬 관계	흡수작용	결과	조절 결함
혈액 중 칼슘농도가 낮으면 PTH(부갑상샘호르몬) 분비	• 뼈에서 칼슘분비 자극 • 소장에서 칼슘흡수 증가 • 신장에서 칼슘 보유량 증가	• 혈액 중 칼슘농도 증가 • 소변으로의 칼슘 배설 감소	저칼슘증 유발
혈액 중 칼슘농도가 높으면 칼시토신(calcitonin) 분비	• 뼈에서 칼슘분비 감소 • 신장의 칼슘보유 감소	• 소장에서 칼슘 흡수 감소 • 뼈 광물화(bone mineralization)	고칼슘증 유발

신장이 손상되면 장내 산도가 높아져 흡수율이 크게 저하되며, 나이가 증가함에 따라서도 감소한다. 특히 옥살산(oxalic acid), 피틴산(phytic acid) 등은 칼슘과 결합하여 불용성염을 형성하여 흡수를 방해하고 결석을 생기게 한다.

항상성(homeostasis)은 식사로부터의 섭취량과 소화관으로부터의 흡수량 및 대변 중 배설량, 뼈 축적량과 뼈로부터의 용출량, 신장에서의 재흡수량과 소변 중 배설량 등에 의해서 조절된다.

③ 식단에서 칼슘의 공급

칼슘은 동물의 뼈에서 발견되며 일반적으로 골분으로 반려동물 사료에 첨가되어 있고, 유제품 속에도 상당한 양의 칼슘도 포함되어 있다.

채소 중의 브로콜리와 양배추 등에도 많이 함유되어 있다.

가용성의 무기염에는 탄산칼슘($CaCO_3$, calcium carbonate), 석회석($Ca(OH)_2$), 황산칼슘($CaSO_4$) 및 인산칼슘($Ca_3(PO_4)_2$)이 포함된다.

개의 일일 권장 허용량은 1g 정도이다.

④ 칼슘의 결핍과 과잉 증상

칼슘의 불충분한 섭취나 장 흡수 불량으로 인한 만성적인 칼슘 부족은 골질량의 감소, 골다공증 그리고 성장을 늦추는 주요 원인으로 작용한다.

수유와 성장할 때 칼슘의 필요량은 다른 생애 단계보다 더 높은 수준의 칼슘을 공급, 노령기에도 칼슘의 흡수율이 낮음으로 공급량 증가가 필요하다.

과도한 칼슘의 공급은 뼈 이상과 골연화증을 유발한다.

(2) 인(Phosphorus, P)

① 인의 특성

인(P)은 칼슘 다음으로 많은 무기물질로 신체에서 발견되는 많은 양(80% 이상)을 차지한다.

인의 구성원소는 세포의 유전자 코드를 전달하는 분자인 DNA와 RNA, ATP 등이 해당한다.

② 체내에서 기능과 대사

인은 칼슘과 마그네슘염의 형태로 협력하고 결합하여 골격과 치아를 형성한다.

인은 에너지 대사와 활성화에 필수적이며, 인산화의 구성물로 ATP 생성에 중요하다.

세포막의 구성 요소로서 인지질의 대사나 혈중 지질의 운반에 필요한 지단백질(lipoprotein)의 구성성분이다. 또한 뇌와 신경 등의 기능 유지에 중요하다.

체내의 완충작용을 수행하며 혈액이나 체액의 산-염기 평형에 기여한다.

대사 과정에서 리보플라빈 등 비타민의 조효소를 생산, 효소작용 조절, 삼투압 조절, 근육의 수축 등에 관여한다.

인화합물은 무기인산의 형태로 섭취하는 것보다 대부분은 유기인산(organophosphorus)화합물로 섭취하고 장내에서는 가수분해되고 이온형태로 흡수한다.

인의 흡수형태는 다른 물질과 에스터결합을 하고 있고 가수분해되면 유리상태의 인이 수동적 흡수를 통해 흡수되고, 칼슘과 인의 비율이 1:1 정도일 때 골격형성에 효율적이다.

비타민 D는 인의 재흡수를 도와주고 부갑상선호르몬을 억제하는 역할을 한다.

다량의 양이온인 칼슘, 칼륨, 마그네슘, 철 등을 섭취하면 길항작용이 발생한다.

③ 식단에서 인의 공급

인 공급원으로는 동물의 뼈에서 발견되며 골분으로 동물 사료에 첨가되어 있으며, 또한 고기에는 인이 풍부한다. 또한 채소, 과일 등에도 인이 있으나 고기만큼 풍부하지는 못한다.

다른 공급원으로는 칼슘과 인을 동시에 충족하는 무기염인 제1인산칼슘($Ca(H_2PO_4)_2 \cdot H_2O$), 제2인산칼슘($CaHPO_4$), 제3인산칼슘($Ca_3(PO_4)_2$)와 이들 중 1과 2를 혼합해서 만들어진 제1-2인산칼슘혼합제(MDCP) 무기염을 사용한다.

개의 일일 권장허용량은 0.75g이다.

④ 인의 결핍과 과잉 증상

인의 결핍은 느린 성장, 식욕 부진 및 뼈 기형을 초래, 칼슘과 함께 골연화증이나 골다공증을 유발한다.

식단에서 인의 최대량은 일반적으로 칼슘 수준과 칼슘:인 비율의 유지에 의해 결정된다.

노령의 고양이는 준임상적으로 신부전(sub-clinical renal insufficiency)을 나타낼 수 있으며, 과도한 인의 영향에 더 민감한다.

(3) 마그네슘(Magnesium, Mg)

① 마그네슘의 특성

마그네슘은 동물의 생체 내 두 번째로 풍부하며, 많은 대사 과정에 직·간접적으로 관여한다. 체내 마그네슘의 60%는 뼈에 함유되어 있고 나머지는 체액에 함유된다.

② 체내에서 기능과 대사

마그네슘은 300종 이상의 효소체계에 있어 보조인자(cofactor)로서 작용한다.

칼슘 및 인과 마찬가지로 뼈와 치아의 중요한 구성요소이나 칼슘과는 길항관계이다. 에너지 대사에 관여하여 ATP의 생산과 ATP를 ADP로 전환시 촉매 작용한다.

효소촉매 작용하는데 DNA 및 RNA 대사, 단백질 합성 등에 작용한다.

심장 근육세포 내에서 세포 외로 칼륨이 운반되는 것을 조절한다.

근육의 이완, 신경자극의 전달(아세틸콜린의 분비 감소 및 분해 촉진) 등을 조절한다.

> 예) 칼슘은 근육의 긴장과 신경의 흥분작용에 직접적인 기능을 하지만 마그네슘은 근육의 이완과 신경을 안정하는 데 기여한다.

마그네슘의 흡수는 소장 중 회장에서 주로 흡수되며 흡수율은 35~45% 정도이고 나머지는 대변으로 배설된다.

마그네슘의 재흡수는 신장 내 세뇨관에서 일어나며, 재흡수되는 양은 체내에 보유된 마그네슘의 양에 의해서 조절된다.

③ 식단에서 마그네슘의 공급

마그네슘의 주요 공급원은 동물의 뼈이며, 뼛가루를 동물 사료에 첨가한다.

최근 사료 첨가제로 안정제나 유화제 같은 각종 인산화합물을 사용하여 제조하여 시판하거나 이를 통해 섭취하는 반려동물이 증가하고 있다.

마그네슘의 공급제로는 탄산마그네슘($MgCO_3$), 수산화마그네슘($Mg(OH)_2$), 염화마그네슘($MgCl_2$) 등이 있다.

④ 마그네슘의 결핍과 과잉 증상

마그네슘 결핍은 혈중 칼슘 농도가 낮아져 저칼슘혈증(hypocalcemia)이 나타나고 근육 경련, 관절의 마비, 고혈압, 식욕 부진 등의 증상과 나트륨과 칼슘 펌프의 손상으로 인한 신경세포의 기능 문제를 유발한다.

과도한 식이 마그네슘은 고양이의 방광 내 결석 형성과 관련성이 있다.

다량의 칼슘 섭취는 마그네슘 흡수가 방해하며, 곡류에 많은 피틴산은 마그네슘과 불용성의 염을 형성하여 흡수율을 감소한다.

(4) 칼륨(Potassium, K)

① 칼륨의 특성

체내 칼륨(K)의 함량은 칼슘과 인 다음으로 많다. 칼륨의 화학적 특성은 공기 중에서 빠르게 산화되고 물과 잘 반응하는 알칼리성 광물질이다. 칼륨의 분포는 세포내액에는 다량으로 양이온이 존재하며 체내 조직에서는 주로 인산염이나 단백질의 결합물로 존재하며 근육, 장기 등이 해당한다.

② 체내에서 기능과 대사

칼륨은 나트륨과 함께 산-염기 균형을 유지에 중요하다. 세포막의 전위를 유지하고 이온의 세기를 결정하고, 칼륨, 나트륨, 염소는 전해질로서 체내의 대사과정과 항상성을 유지하는 데 필요하다. 세포외액에서 K^+농도가 적으면 정상, 많으면 심근의 수축력을 약하게 지원한다. 혈중의 K^+농도가 감소하면 수의근(voluntary muscle)이 마비가 오고, 과다하면 골격근과 심근이 약하게 된다. 근육의 수축과 이완을 조절하고 신경과 근육의 활동을 조절한다.

칼륨은 글리코겐을 저장하는 데 관여하고 체내의 근육과 세포 내의 질소를 저장하는 단백질 대사에 관여한다.

칼륨의 재흡수와 배설작용은 채소를 섭취할 경우 소장에서 칼륨을 완전히 흡수된 후 신장을 통해 걸러지고, 그중 일부는 세뇨관에서 재흡수된다. 주로 소변을 통해 배설되고 변으로는 소량 배설된다.

혈액 내 칼륨의 농도가 증가하면 부신피질에서 알도스테롤(aldosterone) 분비를 자극하여 칼륨의 배설을 증가시킨다. 알도스테론증이 있으면 알도스테론 과다로 세뇨관의 칼륨이온이 소실되어 저칼륨혈증이 발생한다.

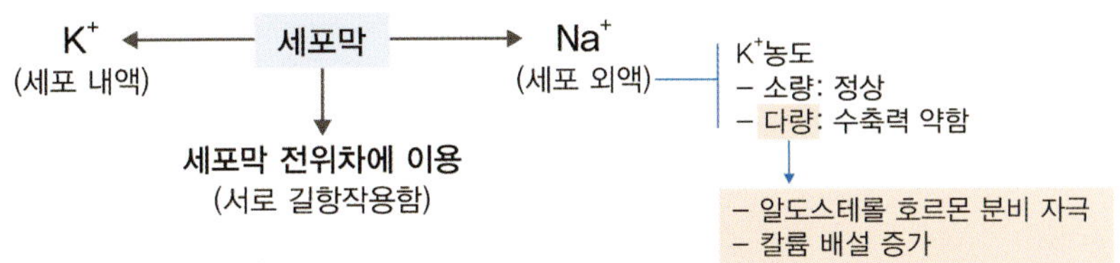

그림 4-33 세포막 전위차와 항상성 유지

③ 식단에서 칼륨의 공급

칼륨의 공급원으로는 야채, 고기, 생선 및 계란 등에 많다. 다른 공급원인 무기염은 중탄산칼륨($KHCO_3$), 염화칼륨(KCl), 황산칼륨(K_2SO_4) 등이 해당한다.

④ 칼륨의 결핍과 과잉 증상

칼륨 결핍은 드물지만, 강아지에게서는 불안과 근육 마비가 올 수 있고, 설사는 심각한 칼륨 손실을 유발하여 상태가 지속되면 결핍을 초래할 가능성이 농후한다.

신부전이 있는 고양이와 개를 위해 고안된 식단에서는 칼륨 상한선을 줄이는 것이 좋다. 소변 산성화는 칼륨 손실을 증가시킬 수 있으므로 사료에서 충분하게 공급하는 것이 중요하다.

(5) 나트륨(Sodium, Na)

① 나트륨의 특성

나트륨(Na)은 부드러운 은백색의 고반응성 광물이며, 세포의 건강한 기능에 필수적이다. 나트륨의 분포는 양이온으로 체내에 고루 분포하고 세포에서는 주로 외액에 존재한다.

② 체내에서 기능과 대사

나트륨은 세포 내부와 외부 사이의 삼투압을 일정하게 유지하는 기능이 있다.

뇌 및 신경의 뉴런(neuron) 기능에 중요하고 세포와 간질액 사이의 삼투압 균형에 영향을 미치며, Na^+/K^+-ATPase 펌프에 의해 조절된다. 나트륨은 칼륨과 함께 혈장과 체액의 산-염기 균형을 유지한다.

나트륨 대사는 부신피질에서 분비되는 aldosterone 호르몬에 의해 신장에서 조절된다. 나트륨은 체내의 수분균형을 유지하는 역할과 함께 갈증 및 소변 농도 조절에 중요하다. 체내에서 낮은 농도의 나트륨이 감지되면 호르몬이 작용해 수분을 배설하고 최종적으로 체내의 체액을 일정한 수준으로 맞추는 기능을 한다.

신경과 근육 흥분성의 유지에 관여하며 신경자극 반응을 조절한다. 나트륨 펌프 기능에 의해 근육의 자극 반응을 조절하고 신경을 자극하게 하여 근육의 흥분성과 과민성을 유지한다.

나트륨의 흡수는 소장에서 대부분 능동수송에 의해 이루어지며 Na^+의 흡수는 포도당이나 염소와 함께 흡수될 때 촉진된다. 흡수된 Na^+은 혈액을 통해 신장에서 체내 정상수준의 필요량만 재흡수되고 주로 소변으로 배출되고 대변으로는 소량만 배설된다.

③ 식단에서 나트륨의 공급

나트륨은 일반적으로 염화나트륨(식염)의 형태 공급되거나 음식물에서 자연적으로 공급된다.

나트륨 공급원에서 채소는 일반적으로 나트륨의 함량이 많지 않고, 가공되지 않은 육류는 높은 편이다. 다른 공급원인 무기염에는 인산나트륨(NaH_2PO_4) 및 탄산나트륨(Na_2CO_3), 중탄산나트륨($NaHCO_3$) 등이 해당한다.

④ 나트륨의 결핍과 과잉 증상

나트륨이온이 결핍되면 세포외액의 삼투압이 낮아져 탈수상태를 일으킨다.

개와 고양이에서 나트륨 결핍은 많지 않으나 증상으로는 심박수 증가, 물 소비 감소, 소변량 증가 등이 있다.

결핍 증상으로는 신장병, 만성설사, 부신장애와 갑상선 저하증, 저혈압 등이 발생한다. 과잉의 나트륨 섭취는 갈증, 피로, 구토와 점막 건조를 유발한다.

알아두기

세계 여행, 나트륨!

열심히 운동하면서 나오는 땀방울과 행복의 눈물 속에 나트륨 원자는 어떤 여행을 했을까? 나트륨은 광물질로 까마득한 옛날 지구생성 전 또는 이후부터 존재하다 화산 분화구의 염소이온를 만나 결혼을 하고 물고기의 아가미를 통하거나 식물의 뿌리로 흡수되거나 물에 녹아 우리 몸으로 들어왔을 수 있다. 어쩌면 우리 조상님들이 음식을 먹으면서 풍미를 느끼고 감칠맛을 선사했던 그 나트륨들이 세상을 돌고 돌아 나의 몸으로 들어와 혀의 짠맛을 느끼게 하고 자극하면서 나의 행복지수를 높여주고 있는 것이 아닐까. 결국 나트륨 이온은 그 물리·화학적 성질이 옛날이나 지금이나 변하지 않고 우리들의 식단을 풍성하게 해주고 있다. 오늘 식사 시간에 짠맛의 의미를 되짚어 보자.

(6) 염화물(Chloride, Cl)

① 염소의 특성

염소(Cl)는 자연계에서 나트륨과 결합하여 소금을 형성하며 식단에 널리 존재한다.

조직분포는 동물에 따라 다르나 체중의 0.15%가 체내에 존재하며 여러 조직에 골고루 분포한다. 주로 뇌척수의 체액과 위장 속의 분비액에 많은 함량 존재한다.

② 체내에서 기능과 대사

염소는 생체 내 위장 기관에서 분비되는 염산(HCl)의 주성분으로 펩신을 pepsinogen으로 활성화한다.

염화물은 동물의 세포외액에서 가장 널리 퍼진 음전하 이온으로 나트륨과 더불어 수분평형과 삼투압을 조절하는 데 관여한다.

염화물은 인과 황 등 산(acid) 형성 원소와 더불어 세포외액의 농도를 유지하는 데 중요하며 산-염기 균형에 중요한 역할을 한다.

염소 배출은 소변, 대변, 땀으로 배설되며, 나트륨이온의 배설하는 조절작용과 같이 부신에서 분비되는 aldosterone 호르몬에 의해 신장에서 일어난다.

③ 식단에서 염소의 공급

염화물은 대부분의 식품에서 제한된 농도로 발견됨으로 식단에서 염화나트륨(소금)과 같은 염화물로 보충한다.

④ 염소의 결핍과 과잉 증상

결핍 징후에는 심신 쇠약, 성장 장애 및 칼륨 결핍 증상이 있다.

과도한 염화물은 혈중의 칼슘 및 칼륨 수치 변화와 대사성 산증을 유발한다.

(7) 황(sulfur, S)

① 황의 특성

황(S)은 음이온으로 아미노산에 함유되어 있고 연골, 모발, 발톱 등의 단백질 구성성분이다.

황은 연골에서 발견되는 황산-콘드로이친(chondroitin sulfate), 인슐린(insulin), 헤파린(heparin) 등과 비타민 중의 비오틴과 티아민의 구성성분이다.

② 체내에서 기능과 대사

생체 내에서 산화환원 작용을 통해 -SH 대사에 중요한 역할을 수행한다.

예) 혈액응고제를 형성하는 데 필요 성분이다.

황산염 형태로 존재하면서 산-염기 평형 조절에 관여한다. 전해질 균형을 맞추기 위해서는 양이온인 나트륨(Na^+), 칼슘(Ca^{2+}), 칼륨(K^+) 등과 음이온인 염소(Cl^-), 인산이온(HPO_4^{2-}), 중탄산이온(HCO_3^-), 황산이온($H_2SO_4^{2-}$) 등이 반응하여 체액의 삼투압 유지, 신경 자극 전달, 효소반응 등에 관여한다.

황의 흡수는 소장의 상부에서 일어나며, 황 ester결합을 통해 페닐계 유독물질을 해독하여 ester-황산으로 배출한다.

비타민 B_7 비오틴의 성분에 해당하며 코엔자임 A, 글루타치온의 구성성분이다.

③ 식단에서 황의 공급

식이유황으로는 메티오닌(methionine)과 시스테인(cysteine), 시스틴(cystine) 아미노산으로부터 함황단백질의 생성되어 공급된다.

단백질 식단에서 공급되는데 육류, 생선, 계란 콩 등이 해당한다.

④ 황의 결핍과 과잉 증상

황은 개와 고양이에게 결핍 증상과 과잉 증상에 관하여 연구가 많지 않다. 근육에 황의 공급이 부족하면 털, 손톱 등의 조직 발육이 나빠진다.

(8) 철(Iron, Fe)

① 철의 특성

철분(Fe)은 전체 중량의 약 0.005%를 차지하는 신체에서 가장 널리 퍼진 미량원소에 해당된다.

철분의 저장은 적혈구에서 몸 주위로 산소를 운반하는 분자인 헤모글로빈(60~80%)과 근육에서 같은 일을 하는 미오글로빈의 필수 구성 요소하고 나머지는 간장 등의 기관에 저장된다.

② 체내에서 기능과 대사

철의 생리작용으로 헴(heme)형과 비헴형으로 나눈다. 헴형은 헤모글로빈, 미오글로빈, 사이토크롬, 카탈라아제, 퍼옥시다아제, 효소성분으로는 전자전달 등이 있고, 비헴형에는 페리틴(ferritin)은 철을 간과 골수에 저장, 트랜스페린(transferrins)은 철을 운반, 헤모시데린(hemosiderin)은 철의 간에 저장과 헤모글로빈 합성에 재이용된다. 세포 내에서의 철의 균형은 페리틴이나 트랜스페린 수용체의 합성을 조절함으로써 이루어진다.

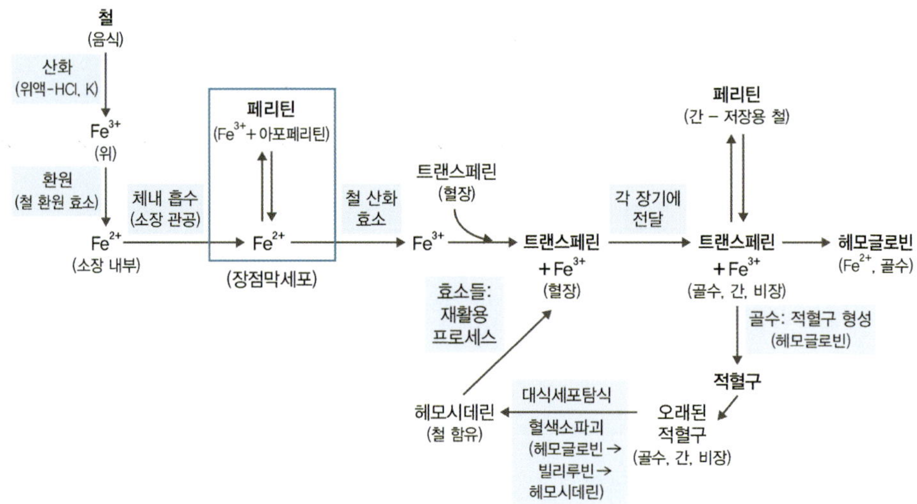

그림 4-34 체내 철의 대사과정과 저장

헴(heme) 구조인 헤모글로빈은 세포 호흡과 관련하여 산소를 운반하고 혈액생성에 필요하다. 철분은 미토콘드리아의 전자전달계에서 산화, 환원과정에 작용하는 시토크롬계(cytochrome)의 구성성분으로, 에너지 대사에 필요하다.

신경전달물질(neurotransmitter)인 도파민, 에피네프린, 노르에피네프린, 세로토닌 등이나 콜라겐 합성에 필요한 효소의 보조인자로도 작용한다.

효소의 보조인자로 작용하는데 근육에 cytochrome catalase, peroxidase가 철을 함유한 효소로서 체내 산화환원작용과 관계된 효소이다.

강력한 항산화물질인 비타민 C는 철이나 구리와 결합하여 Fe^{3+}를 Fe^{2+} 또는 Cu^{3+}를 Cu^{2+}로 환원시키면서 과산화수소를 히드록실라디칼(hydroxyl radical)로 산화시킬 때에는 산화촉진제(prooxidants)로 작용한다.

$$
\begin{aligned}
Fe^{2+} + O_2 &\longrightarrow Fe^{3+} + O_2^{-} \\
Fe^{3+} + RH &\longrightarrow Fe^{2+} + R\bullet + H^{+} \\
Fe^{2+} + ROOH &\longrightarrow Fe^{3+} + RO\bullet + OH^{-} \\
Fe^{3+} + ROOH &\longrightarrow Fe^{2+} + ROO\bullet + H^{+}
\end{aligned}
$$

체내에서 분해된 철의 배설과정은 간에서 담즙산으로 배설되고 소장의 십이지장에서 효율적으로 흡수가 일어나며, 체외 배설량은 적은 편이다.

철의 흡수율은 동물의 생리적 상황에 따라 달라지며 주로 복합유기태 형태로 흡수되는데 위산의 작용을 받은 pH 2~3 범위에서 Fe^{3+}은 생체 내 흡수 시 Fe^{2+}로 바꾸어 흡수한다. 철은 Fe^{3+} 형태로 체내 순환하고, 트랜스페린(transferrins)은 Fe^{3+}을 함유한 단백질로 헤모글로빈이 분해되면 빌리루빈(bilirubin)과 같은 물질로 담즙을 통해 배출한다. 육류에서 유래된 철을 체내에서 잘 흡수하고 임신이나 성장기에 있는 동물은 철의 이용률이 높은 편이다.

철분의 흡수를 높이는 것은 단백질이나 비타민 C이고, 철분의 흡수를 방해하는 식품들은 피틴산, 옥살산, 식이섬유, 탄닌, 주석산, 식품첨가제 등이다.

③ 식단에서 철의 공급

철의 공급원은 간, 육류, 생선 및 브로콜리와 시금치와 같은 녹색 채소는 풍부한 천연 철분을 가진다. 철의 탄산염 및 산화물 공급원은 이용 가능성이 낮은 형태이다.

④ 철의 결핍과 과잉 증상

철분의 결핍은 성장 부진, 설사, 빈혈 등을 유발한다. 과잉의 철분은 망간, 구리 및 아연에 약간의 결핍을 유발하고, 아주 높은 수준의 철분은 구토와 설사를 유발한다.

(9) 아연(Zinc, Zn)

① 아연의 특성

아연은 몸 전체에서 발견되는 전이 금속으로 비교적 피부, 눈, 골격, 간 등 조직에 존재한다.

생체 내 여러 효소의 구성성분이고 3대 영양소의 대사과정에 중요하다.

아연의 복합체는 티올(thiol)기와 수산화(hydroxy)기 또는 질소를 함유한 리간드(ligand)에 대한 친화력이 있어 아미노산, 펩타이드, 단백질 및 뉴클레오타이드와 쉽게 형성된다.

② 체내에서 기능과 대사

아연의 보효소(cofactor) 작용은 생체내에 셀레늄의 항산화제처럼 효소작용과 갑상샘호르몬, 인슐린, 성장호르몬, 성호르몬을 포함한 많은 생체 호르몬의 정상적 대사에 필수적이다.

예를 들면 DNA, RNA, 단백질 합성과 탄수화물 대사, 막 구조와 관련된 다양한 효소의 보효소로 작용에서 보효소로 관여한다.

아연을 함유한 효소에는 이산화탄소의 운반자로 작용하는 탄산 탈수효소(carbonic anhydrase), 단백질 분해효소인 말단 카르복실기 분해효소(caboxyl-peptidase), 탄수화물의 대사에 관여하는 젖산 탈수소효소(lactate dehydrogenase), 유리기를 제거하여 세포의 산화적 손상을 방지하는 SOD(superoxide dismutase) 등이 해당한다.

혈액에서는 비타민 A의 수송에 필수적이며 번식이나 면역기능을 높이는 기능을 한다. 콜라젠과 케라틴 합성에 중요하므로 피부 건강과 상처 치유와 관련된 기본 요소이다.

아연 흡수 증가는 단백질, 구연산, 피콜린산 등을 촉진하고, 육류 속의 아연이 잘 흡수되는 것도 단백질 소화산물인 아미노산과 아연과의 상호작용 때문이다. 그러나 피틴산과 같은 흡수 방해인자에 의한 영향을 받는다.

아연의 흡수는 소장 중 주로 십이지장에서 흡수된 후 간문맥을 통해 간으로 이동된 아연은 간에 축적되고, 나머지는 알부민과 결합된 형태로 다른 조직으로 이동하며, 알부민과 결합된 아연은 조직 내 이동이 자유로운 편이다.

아연의 주요 배설 경로는 대변이며, 소변으로는 소량 배설된다.

칼슘이나 비타민 D의 과잉 섭취는 아연의 흡수를 방해하며, 흡수된 아연은 단백질과 결합하여 간, 췌장, 신장, 뇌하수체로 신속히 운반된다.

③ 식단에서 아연의 공급

아연 공급원 중 통곡물 시리얼과 육류는 풍부한 천연 아연의 공급원에 해당된다. 아연의 무기염은 황산아연($ZnSO_4$) 및 산화아연(ZnO)이 해당한다.

④ 아연의 결핍과 과잉 증상

아연 결핍 대사는 감염에 대한 초기반응 단계뿐만 아니라 복잡한 세포성과 체액성 면역과정을 다양한 측면에서 저해한다.

아연 결핍은 발육 부진 및 피부 병변을 유발한다. 과잉의 아연 섭취는 고양이에게 발작을 일으킬 수 있다.

(10) 망간(Manganese, Mn)

① 망간의 특성

망간(Mn)은 금속 효소에서 산화된 Mn^{2+}, Mn^{3+}가 있다.

망간의 분포는 주로 미토콘드리아에 존재하기 때문에 미토콘드리아의 수가 많은 간, 신장, 췌장과 같은 조직에 많은 양이 존재한다. 성견의 체내 총 망간 함량은 3~15mg 정도이다.

② 체내에서 기능과 대사

망간은 효소 활동에 관여하여 대사과정을 촉매하고 윤활제 역할을 담당한다.

당 신생합성: phosphatase, carboxylase 등의 관여, 포도당 신생합성에 관여하여 PEP carboxykinase를 활성화, 혈액생성 등에 관여한다.

망간에 의해 활성화되는 효소에는 hydrolase, kinase, decarboxylase 및 transferase 등이 있다. 이들의 작용에 따라 당질이나 단백질, 지질의 대사에 관여하고, 뼈나 연골조직의 형성에 기여한다. 망간에 의해 활성화되는 효소는 마그네슘에 의해서도 활성화된다.

망간의 흡수는 소장에서 일어나며, 장관을 통과하는 초기 흡수가 일어나고 점막세포를 통과하는 흡수가 차례로 이루어진다. 흡수된 망간은 α-2-마크로글로불린(α-2-macroglobulin) 또는 알부민과 결합하여 간으로 이동하며, 일부는 Mn^{3+}로 산화되고 혈장 운반단백질인 트랜스페린에 결합하거나 다른 특이한 망간 운반단백질에 결합하여 조직으로 이동한다.

망간의 배설은 대부분이 담즙을 통해 대변으로 배설되고, 소변으로 배설되는 양은 소량이다.

③ 식단에서 망간의 공급

주요 공급원으로는 곡물이 있고, 무기염으로는 염화망간($MnCl_2$), 황산망간($MnSO_4$), 글루콘산망간($C_{12}H_{22}MnO_{14}$), 구연산 망간($C_{12}H_{14}Mn_3O_{14}$) 등이 있다.

고기에는 망간이 포함되어 있지만 다른 공급원보다 적은 양이 함유된다.

④ 망간의 결핍과 과잉 증상

망간이 부족하면 성장하는 동안 앞다리가 짧아지고 구부러져 성견의 경우 절름발이, 관절 비대 등의 증상이 있다. 망간 결핍은 또한 발정 지연, 낮은 수태율, 사산 및 낮은 출생률을 보인다. 장기간의 망간 과잉은 철분 결핍을 초래할 수 있다.

(11) 구리(Copper, Cu)

① 구리의 특성

구리(Cu)는 생체 내에서 산화형인 Cu^{2+}(cupric) 또는 환원형인 Cu^{+}(cuprous)의 상호 전환이 가능한 형태로 존재한다. 구리 분포는 대부분은 간장에 존재하고 혈액이나 골격에 미량으로 존재. 중독성을 가진다. 개와 고양이의 몸에는 매우 적은 양의 구리가 포함되어 있고, 어린 개의 경우 구리의 총 체내 함량이 체중 kg당 7.3mg 정도이다.

② 체내에서 기능과 대사

㉮ 철의 운반과 이동: 구리는 철의 장내 흡수 증진과 헤모글로빈으로의 합성장소로 이동시키는 역할을 촉진하고 대사과정의 보효소로서 중요하다.

㉯ 철분의 흡수형태는 소장의 세포막을 통과하여 흡수하려면 Fe^{3+}가 되어야 하

는데, 구리가 주성분인 셀룰로플라스민(ceruloplasmin)이라는 단백질은 Fe^{2+}를 Fe^{3+}로 산화시켜준다. 셀룰로플라스민은 흡수된 철분이 체내 철분결합 단백질과 결합되기 위해서도 필요한 형태인 Fe^{3+}로 산화시키는 작용한다.

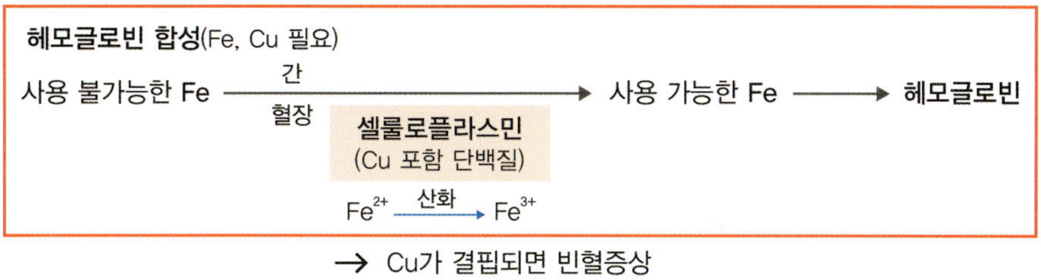

그림 4-35 헤로글로빈 합성을 위한 철과 구리의 역할

㉰ 항산화: 금속효소를 촉매하거나 효소의 구성성분이다. 프리 라디칼로 인한 세포 손상을 줄이는 데 중요한 역할을 한다. 구리는 Cu,Zn-Superoxide dismutase(Cu,Zn- SOD)에 결합하여 세포의 산화적 손상을 방지하는 역할을 하며, ascorbic oxidase, cytochrome oxidase, tyrosinase 등의 효소작용을 촉매한다. 결합조직의 안전성을 유지한다. 힘줄의 콜라젠 합성과 신경계의 미엘린 합성, 모발 색소인 멜라닌 합성에도 관여한다.

㉱ 구리의 흡수는 주로 소장에서 흡수되나 위에서도 소량 흡수되며 섭취량이 적을 때는 능동적으로 흡수되고, 섭취량이 많을 때는 확산에 의한다.

㉲ 구리의 배설: 구리 대부분은 재흡수되며, 재흡수되지 않고 배설되는 구리의 대부분은 담즙에서부터 온 것이다. 담즙 유래 구리의 배설은 흡수율의 조절과 함께 구리의 항상성을 조절한다. 체내 구리가 부족하면 배설하지 않는다.

③ 식단에서 구리의 공급

구리 함량이 높은 공급원은 양고기, 돼지고기, 오리와 같은 육류와 단백질이 풍부한 곡물(완두콩, 렌즈콩, 콩) 등이 해당한다.

다른 공급원으로 무기염 형태는 글루콘산동($C_{12}H_{22}CuO_{14}$), 황산동($CuSO_4$) 등이 있으며, 반려동물 사료에 첨가할 수 있다.

④ 구리의 결핍과 과잉 증상

아연의 과다한 공급은 구리의 결핍을 유도할 수 있다.

구리 결핍은 빈혈, 모발 색소 침착 등을 유발할 수 있다.

개의 질병은 영국의 사냥개인 베들링턴 테리어와 같은 특정 품종은 구리가 축적되어 질병에 걸리기 쉬운 편이다.

(12) 코발트(Cobalt, Co)

① 코발트의 특성

코발트(Co)는 동물 체내에 극미량이 존재하고, 주로 간장, 신장, 골격조직 등에 분포한다.

② 체내에서 기능과 대사

코발트의 기능은 장내 미생물에게서 비타민 B_{12}의 합성을 촉진하며 인슐린의 활성화, 아르키나아제(Arginase)의 활성화에 사용된다. 코발트 대사는 소장 중 공장에서 주로 흡수하며, 무기태 코발트는 흡수가 잘 안 된다.

③ 식단에서 코발트의 공급

공급원은 사료에 제한적으로 공급 가능하다. 무기염 공급원으로는 황산코발트($CoSO_4(H_2O)x$), 코발트 아미노산 킬레이트(Amino Acid Chelate) 등이 해당된다.

④ 코발트의 결핍과 과잉 증상

개와 고양이의 식단에 충분한 양의 비타민 B_{12}가 포함되면 사료에 추가로 코발트를 공급하지 않아도 된다. 결핍증은 많지 않다.

(13) 요오드(Iodine, I)

① 요오드의 특성

요오드는 반응성이 높아 주로 요오드화물(iodide)이나 요오드산염(iodate) 형태로 존재한다. 개와 고양이에게 필수적인 가장 무거운 광물질에 해당한다. 요오드 분포는 동물 체내의 절반 이상이 갑상선에 분포하고 이외에는 난소, 눈 등의 조직에 존재한다.

② 체내에서 기능과 대사

요오드의 성분은 매우 적은 양이 필요하며, 성장, 발달 및 신진대사율의 조절에 중요한 갑상선 호르몬(thyrotropin, TSH)의 필수 구성성분이다. 갑상선호르몬은 열 생산을 증가시키고 포도당의 흡수를 증가시켜 세포 내에서의 포도당의 이용도를 증진한다.

생리적 기능으로는 에너지 생성, 단백질의 분해나 합성을 촉진해 성장이나 번식 활동 등에 관여한다. 섭취된 요오드는 음이온(I^-)으로 환원된 후 대부분 위와 소장 상부를 통해 혈액으로 흡수되어 갑상선으로 이동하고 일부는 위에서 직접 흡수한다. 대변을 통해 주로 분비되며, 소변으로 소량 배설된다.

요오드의 대사는 갑상선에서 갑상선글로불린(thyroglobulin)과 결합하여 티록신(thyroxine, T_4)을 형성한 뒤, 순환계로 분비되어 간에서 합성된 단백질인, 알부민 등과 함께 표적세포로 이동하고 갑상선에 관여한다.

갑상선 호르몬인 thyroxine(T_4)이나 triiodethyroxine(T_3)의 구성성분의 원료로 이용되며 thyroxine은 동물의 정상적인 발육에 중요한 역할 수행한다.

③ 식단에서 요오드의 공급

일반적인 공급원은 바다 소금, 해초 가루, 생선 등이 해당한다. 무기염으로는 요오드나트륨(NaI), 요오드칼륨(KI), 요오드화 구리(CuI) 등이 있다.

④ 요오드의 결핍과 과잉 증상

결핍 징후로는 갑상선종, 탈모, 마른 털, 갑상선 활동 변화로 인한 체중 증가 등이 발생한다. 고양이에서 과도한 요오드는 티록신 수치를 감소시켜 결핍 시 나타나는 증상과 유사한 증상을 유발한다.

(14) 불소(Fluorine, F)

① 불소의 특성

불소는 미량 필수 원소로 중독이 가능한 광물질로 분류되며, 최근에 불소의 기능이 밝혀진다.

② 체내에서 기능과 대사

쥐에서 성장을 촉진, 임신기나 유아기의 빈혈이나 골격형성을 촉진하는 기능을 가진다. 구강 내 미생물의 증식을 억제해 충치 예방한다. 적정량의 불소는 뼈를 단단하게 해 골연증을 예방해 준다.

③ 식단에서 불소의 공급

불소는 자연계 어디서나 존재하며, 100g 중 해산물 0.15~0.8mg, 육류 0.2mg, 채소(감자 등) 0.05~0.08mg, 과일(사과 등) 0.01~0.02mg 등이 함유되어 있다.

④ 불소의 결핍과 과잉 증상

불소의 과잉 섭취시 골격조직에 축적되고 중독되면 뼈가 으스러지고 색을 잃는다. 불소 자체는 치아에 굉장히 유익한 역할을 하지만 과량을 삼키면 칼륨 수치 상승, 칼슘 수치 저하 등의 문제가 발생. 또한 설사, 구토 등의 위장문제를 유발한다.

(15) 셀레늄(Selenium, Se)

① 셀레늄의 특성

셀레늄(Se)은 1817년에 처음 분류된 필수 미량 광물이다. 셀레늄은 동물과 식물 조직에 셀레노메티오닌(selenomethionine)과 셀레노시스테인(selenocysteine)의 형태로 존재한다.

셀레늄 분포는 동물 조직에 널리 분포되어 있지만 특정 기관이나 조직에는 극소량만 존재한다. 글루타치온과산화효소(glutathione peroxidase, GSH-Px)의 구성성분이며, 비타민 E와 함께 항산화 효과를 가지는 영양소이다.

② 체내에서 기능과 대사

㉮ 항산화작용: 셀레늄은 프리 라디칼로 인한 세포 손상을 줄이는 항산화 작용을 한다. 비타민 C와 E와 같이 스트레스를 완화하고 세포의 산화적 손상을

막음으로써 면역반응을 보조하는 역할을 담당한다. 셀레늄이 부족하면 글루타치온 퍼옥시데이즈(glutathione peroxidase)의 효소적인 활성이 저하되고 쉽게 분해된다. 사료 내에 셀레늄이 충분히 공급되면 항산화 작용을 하는 비타민 C와 E의 협력작용은 물론 이들의 급여 함량을 줄일 수 있다. 셀레늄의 흡수율은 동물의 소장에서 직접적으로 인지하지 못하고 아미노산으로 인지해 부족할 때 소장에서 흡수율을 증가하는 등의 대사작용을 하지 못한다.

㉯ 셀레늄 흡수: 기존 단백질(selenoprotein)이나 셀레늄 결합 단백질(selenium binding protein)에 결합된 아미노산의 형태는 소장에서 능동수송에 의해 흡수된다. 셀레늄을 아미노산 중 메티오닌이나 시스테인은 황을 포함하고 있어 셀레늄을 대체하면 형태로 변한다.

㉰ 셀레늄 배출은 메틸기가 결합된 상태로 배설되어 소변으로는 trimethylselenonium 형태로, 호흡으로는 dimethylselenide 형태로 배설된다.

③ 식단에서 셀레늄의 공급

셀레늄 공급원은 무기 미네랄 소금이나 생선에서 주로 함유하며, 육류, 간 및 신장에서는 적은 함량을 가지고 있다. 무기염 공급원으로는 아셀렌산나트륨(sodium selenite, Na_2SeO_3) 등이 있다.

④ 셀레늄의 결핍과 과잉 증상

셀레늄 결핍은 식사 거부, 우울증, 호흡 곤란 및 혼수상태를 유발한다. 셀레늄 과잉은 높은 수준의 생선을 포함하는 식단에서 발생할 수 있으며, 증상으로는 식사 거부 및 체중 증가 부진 등이 있다.

(16) 몰리브덴(molybdenum, Mo)

① 몰리브덴의 특성

몰리브덴(Mo)은 미량 필수 원소로 정상적인 동물의 경우 소량 필요하다. 화학적 특성은 쉽게 산화 형태로 변화하므로 산화환원 반응에서 전자전달 물질로 작용한다. 몰리브덴의 분포는 동물의 간과 신장에 많은 편이다.

② 체내에서 기능과 대사

몰리브덴은 산화환원효소의 활성에 필요하다. 몰리브덴이 필요한 산화환원 효소로는 잔틴산화효소(xanthine oxidase)이 있는데 이 효소는 잔틴을 요산으로 전환시키는 효소이다. 알데히드산화효소의 보조인자로도 작용하여 알데히드를 카르복실산으로 바꾸는 반응에도 관여하며 피리미딘과 퓨린 등의 화합물의 산화를 억제한다.

몰리브덴 흡수는 소장에서 능동수송과 확산에 의한 흡수가 되는 것으로 보이며, 몰리브덴 함량이 낮을 때 흡수율이 증가한다. 몰리브덴과 무기물 반응은 철분과 구리 등의 무기질과 상호작용이 커서 길항작용을 하게 된다. 흡수된 몰리브덴의 대부분은 신장을 통해 molybdate 형태로 제거되고, 항상성 유지는 주로 배설을 통해 조절된다.

③ 식단에서 몰리브덴의 공급

공급원으로는 곡류, 우유, 콩에 함유되어 있다. 무기염 공급원으로는 몰리브덴산암모늄[$(NH_4)_6Mo_7O_{27}$] 등이 있다.

④ 몰리브덴의 결핍과 과잉 증상

개나 고양이에게서 결핍증은 일어나지 않는다. 과잉증은 잘 연구되고 있지 않다.

(17) 크롬(chromium, Cr)

① 크롬의 특성

화학적 특성은 크롬의 산화상태는 Cr^{2+-6+} 다양하며, 대부분의 크롬은 Cr^{2+-6+}의 형태로 존재한다. 크롬의 분포는 동물의 간과 신장에 많은 편이다.

② 체내에서 기능과 대사

흡수된 크롬은 철의 대사과정의 트랜스페린(transferrin) 및 알부민과 결합하여 혈액을 통해서 이동되는데, 철분과 결합한 트랜스페린은 크롬의 이동과 저장을 감소시킨다. 트랜스페린은 새로 흡수된 크롬의 주요 결합체이고, 알부민은 크롬이 트랜스페린과 결합할 수 없을 때 크롬과 결합해서 크롬을 이동시키는 역할을 한다.

크롬의 흡수는 소장에서의 대사과정은 잘 알려지지 않고 있으나 크롬의 농도가 높을 때 많이 흡수하는 경향이다.

크롬은 주로 신장을 통해서 소변으로 배설되고, 소량이 모발과 땀 및 담즙을 통해 배설된다.

③ 식단에서 크롬의 공급

공급원으로는 도정하지 않은 곡류, 동물의 장기, 난황, 버섯, 브로콜리 등이다.
무기염 공급원으로는 염화크롬($CrCl_3$) 등이 있다.

④ 크롬의 결핍과 과잉 증상

개나 고양이에게서 결핍증은 일어나지 않는다. 과잉증은 잘 연구되고 있지 않다.

Q & A

생활에서의 산화환원반응(Redox, reduction-oxidation)이란?

우리가 매일 보는 돌과 쇠는 원자로 이루어져 있고, 원자는 핵과 전자로 구성되어 있다. 어떤 원자들은 서로 전자를 주고받으며 다른 화합물을 만들거나 변형한다. 이온화 경향이 큰 금속은 전자를 잃고 산화되기 쉬우며 이온화 경향이 작은 금속은 전자를 얻어 환원되기 쉽다. 일반적으로 무기원소들도 전자를 잃는 것을 산화, 얻는 것을 환원이라고 한다. 이들 산화와 환원과정이 잘 일어나는 금속들이 있다. 예를 들면 산화가 잘되는 것은 나트륨과 칼륨이, 환원이 잘 이루어지는 것은 금이 대표적이다. 또한 모든 생명체도 산화환원반응에 의해 살아간다고 봐야 한다. 우리가 먹는 음식도, 소화와 흡수, 대사 등 산화환원반응에 기인한 것이 많다. 겨울철에 사용하는 핫팩의 원리도 이에 속하는데 철(Fe)의 산화, 즉 '$4Fe+3O_2 \Rightarrow 2Fe_2O_3$ + 열'이 나오는 발열반응이다. 고운 가루의 철에 산소와 접하면 반응물질이고 산화철은 생성물질이 된다. 철과 산소가 가지고 있는 에너지 대부분은 열에너지의 형태를 띠기 때문에 주변의 온도가 올라가는 발열반응이 되는 것이다.

알아두기

발가락을 움직여 보셔요. 뇌의 뉴런에서 총알이 튀어나와요?

총알의 대략 속도는 시속 3,456km인데 우리 몸에서도 이런 일이 일어나고 있다. 뉴런 하나에는 이런 통로들이 수백만 개가 있으며, 자극받으면 오직 나트륨이온만 이 전용 통로를 지나 빠져나갈 수 있다. 발가락을 꼼지락거린 순간 초속 30m의 속도로 나트륨 총알을 예열하면서 뇌를 통과하고, 이후 가속력을 높여 나트륨 총알은 시속 300km가 넘는 엄청난 속도로 척수를 따라 내려온다. 그리고 눈 깜짝할 명령 이전에 벌써 발가락을 관통해 버린다. 그 후 근육들이 움직이고 다시 발가락을 움직이면 감각 뉴런들은 다시 뇌를 향해 나트륨을 발사하여 '임무 완수'하고 보고한다. 이것은 동물의 신경시스템에서 나트륨의 역할이 얼마나 중요한지를 알 수 있다.

단원 학습 정리

01. 광물질 또는 미네랄은 탄소를 함유한 유기물과는 달리 탄소를 함유하지 않는 형태로 동물 체내나 사료에 함유된 무기물을 말한다.

02. 다량원소와 미량원소는 체내 광물질의 필요량이 많으면 다량원소라 하고 소량이면 생리대사적으로 극히 적은 양이지만 꼭 필요한 광물질을 미량원소라 한다.

03. 광물질의 주요 기능은 뼈조직 및 연조직의 구성, 체액의 조절, 에너지 생성과 분해에 관련된 대사작용과 관련된 효소반응, 신경과 근육의 흥분성 조절, 산과염기의 항상성 유지 등이 있다.

04. 협동 및 길항작용은 광물질 간 화학적 특성으로 광물질이 이온화되어 체내로 이온이 수송될 때 양이온은 양이온끼리, 음이온은 음이온끼리 반발력으로 인해 서로 방해받는 것을 길항작용이라 하고, 반대로 협동작용은 음이온과 양이온과 같은 조합으로 상대적으로 이온 간 흡수가 잘되는 것을 말한다.

05. 뼈의 구성성분에는 단백질, 콜라젠, 광물질이 있으며, 특히 칼슘으로 구성되어 있다. 콜라젠은 광물질인 주로 인산칼슘을 콜라젠 구조물에 결합하기 위한 뼈대를 제공하고 뼈가 부러지지 않고 저항할 수 있도록 유연성을 제공한다. 광물질은 뼈를 단단하고 튼튼하게 만든다.

06. 체액은 동물의 몸속에 있는 혈관이나 조직의 사이를 채우고 있는 혈액, 림프, 뇌척수액 따위를 통틀어 말한다. 몸속의 물은 일반적으로 세포내액과 위액으로 나누어지는데 세포외액은 혈액 안에 흐르는 것과 세포와 세포 사이를 주로 이동하는 간질액이 있는데 주로 나트륨과 같은 이온들이 여기에 해당한다. 세포내액은 각종 성분 및 이온들이 세포 내로 들어와 대사작용 등 필요 때문에 사용되는 액체를 말한다.

07. 전해질은 다양한 광물질로 구성되어 있으며 전하를 운반하는 능력을 지닌 무기질이다. 체액의 전해질은 항상성을 이루어 균형을 유지하고 있으며, 혈중 전해질은 산-염기의 균형, 수분의 균형 유지하는 데 중요한 역할을 담당한다. 전해질에 있어서 신장

의 역할은 중요하다. 신장은 혈액으로부터 전해질 및 수분을 여과하고, 혈액으로 일부를 돌려보내며, 소변 내로 과량을 배설하여 전해질 농도를 유지하는 데 관여한다.

08. 혈액의 완충작용은 혈액 내에서 산이나 염기를 외부에서 가해도 공통이온효과에 의해 그 용액의 수소이온농도가 크게 변하지 않는 용액을 칭하는 데 이때 항상성이 유지되었다고 말한다. 우리가 산도가 높은 오렌지를 섭취했을 때 혈액은 산성이 되어야 하나 실제는 그렇지 않다. 혈액 내로 수소이온이 들어가면 혈액 내에 존재하는 탄산수소이온과 결합하여 탄산을 만들고, 다시 탄산은 분해되어 이산화탄소와 물을 만든다. 이산화탄소는 호흡으로 배출되고 물은 재이용되거나 체외로 빠져나간다. 그 결과로 체내에는 일정한 산도를 유지할 수 있다.

09. 금속단백질은 금속이온 보조인자를 함유한 단백질이며, 금속 효소의 산화환원 반응을 주도한다. 주요 역할은 세포 내에서 운송, 저장, 신호 전달 기능을 수행한다.

10. 신경자극의 모두는 뉴런의 얇은 막 사이를 오가는 이온의 확산과 관련돼 통로들이 있는데 신경자극을 받으면 뉴런 하나에 수많은 통로 중 나트륨이온만이 빠져나갈 수 있도록 설계되어 있다. 부수적으로 칼슘 통로는 인접한 세포에게 신호를 전달하고, 염화물통로는 뉴런의 전하의 균형을 조절한다. 나트륨이 빠져나가면 그 자리에 칼륨이 자리하고 새로운 신호를 받아들인다.

11. 미네랄 킬레이트(착염)는 무기질이 이온형태로 전해된 것이며, 유기태와 공유결합과 이온결합을 통하여 고리형 착화합물을 형성하는 것을 말한다. 주로 영양소의 장내 흡수를 개선하기 위한 목적으로 고안된 복합체 형태의 미네랄을 의미한다. 대상 광물질은 철, 구리, 아연 등 양이온들이 대표적인데 이들이 킬레이트가 되면 금속이온을 수송하거나 저장하고, 대사과정을 활성화한다. 그러나 아연과 피틴산이 반응하여 광물질의 이용성을 낮추기도 하므로 주의를 요한다.

VII 항산화

학습목표

1. 항산화의 작용원리와 역할에 대하여 이해할 수 있다.
2. 동물의 체내에서 항산화의 기능과 이용 방법을 설명할 수 있다.

1. 항산화(Antioxidant)의 정의, 역할과 기능

1) 항산화 정의 및 중요성

항산화 작용(antioxidant)은 우리 몸의 중요한 분자를 공격하여 해로운 영향을 끼치는 활성산소(free radical)를 안정화시키는 작용을 말한다. 동물의 호흡을 통해 유입된 산소는 에너지 생성에 사용되며, 이 과정에서 여분의 산소가 불안정한 상태인 활성산소로 전환되고 불안정한 활성산소는 주변의 세포나 대사과정 또는 분자들을 공격하여 손상시킨다.

프리 라디칼은 산소, 질소, 황에서 얻어지며, 각각 ROS(Reactive Oxygen Species, 활성산소종), RNS(Reactive Nitrogen Species, 활성질소종), RSS(Reactive Sulfur Species)를 생성한다. 활성산소(reactive oxygen species)는 세포에 손상을 입히는 모든 종류의 변형된 산소로서 과산화수소(hydrogen peroxide: H_2O_2), 초과산화 이온

(superoxide ion: O_2^-), 수산화 라디칼(hydroxyl radical: ·OH) 등이 해당한다.

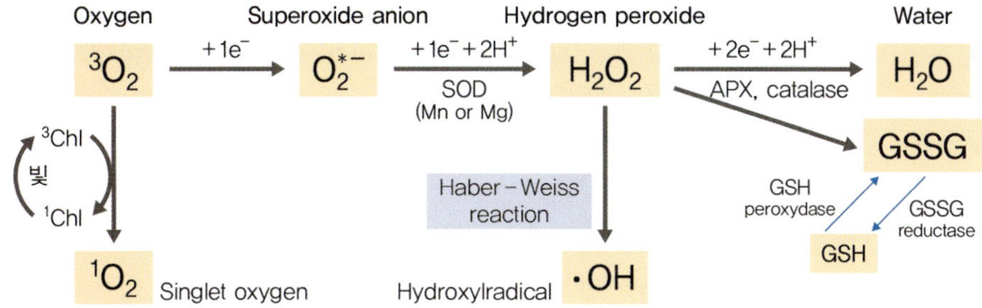

그림 4-36 활성산소의 대사과정

체내 활성산소의 적당량은 건강한 생명활동에 좋으나 활성산소가 많으면 생명체가 괴사하는 시기가 빨라진다. 오히려 활성산소가 상대적으로 소량이면 생명과 관련된 대사들은 둔화함으로 적당량의 활성산소가 필요하다.

활성산소가 세포를 공격할 때는 세포 본연의 기능을 잃거나 변질되어 문제를 초래하므로 이를 방지할 수 있는 항산화제가 중요하다.

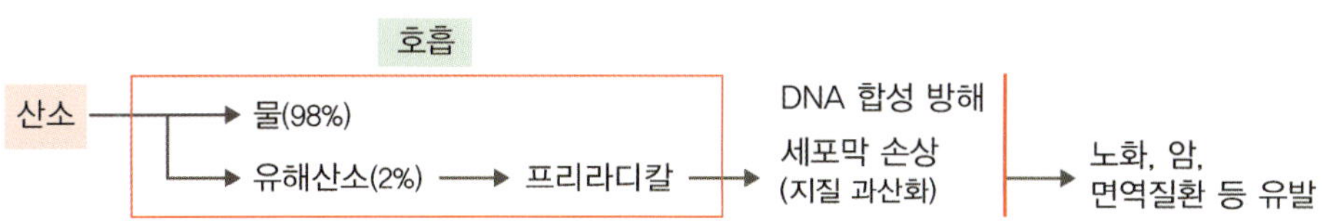

그림 4-37 체내 활성산소의 기능

2) 항산화제의 종류

항산화 물질은 부정적인 산화를 방지하는 물질로 항산화제 또는 산화방지제라고 한다.

항산화제 종류로는 카로티노이드류, 플라보노이드류, 이소플라본류, 비타민 C와 E 및 기타 비타민류, 미네랄, 토코페롤, 셀레늄, 글루타치온 등이 해당된다.

표 4-8 항산화제의 종류

구분	그룹	항산화제 종류
체내 항산화제	효소류	카탈라아제(catalase), 슈퍼옥사이드 디스뮤타제(superoxide dismutase, SOD), 글루타치온 환원효소(glutathione reductase), 글루타치온 퍼옥시다아제(glutathione peroxidase),
	단순 화합물	코엔자임 Q10(coenzyme Q10), 글루타치온(glutathione)과 황화합물, 요산(uric acid)
	비효소적 단백질	알부민(albumin), 타우린(taurine)
체외 항산화제	비타민류	아스코르브산(Vit.C, ascorbic acid), α-토코페롤(Vit.E, α-tocopherol), β-카로틴(β-carotene)
	무기질류	셀레늄(selenium), 아연(zinc), 구리(copper)
	피토케미컬	플라보노이드(flavonoid), 페놀산(phenolic acid), 카로티노이드(carotenoid)

2. 항산화제의 역할과 기능

1) 항산화제 역할

항산화제는 프리 라디칼이 세포의 구조와 DNA에 영향을 미치기 전에 제거하고 산화 스트레스에 대항하여 싸우는 중요한 역할을 담당한다. 항산화제는 자유라디칼과 같은 반응성 화합물에 노출되면 염증이 쉽게 발생하고 만성화되면 체내의 항산화제가 고갈되어 불균형을 유발한다. 체내의 반응성 화합물과 같은 프리 라디칼이 많은 양이 세포에 축적되면 DNA가 손상되거나 암 발생, 대사장애 등의 질환이 유발되므로 개나 고양이에게 항산화제 급여는 중요하다.

(1) 프리 라디칼에 대한 체내의 항산화제 역할

- 자유라디칼을 소거하는 효소는 superoxide dismutase(SOD), catalase, glutathione peroxidase(GPX) 등이 있다.
- 슈퍼옥사이드 디스뮤타제(SOD; superoxide Dismutase)는 항산화 금속효소

(metalloenzymes)로서 프리 라디칼인 슈퍼옥사이드(superoxide) 라디칼(O_2^-)을 산소와 과산화수소로 전환시키는 반응을 촉매하는 항산화제며, 슈퍼옥사이드(O_2^-)의 dismutation(산화환원반응)을 촉매하는 효소이다.

- 체내에서 SOD는 세포 소기관인 미토콘드리아의 전자전달계가 작동 중일 때, 핵산의 염기가 요산(uric acid)으로 배설될 때에 SOD를 소거한다.
- 카탈라아제(catalase)의 소거반응은 과산화수소가 있을 때이다.
- 글루타치온 페록시다아제(glutathione peroxidase) 소거반응은 적혈구가 산소를 운반할 때, 백혈구(leukocytes), 대식세포(marcrophage)가 세균을 공격할 때 등이 여기에 속한다.

(2) 항산화제의 작용 단계

- 항산화제의 작용은 프리 라디칼에 대하여 미리 수소를 첨가하고 안정적인 라디칼을 생성하여 산화 반응을 중지시키는 반응으로 페놀계 항산화제 등이 해당된다.
- 두 번째 단계는 과산화를 억제하는 단계로 금속의 킬레이트화(chelate), 전단계의 항산화제 재생, 하이드로퍼옥실 라디칼(hydroperoxyl radical) 분해 및 산소 제거 반응으로 유형은 항산화제 산소 수용체, 킬레이트제, 2차 및 최종 항산화제가 고려된다.

2) 항산화제의 기능

(1) 항산화제의 주요 기능으로는 ① 노화를 늦춤, ② 관절염, 치매, 피부염, 알러지 등의 질병 치료에 도움, ③ 면역 체계 강화, 백신 반응 증가, 염증 감소, 암 예방, ④ 뼈와 관절 강화, 근육과 피부 상태 회복, ⑤ 심장병, 당뇨병 등 성인병 예방 등이다.

(2) 비타민 E는 강력한 항산화제: 체내 프리 라디칼을 제거하여 항산화 효과가 있는 토코페롤과 같은 물질로 혈액 순환을 개선하고 조직 치유를 촉진하는

항산화제로 동물 사료 제품에 쉽게 첨가할 수 있다.

(3) 비타민 C는 염증을 줄이고 면역력을 강화할 뿐만 아니라 비타민 E를 생성하는 데 관여하는 기능을 가진다. 개와 고양이는 비타민 C를 스스로 합성할 수 있는 능력이 있어 결핍하지 않으나 지속해 공급하면 면역력 강화 등의 효능이 있다. 신체는 필요한 양을 정확히 흡수하고 나머지는 배설한다.

(4) 베타카로틴은 다른 항산화제와 마찬가지로 체내의 프리 라디칼 축적을 방지하고 잠재적인 손상으로부터 건강한 세포를 보호하며, 동물에서 비타민 E와 함께 급여하면 면역 체계를 강화한다. 또 다른 항산화제로 타우린(taurine), 시스테인(cysteine) 및 필수 아미노산인 메티오닌(methionine)은 황을 함유하고 있으며, 황을 셀레늄으로 치환하면 셀레노메티오닌셀레늄(selenomethionine)이 된다. 이들은 자연 면역 체계와 관련하여 결정적인 기능을 한다.

(5) 오메가-3 지방산은 강력한 항염 작용을 수행하며 추운지방에 사는 어류나 아마씨에 많이 함유되어 있다.

3. 개와 고양이의 항산화제

1) 개와 고양이의 항산화제

(1) 반려동물을 평생 건강하게 양육하려면 강력한 면역 체계를 유지하기 위해 항산화제의 공급이 필수적이다.

(2) 개와 고양이를 위한 항산화제는 일반적으로 비타민 E, C, A와 카로티노이드,

셀레늄 등이 해당한다.

- 개를 대상으로 항산화제가 풍부한 식단을 제공받은 노령견은 제한된 식단을 제공받은 개보다 더 성공적으로 복잡한 작업을 수행한다.
- 항산화제가 풍부한 식단을 섭취한 개는 또한 대조군보다 더 쉽게 가족 구성원과 다른 동물을 인식하고 더 민첩성을 나타낸다.
- 개와 고양이의 스트레스 상황에서 항산화제의 처방은 면역체계는 물론 해독에도 중요한 역할을 담당하며 산화적스트레스로부터 세포를 보호한다.
- 항산화제는 알러지나 피모 등 질환이 있는 개와 고양이에게 도움을 준다.

(3) 동물환경변화와 항산화제: 새끼의 분만 및 수유와 같은 생리적 변화, 열 온도와 같은 환경 변화 등 다양한 유형의 스트레스로부터 방어 작용을 한다.

2) 사료 첨가제로의 항산화제

사료에 항산화제를 첨가하면 열, 습기, 자외선, 공기노출 등의 환경적 요인에 따라 지방이나 오일 등이 산화되면 기존의 영양분의 역가를 감소시킨다.

사료에 첨가된 항산화제가 변질하면 동물에게 독성물질로 변하여 오히려 과도한 프리 라디칼이나 과산화물이 생겨 문제가 된다.

항산화제 사용 시 산화방지제를 첨가하여 지방 등의 영양분이 변질하지 않게 하는 것이 중요하다. 항산화제를 사료에 첨가하면 보존제 역할을 하여 영양소 파괴를 완화할 수 있으며, 앞으로 사용량이 증가 추세이다. 프리 라디칼이 과도하게 생성되는 상황에서는 가능한 세포 손상을 방지하기 위해 항산화제를 외부에서 충분히 급여할 필요가 있다.

알아두기

우리는 불멸의 세포로 영원히 죽지 않는다?

그리스 신화에 나오는 아킬레우스 어머니는 그의 아들을 영원히 죽지 않는 불멸의 몸으로 만들기 위해 아킬레우스가 태어나자마자 스틱스라는 강물에 집어넣는다.

나는 사랑하는 반려동물과 함께 오래 살기를 소망한다. 그러나 활성산소 등으로 인해 다양한 스트레스에 노출되어 있다. 미국 일리노이대학교 생물통계학과 교수인 제이 올샨스키(Jay Olshansky) 박사는 '웹 엠디(WebMD)'와의 인터뷰에서 "사람이 죽는 것은 노화를 멈출 수 없기 때문"이라고 말했다(사이언스타임즈, 2016.10.28). 정상세포는 태어나면서 프로그램화된 생체시계를 가지고 있다. 세포분열에도 한계가 있다는 이야기이다. 그런데 암세포는 영원불멸의 세포에 해당하며 끊임없이 세포분열을 한다. 이러한 생리적 현상을 이용하여 영원히 인간과 반려동물의 수명연장을 위해 연구하는 많은 과학자가 있다. 과연 내가 살아있는 동안 현실로 이어질 수 있을까 몹시 궁금하다.

출처: 사이언스타임즈(2016.10.28).

단원 학습 정리

01. 프리 라디칼은 원자, 분자 혹은 이온이 쌍으로 결합하지 않는 한 개의 전자와 함께 있는 것으로, 매우 불안정하고 다른 분자와의 반응성이 크다. 프리 라디칼은 산소, 질소, 황에서 얻어지며, ROS(Reactive Oxygen Species, 활성산소종)를 생성하여 우리의 세포를 위협한다. 이를 방지하고 건강을 유지하기 위해 항산화제의 섭취가 필요하다.

02. 동물의 체내에 항산화제를 일부 생산 및 대사하는 동물이 있으나 외부에서 공급이 될 때 더 건강을 유지하는 경우가 많다.

03. 항산화제 종류로는 카로티노이드류, 플라보노이드류, 이소플라본류, 비타민 C와 E 및 기타 비타민류, 미네랄, 토코페롤, 셀레늄, 글루타치온 등이 해당한다.

04. 항산화제는 프리 라디칼과 같은 반응성 화합물에 노출되거나 축적되면 염증이 쉽게 발생하고 만성화되면 체내의 항산화제가 고갈되어 불균형이 유발한다. 또한 프리 라디칼의 많은 양이 세포에 축적되면 DNA가 손상되거나 암 발생, 대사장애 등의 질환이 유발되므로 개나 고양이에게 항산화제 급여는 중요하다.

05. 개와 고양이를 위한 항산화제는 일반적으로 비타민 E, C, A와 카로티노이드, 셀레늄 등을 사료 또는 영양간식으로 제공할 수 있으나 성장단계, 생리적 현상 등을 고려하여 급이하는 것을 권한다.

06. 사료에 항산화제를 첨가하면 열, 습기, 자외선, 공기노출 등의 환경적 요인에 따라 지방이나 오일이 산화되면 기존의 영양분의 역가를 감소시키고 독성물질로 변하는 경우가 있으므로 주의한다.

CHAPTER

05

사료의 에너지 및 급여량

CHAPTER 05 사료의 에너지 및 급여량

에너지(energy)는 생명을 유지하고 활동 및 성장에 꼭 필요한 영양 요소이다.

동물은 필요한 모든 영양소와 에너지를 사료에 의존하기 때문에, 사료 내 에너지 함량은 동물의 적절한 영양소 섭취에 매우 중요하고, 사료의 에너지 함량은 사료 내 탄수화물, 단백질, 지방 함량에 의해 결정되며, 사료 가치를 평가하는 데 있어서 매우 중요한 요소가 된다.

이 장에서는 개, 고양이 성장과 건강을 유지하기 위해 에너지 가치 평가, 에너지 원료의 전환효율, 신체 상태 점수 측정, 에너지 요구량에 대한 이해와 함께 개, 고양이 상태에 알맞은 급여량을 계산하고 적절한 급여 방식을 통한 영양소 결핍이 없는 **효율적인 사양관리**에 대해 학습한다.

I 에너지 가치 평가

학습목표

1. 사료 가치 평가 개념을 알 수 있다.
2. 일반성분 분석법을 숙지한다.
3. 에너지 가치 평가 방법에 대해 이해한다.

1. 사료의 가치 평가 개념

1) 사료 가치 평가

동물에 있어 영양소의 에너지 가치 평가는 사료 가치의 평가라고 할 수 있다. 사료 가치 평가란 사료의 영양성분을 화학적 방법으로 정확한 양을 분석하여 사료의 영양적 가치를 평가하는 방법으로 물리적 평가 방법, 화학적 평가 방법, 생물학적 평가 방법 등이 있다.

물리적 평가 방법은 사료의 외형, 냄새, 색깔 등을 기준으로 평가하는 방법이고, 화학적 평가 방법은 사료에 들어 있는 조성분 함량을 기준으로 평가하는 방법이며, 생물학적 평가 방법은 사료의 가소화 성분 함량을 토대로 평가하는 방법이다.

2) 화학적 평가 방법

사료 중 영양소 함량의 분석을 통해서 측정하는 화학적 평가 방법은 일반성분을 분석하는 방법과 섬유질 사료의 분석에 효율적인 반 소에스트법(van soest), 미량성분에 의한 평가 방법 등으로 나누어 볼 수 있다.

(1) 일반성분 분석법

사료의 조성분 함량에 기초를 두고 있는 방법으로 사료 내 수분, 조회분, 조단백질, 조섬유, 조지방, 가용무질소물 등을 분석하는 방법이다. 많이 이용되는 방법으로는 벤데(weende) 분석법과 aoac(association of official agricultural chemists) 공인분석법(official methods of analysis) 등이 있다.

사료 내 성분은 다음과 같은 방법으로 측정한다.

① 수분(moisture)

㉮ **가열감량법**

가루 또는 수분이 많은 시료 측정법으로 시료를 항온건조기 135℃ 2시간, 105~110℃에서 항량(건조 또는 가열을 반복하여 중량이 일정하게 변화하지 않게 되었을 때의 중량)이 될 때까지 건조해 측정한다.

㉯ **증류법**(톨루엔 증류법)

휘발성 성분이나 지질이 많고 수분이 많아서 건조하면 피막이 생기는 시료 측정법으로 증류식 수분 측정장치를 이용해 측정한다.

㉰ **칼 피셔법**

자동뷰렛을 이용해 측정한다.

② 조회분(crude ash)

시료를 연소로(furnace)에서 500~600℃로 완전히 태운 후 남은 무게를 측정한다.

③ 조단백질(crude protein)

시료를 켈달(kjeldahl) 장치에 넣어 황산으로 분해한 후, 질소를 정량하는 방법을 이용한다. 조단백질 함량은 정량된 질소에 6.25배 하여 산출한다.

④ 조지방(crude fat)

속슬렛(soxhlet) 장치에 시료를 넣고, 에테르 추출 방법으로 지방을 녹여서 측정한다.

⑤ 조섬유(crude fiber)

시료를 약산과 약알칼리로 끓여서 용해한 후, 남은 양을 태워서 무기물을 제거한 다음에 측정한다.

⑥ 가용무질소물(nitrogen free extract)

가용무질소물은 주로 전분성 물질로 직접 측정하지 않고, 다른 성분을 모두 측정하여 제외한 나머지를 가용무질소물로 산출한다. 즉, 전체 영양소 함량 100에서 이미 측정된 수분, 조단백질, 조지방, 조섬유, 조회분 함량을 제외한 잔량을 산출하는 방법으로 측정한다.

• 가용무질소물(NFE) = 100 − (수분 + 조단백질 + 조지방 + 조섬유 + 조회분)

(2) 반 소에스트법(Van Soest)

반 소에스트에 의해서 개발된 분석 방법으로 섬유질성 탄수화물성분을 세분하여 측정하므로 초식가축에 유효한 분석 방법이다.

사료의 건물을 세포 내용물(cell contents)과 세포막 구성물질(cell wall constituents)로 나누고, 세포막 구성 물질을 다시 셀룰로스(cellulose), 헤미셀룰로스(hemicellulose), 리그닌(lignin), 실리카(silica) 등으로 정량하며, 각 정량되는 내용물의 특성은 다음과 같다.

① NDS(neutral detergent solubles)

중성세제(3% sodium lauryl sulfate)에 끓여서 용해되는 물질들로, 세포 내용물을 의미한다.

여기에는 지방 · 당류 · 전분 · 단백질 등이 들어 있으며, 모두 소화가 매우 잘 되는 부분으로 소화율은 대개 98% 정도에 이르고, 일반분석방법에서의 조단백질,

조지방, 가용무질소물 대부분이 여기에 속한다.

② NDF(neutral detergent fiber)

중성세제에 끓여도 용해되지 않는 성분으로 주로 세포막 성분이 해당한다. 셀룰로스, 헤미셀룰로스, 리그닌 및 실리카 등이다. NDF에 포함되는 영양소 중 가용성 물질인 셀룰로스, 헤미셀룰로스 등은 소, 면양, 산양 등의 반추위 내 미생물에 의해 소화되고, NDF 중 리그닌과 실리카는 미생물에 의해서도 소화가 되지 않는 물질이다.

③ ADF(acid detergent fiber)

NDF 부분 중에서 산성세제에 용해되지 않는 성분으로 ADF에는 셀룰로스, 리그린 및 일부 규소(silicon)가 포함된다. 따라서 NDF에서 ADF를 빼면 헤미셀룰로스 함량이 된다.

④ ADL(acid detergent lignin)

셀룰로스와 리그닌 함량을 알기 위한 분석방법으로 ADF 부분을 다시 72% 황산(H_2SO_4) 용액에 넣고 15℃에서 3시간 끓이면 대부분 셀룰로스가 용해되고, 이를 여과하여 건조한 다음, 태워서 회분 함량을 빼면 리그닌 함량을 측정할 수 있다. 따라서 ADF에서 ADL과 회분을 빼면 셀룰로스 함량이 된다.

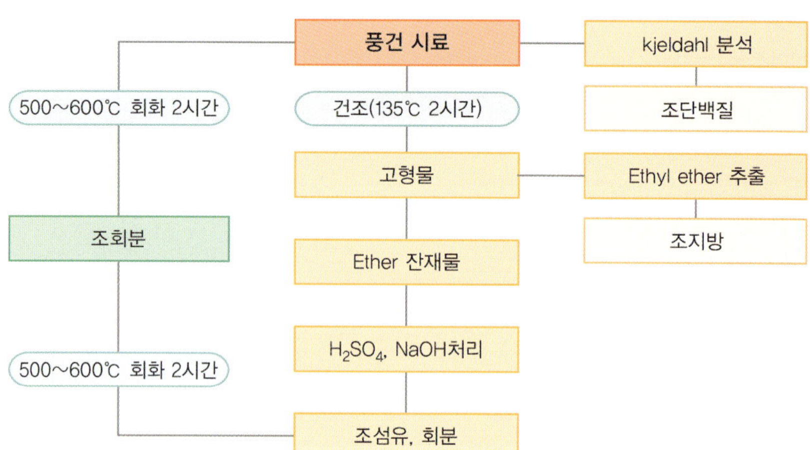

그림 5-1 사료 일반성분 분석 모식도

(3) 미량성분에 의한 평가법

사료 내에 있는 아미노산(amino acid), 지방산(fatty acid), 미량광물질(trace mineral) 및 비타민 등 특정한 미량성분 함량을 측정하여 사료 가치를 평가하는 방법이다. 미량성분은 성분 자체가 영양학적으로 매우 중요하고, 특히 필수아미노산, 필수지방산, 필수광물질은 해당 사료의 영양소의 품질을 결정하는 기준이 된다.

① 아미노산에 의한 단백질 평가법

아미노산의 조성은 단백질의 품질에 영향을 주고, 좋은 단백질일수록 필수아미노산(essential amino acid)의 조성이 좋고, 아미노산 간 균형이 유지된다.

아미노산 분석은 주로 크로마토그래피(chromatography)법으로 분석하는데, 이 분석 방법에는 가스나 액체 크로마토그래피법의 두 가지가 있고, 최근에는 형광광도계(spectrophotometer)를 응용한 자동 아미노산 분석기가 주로 이용되고 있다.

② 지방산에 의한 평가법

지방은 주로 구성하는 지방산의 종류에 따라 사료 지방의 가치가 평가되는데 특히 필수지방산은 단위동물에서 더 중요하고, 반추동물은 위 내 미생물에 의해 합성되어 이용되므로 크게 중요하지는 않다. 지방산의 분석은 가스 크로마토그래피법이 주로 이용된다.

③ 광물질에 의한 평가법

사료 내 필수광물질의 종류와 수준이 사료가치 평가의 기준이 되는데, 광물질의 측정에서 원자 흡광 원리를 이용한 분석 방법이 주로 이용되고 있다.

그 이유는 각 광물질을 구성하는 원자들이 가지고 있는 고유의 분광으로 흡수하는 빛의 파장을 측정에 이용할 수 있기 때문이며, 최근에 개발, 이용되는 원자 흡광 분광광도계는 각 원소의 분광 농도를 쉽게 측정할 수 있다.

3) 생물학적 평가 방법

사료 가치의 생물학적 평가 방법은 많은 시간이 소요되고 과정이 복잡하나, 해당 동물을 직접 이용하므로 평가 결과의 정확도가 높다.

생물학적 평가 방법은 다음의 에너지 가치 평가에서 자세히 다룬다.

2. 에너지의 가치 평가

1) 에너지 평가 방법

(1) 에너지 평가

에너지(energy)의 가치 평가란 사료의 영양성분을 화학적 방법으로 정확한 양을 분석하는 방법이다.

에너지의 가치 평가 방법 중 많이 이용되는 것에는 가소화에너지(digestible energy; DE), 대사에너지(metabolizable energy; ME), 정미에너지(net energy; NE), 전분가(starch value; SV), 사료 단위(feed unit; FU), 가소화 영양소 총량(total digestible nutrients; TDN) 등이 있다.

(2) 에너지

에너지는 생명을 유지하고 활동 및 성장에 필요한 영양 요소로 동물은 유기물의 화학에너지를 섭취하고 이를 열 혹은 운동에너지로 변화시켜 이용한다.

에너지의 기본단위는 주울(Joule; J)이고, 영양학에서 에너지의 단위는 칼로리(cal), 킬로칼로리(kcal), 메가칼로리(Mcal)로 표현하며, J, kJ, MJ로도 표현할 수 있다(1Mcal = 4.184MJ, 1MJ = 0.239Mcal, 1MJ = 239kcal).

1kcal는 물 1kg을 14.5℃에서 15.5℃로 올리는 데 필요한 열에너지의 양이고, 1kcal = 4.184KJ이며, 1,000칼로리(cal) = 1킬로칼로리(kcal 또는 Cal)이다.

(3) 에너지의 분류

동물은 필요한 모든 영양소와 에너지를 사료에 의존하기 때문에 사료 내 에너지 함량은 동물의 적절한 영양소 섭취에 매우 중요하고, 또한 사료의 에너지 함량은 사료 내 탄수화물, 단백질, 지방 함량에 의해 결정되며, 사료 내 에너지 가치를 평가하는 데 있어서 매우 중요한 요소가 된다.

돼지, 닭, 개, 고양이와 같은 단위동물을 위한 사료 내 에너지 함량 평가는 총에너지(GE), 가소화에너지(DE), 대사에너지(ME), 정미에너지(NE)로 분류되고, 전분가(SV), 사료 단위(FU), 가소화 영양소 총량(TDN) 등을 이용한다.

① 총에너지(gross energy; GE)

총에너지란 사료에 들어 있는 화학에너지의 총량으로, 열량계(bomb calorimeter)에서 시료를 완전히 연소시킬 때 발생하는 열량을 의미한다.

사료의 총에너지 농도는 원료에 존재하는 탄수화물, 지방, 단백질의 비율에 따라 결정되고, 탄수화물의 에너지 함량은 약 3.7(포도당)~4.2(전분)kcal/g, 단백질은 약 5.6kcal, 지방은 9.4kcal로 알려져 있다.

또한 탄수화물 1g을 4.15kcal, 단백질 1g당 5.65kcal, 지방 1g당 9.40kcal의 에너지를 발생시킨다는 전제하에 에너지값(energy values)을 이용하며, GE 계산식은 다음과 같다.

- 총에너지(GE) = (탄수화물 함량% × 4.15) + (단백질 함량% × 5.65) + (지방 함량% × 9.40)

사료의 종류에 따라 소화율이나 흡수율이 달라서 총에너지 함량 자체로 사료의 영양 가치를 정확히 평가하기에는 불리한 점이 많아 동물 사료에서의 에너지 함량은 동물의 이용성을 바탕으로 한 가소화에너지(DE), 대사에너지(ME), 정미에너지(NE) 등을 기반으로 평가하는 것이 일반적이다.

② 가소화에너지(digestible energy; DE)

가소화에너지란 섭취한 사료의 총에너지(GE)에서 분으로 배출된 에너지를 제외한 나머지의 값으로 간단하게 DE로 표기하기도 한다.

가소화에너지 측정은 분으로 손실되는 에너지만 제외한 것으로 다른 에너지가 측정 방법에 비해 쉽고 정확하지만, 체내 대사과정 중에 유래된 에너지 함량이 보정되지 않았고, 뇨나 가스로 손실되는 에너지양까지 고려하는 ME보다는 정확성은 다소 떨어져 미생물에 의한 발효로 인한 가스 발생의 손실이 높은 반추동물보다는 돼지, 개, 고양이 등 단위동물에 효과적인 평가단위이다.

대사성 에너지를 보정하면 진정가소화에너지(true digestible energy; TDE)라고 한다. 사료의 가소화에너지 측정은 소화율 시험으로 섭취 사료의 총에너지와 분 에너지를 측정하며, DE 계산식은 다음과 같다.

• 가소화에너지(DE) = 섭취 사료 총에너지(GE) − 분 에너지(fecal energy; FE)

③ 대사에너지(metabolizable energy; ME)

대사에너지란 섭취한 사료의 총에너지에서 분, 뇨, 가스로 손실되는 에너지를 제외한 나머지의 값으로 간단하게 ME로 표기하기도 한다.

분(feces)을 제외하고도 동물은 다양한 경로를 통해 에너지를 배출하는데 대표적인 것이 배뇨를 통해 배출되는 뇨 에너지(urine energy)와 대사 과정에서 발생하는 기체로 방출되는 가스 에너지(gas energy)가 있다. 대사에너지는 가소화에너지에서 뇨와 가스를 통해 유실되는 에너지를 제한값으로, 동물 체내에서 실제 이용되는 에너지를 의미한다.

주로 호흡대사 장치(respiration chamber)와 대사 케이지를 이용하여 섭취 사료의 총에너지와 채취 분뇨의 에너지, 가스로 발생한 에너지의 측정 결과를 기초로 산출한다.

사료의 대사에너지는 아래와 같은 여러 가지 요인에 영향을 받는다.

- 대사에너지의 이용률은 축종 간에도 차이가 있고, 같은 곡류사료라도 반추동물인 소가 단위동물에 비하여 떨어진다.
- 동물의 대사에너지는 체 유지, 임의 활동, 체 성장 등에 따라 효율성에 차이가 있고, 그 중 효율이 가장 높은 것은 체 유지를 위한 에너지이다.

- 사료 급여 수준과 사료의 조성도 대사에너지의 이용효율에 영향을 주고, 사료 급여 수준은 대사에너지 이용효율에 영향을 주며, 사료의 밀도 또한 이용에 영향을 준다.
- 단백질의 함량도 대사에너지의 이용에 영향을 주는데 과다한 단백질 공급은 대사에너지의 이용효율이 저하되며, ME 계산식은 다음과 같다.

> • 대사에너지(ME) = 섭취 사료 총에너지(GE) − 분 에너지(fecal energy; FE)
> − 뇨 에너지(urine energy; UE) − 가스 에너지(gas energy; GE)

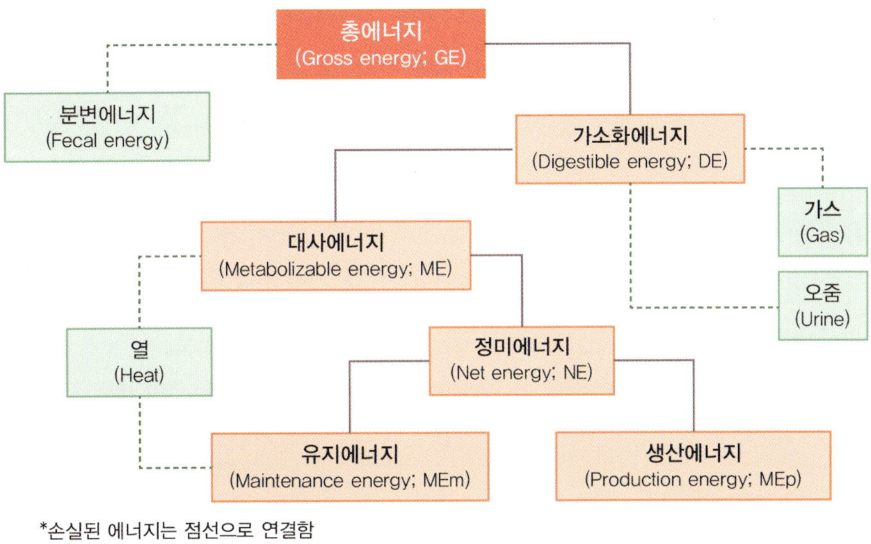

그림 5-2 에너지의 분류

④ 정미에너지(net energy; NE)

정미에너지란 총에너지에서 분 에너지, 뇨와 가스, 그리고 열량증가 등으로 손실되는 에너지를 제외한 나머지의 값으로 간단하게 NE로 표기하기도 한다.

동물이 실제로 이용하는 에너지양에 가장 근접하고, 동물의 유지와 생산을 위해 이용되는 에너지로 유지를 위해 이용되는 에너지를 유지 정미에너지(net energy for maintenance; NEm)라고 하며, 유지과정에서 섭취된 에너지 일부가 열 발생을 통해 배출된다. 열 발생(heat increment; HI)이란 대사나 소화과정에 손실되는 에너지로 소화기 안에서 미생물에 의해서 생성되는 발효열(heat of fermentation; HF)이나 중간 대사 과정 중 영양소 산화작용에 이용되는 에너지(heat nutrient metabolism; HNM) 등이고, 발생한 열에너지는 생산 및 대사 과정에서 이용되지 않지만, 추운 환경에서 동물의 체온유지에 기여한다.

열 생산에 영향을 주는 가장 큰 환경요인은 온도로, 임계온도 이하에서 동물은 일정한 체온유지를 위해 대사 과정 중에서 열 생산의 비율을 증가시킨다.

이 밖에도 열 발생은 동물의 활동량과 품종, 연령, 원료사료 및 사료 급여량 등에 의해서도 크게 좌우된다.

이론상 동물의 유지와 생산에 실제로 이용되는 에너지 함량을 측정하므로 정미에너지는 사료의 영양가를 판단하기에 가장 적합한 에너지 체계이지만, 위와 같은 환경 및 생물학적으로 다양한 요인들에 의한 변동이 크다는 단점을 가지고 있다. 정미 에너지는 체 유지에 필요한 에너지(net energy for maintenance; NEm)와 생산활동에 필요한 에너지(net energy for production; NEp)로 분류할 수 있다.

유지를 위한 정미에너지(NEm)에는 기초대사와 임의 활동, 그리고 외기 온도에서 체온을 유지하기 위한 에너지를 의미한다.

생산 활동의 정미에너지(NEp)에는 체내에 축적되는 에너지로, 성장과 임신, 태아발육, 운동, 증체, 우유, 달걀, 털, 깃털 등의 생산에 필요한 에너지를 의미한다.

주로 호흡대사 장치(respiration chamber)와 대사 케이지를 이용하여 시험축의 O_2 소비량, CO_2 배출량, 분뇨, 가스 에너지 등을 측정한 자료를 기초로 산출하며, NE 계산식은 다음과 같다.

- 정미에너지(NE) = 대사에너지 ME − 열 발생(heat increment; HI)
- 정미에너지(NE) = 유지 정미에너지(NEm) + 생산 정미에너지(NEp)

⑤ 전분가(starch value; SV)

전분가란 녹말값이며 일정한 영양물질의 무게와 동일한 영양가를 가진 가소화 녹말무게의 백분비로 SV로 표기하기도 한다. 전분가는 체지방 생산능력을 기준으로 만든 에너지 단위로 고기소의 체지방 생산에 대한 전분의 이용성 연구 결과를 기초로 제안한 것으로 정미에너지 평가법의 일종이며, 어떤 사료 100kg으로 생산할 수 있는 지방량을 생산하는데 요구되는 전분의 kg 수를 말한다.

전분가는 그 가치를 사료 100kg에 상당하는 전분의 kg 수로 표시하고 각 사료의 전분가를 계산하는 데에는 다음 표와 같은 각 영양소의 전분가 계수와 당가율(value number)을 이용한다.

표에서와 같이 순단백질(pure protein)의 전분당량(starch equivalent)은 0.94kg이고, 지방은 공급원에 따라 조사료 지방은 1.91kg, 곡류 지방은 2.12kg, 유박류 지방은 2.41kg, 가용무질소물과 조섬유(crude fiber)는 각기 1kg이 된다.

표 5-1 영양소별 전분가 계수(kg)

영양소	순단백질	지방별			조섬유	가용무질소물
		조사료	곡류	유박류		
전분가 계수	0.94	1.91	2.12	2.41	1.00	1.00

⑥ 스칸디나비아 사료 단위(scandinavian feed unit; SFU)

스칸디나비아 사료 단위란 1kg의 건조 보리를 기준으로 에너지가를 표시한 단위로 전분가(SV)를 수정하여 스칸디나비아 사료 단위를 만들었다.

전분가에서는 단백질 계수를 0.94로 쓰는 데 반해 스칸디나비아 사료 단위는 단백질 계수를 1.43으로 쓰고 있어 스칸디나비아 사료 단위와 전분가는 차이가 있으며, 같은 단백질이라도 고기 생산보다는 젖 생산의 생성효율이 더 높다는 데 근거한다.

⑦ 가소화 영양소 총량(total digestible nutrient; TDN)

가소화 영양소 총량이란 사료에 들어 있는 가소화 열량의 총합으로 소화율을 기초로 가소화 열량을 산출하는데, 지방의 열량은 탄수화물과 단백질에 비해 2.25배 높으므로, 이를 고려하여 가소화영양소 총량, TDN은 다음과 같은 공식을 이용하여 계산한다.

• 가소화 영양소 총량(TDN) = 가소화 조단백질 + (가소화 조지방 × 2.25) + 가소화 조섬유 + 가소화 가용무질소물

2) 단백질 평가

(1) 단백질 평가 방법

단백질의 사료 가치 평가에는 단백질의 소화율, 비단백태질소(nonprotein nitrogen; NPN)의 함량, 체 단백질 또는 질소축적률, 증체율 등이 기준이 된다. 이를 토대로 하는 평가법에는 가소화 조단백질과 단백질당량, 그리고 단백질의 생물가가 있으며, 그 외에 단백질 효율, 정미단백질가, 질소축적률 등을 이용해 평가한다.

① 가소화 조단백질(digestible crude protein; DCP)

가소화 조단백질이란 소화되어 흡수될 수 있는 조단백질이다. 다시 말해 조단백질(crude protein)이란 순단백질(true protein)과 기타 질소화합물이 포함되고, 조단백질 중 소화가 가능한 조단백질을 가소화 조단백질이라고 하며, 다음과 같이 계산한다.

- 가소화 조단백질(DCP) = 조단백질 × 단백질 소화율

단백질의 소화율은 단백질의 종류에 따라 큰 차이가 있는데 유단백질인 카세인(casein) 같은 경우는 소화율이 90% 이상인 데 비해 볏짚 단백질의 소화율은 40%를 넘지 않으며, 깻묵류와 농산부산물의 단백질 소화율은 60~85% 수준이다.

사료의 조단백질 함량과 단백질의 소화율을 알면, 가소화 조단백질을 계산할 수가 있다.

예) 밀기울의 조단백질 함량이 15%이고 그 단백질의 소화율이 80%라면, 밀기울의 가소화 조단백질은 아래와 같이 계산한다.
- 밀기울의(DCP) = 15% × 0.8 = 12%

② 단백질당량(protein equvalent; PE)

단백질당량이란 조단백질 구성 중 유사 단백질을 구성하는 질소화합물의 이용가치를 50%만 인정해 주는 단백질 평가법으로 유사단백질은 질소화합물의 이용

효율이 순단백질에 비하여 평균 50%이기 때문이다. 유사단백질의 질소화합물은 비단백태질소화합물에 해당하므로 NPN으로 표시하며, 다음과 같이 계산한다.

- 단백질당량(PE) = 가소화 순단백질 + 1/2 NPN

③ 생물가(biological value; BV)

생물가란 소화, 흡수된 분해 단백질의 체 단백질 합성량을 기준으로 단백질을 평가하는 방법으로 단백질 구성 성분인 질소를 기준으로 다음과 같이 계산한다.

- 단백질 생물가(BV) = 체내 이용된 질소량% / 흡수된 질소량% × 100

체내 이용된 질소량이란 체내 질소량과 분 중 내생질소, 뇨 중 내생질소를 포함하며, 흡수된 질소량이란 소화된 질소량과 분 중 내생질소를 포한다. 사료 단백질의 생물가는 단백질을 구성하는 필수아미노산이 균형을 이룰 때 높아진다.

④ 단백질 효율(protein efficency ratio; PER)

단백질 효율이란 단백질의 품질을 평가하는 생물학적 방법 중의 하나로 단백질 이외의 다른 영양소가 함유된 사료에 공시할 단백질을 첨가하여 일정 기간 사육하고 전기간 중에 섭취한 단백질에 관한 증체량의 비를 의미한다. 즉 사료 단백질의 가치를 평가하는 방법이다.

이 방법은 단백질이 들어 있지 않은 기초사료에 시험용 단백질을 첨가해서 시험기간 중 단백질 섭취량에 의한 증체율로 단백질 이용효율을 산출하며, 다음과 같이 계산한다.

- 단백질 효율(PER) = 증체량g / 단백질 섭취량g

⑤ 정미단백질가(net protein value; NPV)

정미단백질가란 섭취한 사료 단백질에 대한 체 단백질로 재합성량을 토대로 한 단백질의 가치 평가 방법이다.

체내 단백질의 이용효율이라는 면에서 생물가와 비슷하나, 생물가는 흡수된 단백질을 기준으로 이용률을 평가하는 데 비해 정미단백질가는 사료 단백질의 소화율과 체내 흡수 이용률이 모두 고려된 단백질 평가 방법이다. 정미단백질가는 생물가에 소화율을 곱해서 구하거나, 섭취한 질소량 중에 체내 흡수 이용 질소량 비율로 측정하며, 다음과 같이 계산한다.

• 정미단백질가(NPV) = BV × 소화율%
= 체내 이용질소량% / 섭취한 질소량% × 100

3) 단백질과 에너지 비율에 따른 평가

(1) 에너지 비율

사료 영양소 중 단백질과 에너지의 균형 또는 비율에 따라 영양가를 평가하는 방법으로 영양률과 칼로리 단백질 비율 등이 있다.

① 영양율(nutritive ratio; NR)

영양율이란 가소화 조단백질과 무질소 영양소와의 비율을 뜻하는 사료 가치 평가법 중 하나로, 사료 중의 가소화영양소총량과 가소화 조단백질 함량과의 비율로 산출하며, NR은 다음과 같이 계산한다.

• 영양률(NR) = ((가소화 조지방 × 2.25) + 가소화 조섬유 + 가소화 가용무질소물) / 가소화 조단백질
• 영양률(NR) = 가소화영양소총량 − 가소화 조단백질 / 가소화 조단백질

예) 가소화 조지방 2.7%, 가소화 조섬유 7.1%, 가소화 가용무질소물 48.9% 가소화 조단백질 12%인 밀기울의 영양률 계산은 다음과 같다.
• 영양률(NR) = ((2.7 × 2.25) + 7.1 + 48.9) / 12.0 = 62.075 / 12 = 5.17%

예) 가소화영양소총량과 가소화 조단백질 이용한 영양률 계산은 다음과 같다.
가소화영양소총량(TDN) = 12 + (2.7 × 2.25)+ 7.1 + 48.9 = 74%
• 영양률(NR) = 74 − 12 / 12 = 5.17%

② 사료의 영양가를 영양률로 평가할 경우, 산출된 수치의 크기에 따라 좁다/넓다로 가치를 표현한다.

가. 영양률 1~2: 열량에 비하여 단백질이 높은 사료로, 콩깻묵, 어분 등 단백질 사료가 주로 해당한다. 영양률이 좁다고 표현한다.

나. 영양률 4~6: 열량과 단백질이 균형인 사료로, 일반적인 균형사료가 여기에 해당한다.

다. 영양률 10 이상: 단백질이 적고 탄수화물이 많은 사료로, 조사료나 곡류사료가 여기에 해당하고, 영양률이 넓다고 표현한다.

(2) 칼로리 단백질 비율(calory protein ratio; CPR)

칼로리 단백질 비율이란 사료의 가치, 특히 에너지와 단백질 균형에 의한 사료 영양가 평가 방법으로 주로 닭 등 가금류의 사료나 영양소 요구량을 표시할 때 많이 이용한다.

에너지와 단백질은 대사에너지(ME)와 조단백질이며, 다음과 같이 계산한다.

- 칼로리 단백질 비율(CPR) = 사료 1kg 중 ME 가(kcal) / 조단백질(%)

Ⅱ 에너지 원료의 전환효율

학습목표

1. 사료요구율과 사료효율의 의미 차이를 구분할 수 있다.
2. 에너지 함량 예측과 소화율의 개념을 알 수 있다.
3. 소화율 측정 방법에 대해 이해한다.

1. 사료요구율과 사료효율의 개념

1) 사료요구율의 정의

사료요구율(feed conversion ratio; FCR)이란 동물에 어떤 사료를 주었을 경우의 증체량과 사료섭취량에 대한 비율을 나타내는 것으로 사료 소비량(feed consumption)을 증체량(gain)으로 나누어 계산하고, 숫자가 낮을수록 사료의 이용성이 좋은 것을 뜻하며, 사료요구율 계산식은 다음과 같다.

- 사료요구율(FCR) = 사료 소비량kg / 증체량kg

예를 들어 200g을 증체하는 데 사료가 400g 소비가 되었다면 사료요구율은 2가 된다.

2) 사료효율의 정의

사료효율(feed efficiency)이란 사료요구율과 반대의 개념으로 먹인 총사료량에 대한 순체중 증가량의 비율이다. 체중 증가량을 사료량으로 나눈 백분율을 나타낸 것으로 증체량(gain)을 사료소비량(feed consumption)으로 나누어 계산하고, 숫자가 높을수록 사료의 이용성이 좋은 것을 뜻하며, 사료효율 계산식은 다음과 같다.

- 사료효율(FE) = 증체량kg / 사료 소비량kg

예를 들어 사료 400g으로 200g이 증체가 되었다면 사료효율은 50%가 된다.

2. 에너지 함량 예측의 개념

1) 에너지 함량 예측

(1) 에너지 함량 예측 정의

동물의 에너지 섭취와 그에 따른 성장이나 유지, 생산의 관계를 예측하기 위해 동물 사료 원료의 에너지 함량을 예측하기 위한 공식을 이용하고, 이를 통해 동물이 요구하는 에너지는 사료를 통해 과부족 없이 공급할 수 있다.

개와 고양이 사료는 일반적으로 대사에너지(metabolizable energy; ME)를 이용해서 에너지 요구량을 계산한다.

(2) 애트워터 계수(Atwater Index)

애트워터 계수란 사료 조성에서 열량(kcal, Cal)과 관련된 3대 열량 영양소인 탄수화물, 단백질, 지방의 순수 열량을 폭발열량계(bomb calorimeter)를 이용하여 연소열을 측정해 사료의 총열량(gross energy; GE)을 구한 다음 이들 성분의 소화 흡수에 필요한 특이동적 에너지를 뺀 소화율을 반영한 것으로 동물 체내에 실제로 발현되는 사료 내 잠재 에너지를 단순한 계산으로 산출할 때 쓰이는 에너지 전환 계수이다. 즉, 섭취된 식품은 체내에서 완벽히 소화되지 못하므로 체내에서 이용될 수 있는 에너지는 측정된 열량, 탄수화물 4.15kcal/g, 단백질 5.65kcal/g, 지방 9.45kcal/g에 탄수화물 98%, 단백질 92%, 지방 95%의 소화율을 곱해줘야 하고, 단백질은 에너지원으로 이용될 때 요소까지만 분해되고, 대부분 질소를 요소질소의 형태로 소변을 통해 배설되기 위해 신장에서 에너지가 손실되므로 단백질 1g당 1.25kcal를 차감해 주어야 한다.

- 생리적 열량(kcal, physiological energy)과 대사에너지(metabolizable energy), 애트워터 계수(Atwater index)는 같은 의미이다.
- 단백질은 요소까지만 분해, 요소가 가진, 즉 1g인 1.25kcal를 빼야 한다.

일반적으로 식품, 축산물의 에너지는 검체 100g 중 탄수화물, 조단백질, 조지방 함량에 애트워터 계수 탄수화물 4, 단백질 4, 지방 9의 계수를 곱하여 각각의 에너지를 킬로칼로리(kcal) 단위로 산출하고 그 총계로 나타낸다.

표 5-2 사람의 소화율과 애트워터 계수

구분	총에너지/g	손실(소변)	소화율	애트워터 계수
탄수화물	4.15		98	4kcal/g
단백질	5.65	1.25	92	4kcal/g
지방	9.45		95	9kcal/g

- 탄수화물: $4.15 \times 0.98 = 4$kcal/g
- 단백질: $(5.65 - 1.25) \times 0.92 = 4$kcal/g (단백질 1.25kcal 소변으로 배설)
- 지방: $9.45 \times 0.95 = 9$kcal/g

개, 고양이는 사람보다 소화율이 낮아 측정된 열량, 탄수화물 4.15kcal/g, 단백질 5.65kcal/g, 지방 9.45kcal/g에 탄수화물 85%, 단백질 80%, 지방 90%의 소화율을 곱해 주고, 단백질 1g당 1.25kcal를 차감해 주어야 한다.

표 5-3 개, 고양이 소화율과 애트워터 계수

구분	총에너지/g	손실(소변)	소화율	애트워터 계수
탄수화물	4.15		0.85	3.5kcal/g
단백질	5.65	1.25	0.80	3.5kcal/g
지방	9.45		0.90	8.5kcal/g

표 5-4 개 사료의 대사에너지 함량 예측

- 대사에너지(ME) = (4 × 단백질/g) + (9 × 지방/g) + (4 × 가용무질소물/g),
- 총에너지(GE) = (5.65 × 단백질/g) + (9.45 × 지방/g) + (4.15 × (가용무질소물/g + 섬유소/g))
- 에너지 소화율 = 91.2 − (1.43 × 조섬유% DM), (건물, dry matter: DM)
- 가소화에너지(DE) = (GE × 에너지 소화율 / 100)
- 대사에너지(ME) = DE − (1.04 × 단백질/g)

예) 사료 구성: 수분 80%, 단백질 7%, 지방 4%, 회분 3%, 조섬유 1%, 가용무질소물 5%

- 총에너지(GE) = (5.65 × 0.07) + (9.45 × 0.04) + (4.15 × (0.01 + 0.05)) = 1.02
- 에너지 소화율 = 91.2 − (1.43 × 1/20 × 100) = 84.05%
- 가소화에너지(DE) = 1.02 × 84.05/100 = 0.86kcal
- 대사에너지(ME) = 0.86 − (1.04 × 0.07) = 0.79kcal

표 5-5 고양이 사료의 대사에너지 함량 예측

- 대사에너지(ME) = (4 × 단백질/g) + (9 × 지방/g) + (4 × 가용무질소물/g),
  (가용무질소물, nitrogen-free extract; NFE)
- 총에너지(GE) = (5.65 × 단백질/g) + (9.45 × 지방/g) + (4.15 × (가용무질소물/g + 섬유소/g))
- 에너지 소화율 = 87.9 − (0.88 × 조섬유%(DM)), (건물, dry matter: DM)
- 가소화에너지(DE) = (GE × 에너지 소화율/100)
- 대사에너지(ME) = DE − (0.77 × 단백질/g)

예) 사료 구성: 수분 80%, 단백질 7%, 지방 4%, 회분 3%, 조섬유 1%, 가용무질소물 5%

- 총에너지(GE) = (5.65 × 0.07) + (9.45 × 0.04) + (4.15 × (0.01 + 0.05)) = 1.02
- 에너지 소화율 = 87.9 − (0.88 × 1/20 × 100) = 83.5%
- 가소화에너지(DE) = 1.02 × 83.5/100 = 0.85
- 대사에너지(ME) = 0.85 − (0.77 × 0.07) = 0.80

개, 고양이의 소화율을 반영하여 사료 내 에너지는 사료 1g 중 탄수화물, 조단백질, 조지방 함량에 변형 애트워터 계수 탄수화물 3.5, 단백질 3.5, 지방 8.5의 계수를 곱하여 각각의 에너지를 열량(kcal) 단위로 산출하고 그 총계로 나타내는 게 좀 더 합리적이라고 할 수 있다.

사료 내 구성 성분이 탄수화물 21%, 조단백 최소 38%, 조지방 최소 18%, 조섬유 5% 미만, 조회분 8%였을 때 일반 애트워터 계수와 변형 애트워터 계수의 차이는 다음과 같다.

표 5-6 일반 애트워터 계수와 변형 애트워터 계수 적용 시 차이

구분	%	애트워터 계수	kcal/kg	변형 애트워터 계수	kcal/kg
탄수화물	38	4	1,520	3.5	1,330
단백질	21	4	840	3.5	735
지방	18	9	1,620	8.5	1,530
섬유질	5	0	0	0	0
회분	8	0	0	0	0
계			3,980		3,595

2) 영양소의 소화율

(1) 소화율 정의

동물이 이용하는 사료는 소화 기관에서 분해, 흡수되어 체내 대사 과정을 거치면서 필요한 조직이나 부위에 이용된다. 따라서 사료의 소화율은 에너지의 전환효율을 판단하는 중요한 기초 자료가 된다.

사료의 소화율이란 동물이 섭취한 사료량에 대한 소화 흡수된 양의 비율이고, 소화 계수라 고도한다. 진정한 소화율은 섭취한 양과 소화되지 않는 사료의 내용물(불소화물)을 보정 후 변으로 배설된 양의 차이로 나타나고, 외관 소화율은 단순히 섭취한 양과 배설한 양의 차이로 나타낸다.

(2) 소화율

소화율(digestibility 또는 digestion coefficient)이란 섭취한 사료 중 소화기관에서 소화된 양이 얼마나 되는지를 비율로 표시한 것이다. 소화율은 동물이 섭취한 사료와 배설량을 토대로 산출하는데, 계산식은 다음과 같다.

- 소화율(%) = (흡수한 영양소 / 섭취한 영양소) × 100

상기 공식에서 총 흡수 영양소의 양은 섭취한 영양소에서 분으로 배설된 영양소의 양을 차감하면 계산할 수 있다. 따라서, 소화율은 아래와 같은 계산식으로 정리할 수 있다.

- 소화율(%) = (섭취한 영양소 − 분 중 영양소) / 섭취한 영양소 × 100

동물이 배설하는 분 중에는 섭취한 사료 중 소화되지 않은 내용물(불소화물)과 양은 많지 않으나 소화관의 장 점막 상피세포나 소화액 등도 같이 배설된다. 이를 토대로 소화율을 외관 소화율과 진정소화율로 구분한다.

① **외관소화율**(apparent digestibility)

실제 측정한 섭취 사료와 분으로 배설된 영양소에 근거하여 소화율을 측정하는 경우로 상기 제시된 계산식으로 산출되는 소화율이 외관소화율이다.

② **진정소화율**(true digestibility)

소화되지 않은 사료 영양소와 섞여 배설된 소화액, 장 상피세포, 박테리아 등을 배설분 중 영양소에서 제외한 순수한 불소화 배설 영양소를 토대로 산출한 소화율이 진정소화율이다. 다만 불소화 배설 영양소량이 원래 적기 때문에 일반적으로 외관 소화율에는 이를 무시하고 있고, 진정소화율은 더 정확한 소화율이 필요한 경우에 산출한다.

③ **대사분질소**(metabolic fecal nitrogen)

배설 분 중에는 체내에서 단백질의 분해로 생성되는 질소 중 일부가 배설물에 섞여 나오는데 이를 대사분질소라 한다.

(3) 가소화영양소

가소화영양소(digestible nutrient)란 소화가 가능한 성분을 나타내는 용어로 가소화영양소는 사료의 조성분에 따라 가소화 조단백질, 가소화 조지방, 가소화 탄수화물 등으로 세분되고, 각각의 조성분에 해당 영양소의 소화율을 곱해서 산출한다.

3. 소화율 측정 방법

1) 소화율 측정

(1) 소화율 측정 방법의 정의

소화율 측정 방법이란 동물이 섭취한 사료량에 대한 소화 흡수된 양의 비율을 측정하는 방법으로 직접측정 방법과 표시물(지시제)을 이용한 간접측정법이 있다.

(2) 직접측정법

대사 틀에 시험 축을 넣고 일정 기간 사육하면서 사료 섭취량과 배설분을 모두 채취하여 소화율을 측정하는 방법으로 일명 전분채취법(total collection method)이라 명칭하기도 한다. 방목하는 가축의 경우에는 이동하며 풀을 섭취하므로 특수 제작한 뇨주머니(urinary bag)와 분주머니(harness bag)를 부착 분뇨를 채취해 측정한다.

소화시험 시 반추동물은 7~10일, 단위동물은 5~7일의 예비 적응 기간을 거쳐 실시하는 데 적응 기간에도 본 시험과 같은 조사요령과 제반 사양관리를 해주어야 한다.

외관 소화율 방법에 따라 소화율을 산출하는 방법의 예는 아래와 같다.

예) 젖소가 하루에 조단백질 함량이 8%인 옥수수 사일리지를 20kg 먹고, 25kg의 분을 배설하는데, 배설분 중 조단백질 함량이 2%이면, 이 사료의 조단백질 소화율은 68.75%가 된다.

- 총 조단백질 섭취량: 20kg × 8% = 1,600g
- 배설분 중 조단백질 함량: 25kg × 2% = 500g
- 옥수수 사일리지의 조단백질 흡수량: 1,600g − 500g = 1,100g
- 옥수수 조단백질 소화율: 1,100g / 1,600g × 100 = 68.75%

(3) 간접측정법

시험용 사료에 표시물(지시제)을 넣어 그 표시물 비율을 토대로 소화율을 측정하거나, 인공 소화기관을 만들어 측정하는 방법이다.

① 표시물을 이용하는 방법

시험용 사료와 분의 성분 함량을 측정하는데 섭취한 사료나 배설 분을 전량 채취하지 않고, 시료에 들어 있는 표시물의 비율로 소화율을 간접적으로 측정하는 방법이다.

㉮ 표시물의 조건

간접측정에 이용하는 표시물(index substance marker)은 조건은 소화 · 흡수 과정에서 불활성 물질이고, 소화율의 목적 성분이 아니어야 하며, 독성이 없고, 색의 구별이 쉬워야 한다.

㉯ 표시물의 종류

표시물로 적합한 물질에는 다음과 같은 여러 가지가 있는데, 그 중 산화크롬이 많이 이용된다. 색소 원 또는 리그닌 등은 식물성 표시물로 풀과 같은 목초류 이외의 사료에 표시물로써 이용할 수 있다. 산화철(Fe_2O_3), 황산바륨($BaSO_4$), 산화크롬(Cr_2O_3), 동위원소 색소 원(chromogen) 또는 리그닌(lignin) 등이 있다.

㉰ **표시물에 의한 산출 공식**

표시물에 의한 소화율 측정은 분 중 표시물에 대한 사료 중 표시물의 비율과 사료 중 영양소에 대한 분 중 영양소의 비율을 기초로 산출하는데, 그 계산식은 다음과 같다.

- 소화율(%) = 100 − 사료 중 표시물(%)/분 중 표시물 × 분 중 영양소(%)/사료 중 영양소(%) × 100

예) 젖소에 조단백질의 함량이 15%이고, 산화크롬의 농도가 1.5%(15㎎/g)인 착유용 배합사료 5kg을 섭취하고 분을 2kg 배설하는데, 분 중 조단백질 함량이 8%이고 산화크롬 농도가 3.6%(36㎎/g)인 경우의 소화율은 다음과 같이 하여 약 78%가 산출된다.

- 소화율(%) = 100 − (1.5%/3.6%) × (8/15) × 100 = 77.8, 약 78%

② 인공소화시험에 의한 방법

동물을 사용하여 직접적 또는 간접적으로 소화율을 측정하지 못할 때 사용하는 방법으로, 약품이나 효소를 가지고 시험 사료의 불소화물을 산출하여 소화율을 구하는 방법이다. 소화시험의 방법은 다음과 같다.

시험관을 동물의 소화기관과 같은 조건으로 만들어 내부 온도를 동물의 체온과 같은 39 ± 0.5℃로 유지한 후, 완충액(buffer)을 넣은 후 펩신(pepsin)으로 1차 소화를 시키고, 중성 pH 조건에서 트립신(trypsin)에 의한 2차 소화를 시킨 후, 최종적으로 남는 질소화물(nitride)은 불소화물로 간주하여 소화율을 산출한다.

(4) 소화율의 영향요인

사료의 소화율은 대상 가축의 종류, 품종, 개체의 특성, 사료의 조건 등 여러 가지 요인에 따라 영향을 받는데, 그중 중요한 특징은 다음과 같다.

① 동물에 의한 요인

동물의 종류, 품종, 개체별 특성 등이 영향요인으로 농후사료는 단위동물의 소화율이 높고, 조사료는 반추동물이 소화를 잘한다. 같은 축종 중에서 너무 어리거나 늙은 동물은 소화율이 떨어진다.

② 사료에 의한 영향

㉮ **사료 급여량**

적절한 양의 사료는 소화율을 높이나, 너무 많은 사료를 섭취하면 소화율이 저하되고, 급여량이 너무 적으면 대사분 질소가 많아져 진정소화율이 저하된다.

㉯ **사료의 성분**

가용무질소물은 소화율을 증가시키지만, 일반적으로 조섬유는 사료의 소화율을 저하시키고, 소금, 칼슘, 인 등은 과다 섭취하거나 부족할 때 소화율이 저하된다.

㉰ **사료의 가공 처리**

분쇄된 곡류는 반추동물의 소화율을 증가시키지만, 조사료는 분쇄 여부가 소화율에 영향을 주지 않고, 종자와 껍질을 벗기지 않은 사료는 가공해 처리하면 소화율이 증가한다.

㉱ **영양률**

영양률이 높을수록 단백질 비율이 낮으므로 영양률이 높은 사료는 소화율이 떨어진다. 영양률이 높은 사료는 소화 시 대사성 분 질소의 상대적 비율이 높아서 진정소화율은 크게 변하지 않더라도 외관상 소화율은 크게 떨어진다.

표 5-7 주요 가축의 소화율 비교

구분		영양소				
		유기물	조단백질	조지방	가용무질소물	조섬유
앨펄퍼 (건초)	소	61	70	35	71	44
	면양	61	72	31	69	45
	돼지	37	47	14	49	22
옥수수 (곡류)	소	86	64	86	90	37
	면양	88	65	81	93	84
	돼지	90	80	70	93	47

Ⅲ 신체상태점수 측정

학습목표

1. 반려동물 비만의 개념을 알 수 있다.
2. 신체충실지수를 숙지한다.
3. 체중감량 계획에 대해 이해한다.

1. 반려동물 비만의 개념

1) 비만

(1) 비만의 정의

비만이란 일반적으로 에너지 섭취량과 소비량의 불균형으로 체내에 지방 조직이 과도하게 축적되어 건강에 부정적인 영향을 초래하는 상태이다.

적절한 몸 상태의 반려동물은 15~20%의 체지방을 가지고 있다.

표 5-8 반려동물 체중과 비만 기준

구분	내용
상위 적정 체중	정상적인 체중보다 10% 미만으로 살이 찐 반려동물
과체중	이상적인 체중보다 10~20% 사이로 살이 찐 반려동물
비만	이상적인 체중보다 20% 이상 살이 찐 반려동물

(2) 비만의 위험요인

비만의 위험요인은 다양하지만, 나이, 성별, 활동성, 내분비질환, 보호자와의 상호작용 등이 영향을 미친다.

표 5-9 반려동물 비만의 위험요인

구분	내용
나이	• 반려동물의 경우 나이가 들어감에 따라 비만율 증가 • 단, 개는 12살, 고양이는 13살 이후는 비만율 감소
성별	• 암캐가 비만율이 높으나 고양이는 수고양이의 비만율이 더 높음 • 중성화의 경우 비만 발생률이 더 높은데 순환 호르몬의 변화에 기인해 음식 섭취의 증가와 활동 감소가 주요 요인임
활동성(운동)	• 실내 반려동물이 실외 반려동물보다 비만 위험성이 높음
내분비질환	• 갑상샘호르몬, 부신피질호르몬과 연관성이 있음
보호자와의 상호작용	• 유대관계가 높을수록 비만 위험성이 높음

(3) 비만의 위험성

비만한 반려동물은 수명이 단축되고, 정형외과 질환인 고관절이형증, 십자인대파열 등이 흔하게 발생한다. 또한 심혈관계질환 발생률이 증가하고, 기관 허탈과 관련이 있다.

고양이에서는 비만이 당뇨병의 주요한 위험요인이고, 지방간도 연관성이 있다.

2) 비만의 평가

신체충실지수(body condition score; BCS)란 신체 상태를 육안과 간단한 촉진을 병행해 측정하는 방법으로 그때그때의 몸의 충실도를 나타내는 지수이다.

촉진하는 방법은 엄지손가락을 반려동물 등 가운데에 직각으로 놓고 다른 손가락들로 갈비뼈들 촉진한다.

신체충실지수는 9단계와 5단계로 구분할 수 있고, 자세한 내용은 다음과 같다.

표 5-10 신체충실지수 9단계

상태	단계	내용	그림
매우 마름 (Very Thin)	1단계	• 갈비뼈, 골반뼈 그리고 모든 뼈 융기가 드러남 • 체지방이 보이지 않으며 명백한 근육 손실이 보임	
	2단계	• 갈비뼈, 허리뼈, 골반뼈가 쉽게 보이며 지방이 만져지지 않음 • 몇몇 뼈 융기가 보이고 근육량의 적은 감소가 보임	
마름 (Thin)	3단계	• 갈비뼈가 쉽게 만져지며 지방이 적음 • 허리뼈의 끝이 보이며 골반뼈 융기가 나타나고 허리와 복부가 홀쭉해짐	
정상 (Ideal)	4단계	• 적당한 지방이 없이 갈비뼈가 만져짐 • 허리가 쉽게 구분되며 옆에서 봤을 때 배가 들어가 있음	
	5단계	• 과도한 지방 없이 갈비뼈가 만져짐 • 위에서 봤을 때 갈비뼈 뒤에서 허리가 보이며 옆에서 봤을 때 배가 들어가 있음	
과체중 (Over Weight)	6단계	• 가볍게 지방이 덮인 갈비뼈가 만져지며 허리가 구분되지 않으나 튀어나오지는 않았음 • 복부가 들어가 있어 구분됨	
	7단계	• 지방에 덮여있어 갈비뼈를 만지기 힘듦 • 허리뼈와 몸쪽 꼬리 부분에 지방의 축적이 보임 • 허리를 구분하기 힘들지만 배는 아직 들어가 있음	
비만 (Obesity)	8단계	• 많은 지방이 덮고 갈비뼈가 만져지지 않으며 허리뼈와 몸쪽 꼬리 부분에 많은 지방이 축적되어 살이 접힘 • 허리와 배가 구분이 안 되며 복부의 팽창이 보임	
	9단계	• 매우 많은 양의 지방이 몸 전체 부위에 축적되어 살이 접힘 • 허리, 배 구분 안 되며 복부 팽창이 있음	

표 5-11 신체충실지수 5단계

단계	상태	내용
BCS 1	매우 야윈 반려동물	• 갈비뼈를 덮고 있는 지방이 없어서 갈비뼈를 쉽게 촉진하고 쉽게 볼 수 있음 • 과도한 배 주름이 존재함
BCS 2	체중 미달인 반려동물	• 갈비뼈를 덮고 있는 지방이 매우 적어서 갈비뼈를 쉽게 촉진할 수 있음 • 배의 주름이 존재함
BCS 3	이상적인 신체 상태	• 갈비뼈를 촉진할 수 있고 약간의 지방이 갈비뼈를 덮고 있지만 갈비뼈를 쉽게 볼 수 없음 • 배에 주름이 약간 존재함
BCS 4	과체중인 반려동물	• 중등도의 지방층이 갈비뼈를 덮고 있어서 갈비뼈를 촉진하기 어려움 • 배의 주름이 존재하지 않으며 등이 약간 넓어 보임
BCS 5	비만한 반려동물	• 두꺼운 지방층 아래 존재하는 갈비뼈를 촉진하기 대단히 어려움 • 확장된 복부는 축 처져 있고 허리를 볼 수 없고 등은 매우 넓어 보임

표 5-12 신체충실지수 5단계

단계	BCS 1	BCS 2	BCS 3	BCS 4	BCS 5
상태	매우 야윔	체중 미달	이상적인 체중	과체중	비만
그림					
내용	• 이상적인 체중보다 20% 낮음 • 지방이 없어 갈비뼈가 쉽게 느껴짐	• 이상적인 체중보다 10% 낮음 • 피부와 뼈 사이에 지방이 적어 갈비뼈가 느껴짐	• 갈비뼈는 약간의 지방을 덮고 있지만 갈비뼈는 쉽게 느껴지지 않음	• 이상적인 체중보다 10% 높음 • 적당한 지방이 덮고 있어 갈비뼈를 느끼기 어려움 • 고양이에서는 약간 처진 복부 지방을 볼 수 있음	• 이상적인 체중보다 20% 높음 • 갈비뼈는 두꺼운 지방 아래에서 느끼기 어려움 • 고양이에서는 복부 지방이 눈에 띄게 처져 있음

3) 반려동물 비만의 확인

(1) 개의 비만 확인 방법

① 엄지손가락을 반려견 등뼈와 갈비뼈를 손으로 쓸어내리며 촉진한다.

② 근육과 지방을 거쳐 갈비가 쉽게 만져지면 정상 체중이다.

③ 지방층을 통해 갈비뼈가 잘 안 만져지면 체중 초과한 상황이다.

④ 갈비뼈가 잘 안 만져지고 지방층이 두꺼우면 비만증을 유발한다.

(2) 고양이의 비만 확인 방법

신체충실지수로 평가할 수 있으며 체지방을 계산하는 방식으로 평가할 수 있다.

$$\text{체 지방 \%} = 1.5 \times (\text{9th Ribcage} - \text{LIM*}) - 9$$

* LIM(leg index measurement, 무릎부터 뒷발 목까지 길이, cm)
체지방 30% 이상부터 비만 치료 시작해야 한다.

2. 체중 감량계획

반려동물 체중감량은 1주일에 전체 체중의 0.5~2% 수준의 감량 목표를 세우고 계획하는 게 좋다. 주요 핵심은 사료 급여량 조절, 즉 식이 계획, 운동계획, 평가, 식이 계획(환류) 순이다.

첫 번째, 감량할 체중 결정

두 번째, 체중감량을 위한 일일 영양소 열량(kcal) 섭취량 결정

세 번째, 체중감량을 위한 사료 및 간식 등 식이 선택

네 번째, 운동량의 결정 및 시행

다섯 번째, 식사 및 간식의 양, 운동량 기록, 진행 과정의 평가

여섯 번째, 필요시 영양소 열량(kcal) 섭취량의 조정

일곱 번째, 계획 검토 및 수정

여덟 번째, 체중 유지

표 5-13 개와 고양이의 체중감량을 위한 사료 권장량

대상	개	고양이
에너지	음식은 < 3.4kcal ME/g DM	음식은 < 3.6kcal ME/g DM
단백질	> 25% DM	> 35% DM
지방	5~12% DM	7~14% DM
섬유	최대 30% DM	최대 20% DM
탄수화물	< 55% DM	< 45% DM

IV 에너지 요구량

학습목표

1. 에너지 요구량의 개념을 알 수 있다.
2. 개의 에너지 요구량 계산을 이해한다.
3. 고양이의 에너지 요구량 계산을 이해한다.

1. 에너지 요구량의 개념

1) 에너지 요구량의 정의

에너지란 물리학에서는 일을 할 수 있는 능력을 뜻하고, 동물에서의 기본적인 기능, 체내의 여러 생화학적, 생리적 기능을 수행하고, 고기, 계란, 우유와 알 같은 생산에 적대적으로 필요하다.

에너지는 동물이 섭취하는 사료의 가장 큰 부분을 차지하는 영양소를 뜻하므로 동물에서 있어 에너지 요구량은 사료 영양소 요구량이다.

일반적으로 동물의 체내신진대사, 체온유지, 체 조직 세포의 갱신 등 기초적인 기능을 위해 이용되는 영양소의 요구량을 유지요구량이라 한다. 비육, 우유, 달걀, 모피, 노동 등의 생산에 이용되는 영양소 요구량을 생산 요구량이라 하고, 태아의 성장을 위해 필요한 영양소 요구량은 번식 요구량이라 한다.

영양학적 측면에서 영양소 요구량은 효율을 최대화하기 위해 동물에 의해 요구되는 최소한의 영양소량을 의미한다.

동물의 일일 에너지 필요량은 휴식 대사율(resting metabolic rate; RMR), 자율 근육활동(voluntary muscular activities), 사료이용을 위한 에너지 소모량(meal-induced thermogenesis) 그리고 적응을 위한 에너지 소모량(adaptive thermogenesis)의 합계이다.

성견(묘) 유지 상태에서는 단지 신체의 정상적인 대사 과정과 체 조직을 유지하고 지원하기 위해서만 에너지가 필요할 뿐이지만 성장 중, 임신 중, 운동 중인 개, 고양이의 에너지의 요구량은 증가한다.

사료는 영양학적으로 단백질 22~25%, 탄수화물 50%, 지방 5~8% 정도의 비율이 이상적이다.

2) 반려동물의 에너지 요구량

(1) 개의 에너지 요구량

개의 품종에 따라 크기, 체중이 다르고 사육환경에 따른 특성으로 인하여 개가 필요로 하는 에너지 요구량을 정확하게 측정한다는 것은 매우 어려운 일이다.

특정 개체의 총에너지 요구량은 총 신체 표면, 즉 신체 면적과 깊은 연관이 있는데 기초에너지 요구량(basal energy requirement; BER)은 체표면적 제곱미터당 거의 1,000kcal로 동물이 작으면 작을수록 단위 체중당 기초에너지 요구량은 크다. 즉 반대로 개의 체격이 커짐에 따라 단위 체중당 체 표면의 크기는 감소하고 이것을 대사 체중(metabolic body weight)이라 하며 대사체중은 체 표면의 크기에 따라 달라질 수 있다

기초 대사율과 전체 신체 표면이 연관되고 있으므로 소형 종은 대형 종과 비교하면 체중 단위 당 에너지 요구량이 훨씬 높은 편이다. 즉, 소형 종은 대형 종보다 체중 대비 체표면적이 더 넓어서 체중 당(kg) 요구 에너지가 더 많아지는 것이다.

(2) 고양이 에너지 요구량

가정에서 기르는 성장이 끝난 대부분 고양이의 체중은 2~4kg으로 개와 다르게 고양이는 품종에 따라 체중이나 체격에 큰 차이가 나지 않는다. 따라서 체중에 따른 에너지의 요구도를 계산하는 데 비교적 쉽고, 품종에 따른 체표면적을 반영하여 에너지 요구량을 계산할 필요는 없다. 이상적인 일일 에너지 요구량은 운동을 거의 하지 않은 고양이의 경우는 약 50kcal × 체중(kg)이며, 중간정동의 활동성을 가진 고양이의 경우 약 60kcal × 체중(kg), 매우 활발한 고양이의 경우 70kcal × 체중(kg) 정도이다.

성장 중, 임신 및 수유기간, 운동을 많이 하는 동안, 열악한 환경에서 생활하는 중에는 에너지 요구량이 증가한다. 고양이에 있어서 성묘가 될 때까지 에너지와 영양소의 요구량이 가장 높은 시기는 생후 5주령 때이다.

빠른 속도로 성장하고 있는 어린 고양이는 체중(kg)당 250kcal의 ME를 필요로 하고, 생후 20주령까지는 체중(kg)당 130kcal의 ME를 필요로 하며, 생후 30주령까지는 체중(kg)당 100kcal의 ME를 필요로 한다.

임신한 고양이는 임신 2주째부터 분만할 때까지 에너지 요구량은 꾸준하게 늘려 주어야 하고, 임신 마지막 주에는 임신 전에 필요로 했던 에너지양보다 약 25% 이상 더 늘려 주어야 한다.

분만 후 한창 수유 중일 때는 체중(kg)당 250kcal 이상의 에너지를 요구한다.

2. 에너지 요구량의 계산

1) 반려동물 에너지 요구량

표 5-14 개 고양이의 성장 단계별 에너지 요구량

구분	성장 단계	에너지 요구량
개	이유 후	2 × 성견 유지 시 ME
	성견 체중의 40%	1.6 × 성견 유지 시 ME
	성견 체중의 80%	1.2 × 성견 유지 시 ME
	임신 후기	1.25~1.5 × 성견 유지 시 ME
	수유기	3 × 성견 유지 시 ME
	고활동	2~4 × 성견 유지 시 ME
	저온의 생활환경	1.2~1.8 × 성견 유지 시 ME
고양이	이유 후	250kcal ME/kg(성묘 체중)
	생후 20주령	130kcal ME/kg(성묘 체중)
	생후 30주령	100kcal ME/kg(성묘 체중)
	임신 후기	1.25 × 성묘 유지 시 ME
	수유기	3~4 × 성묘 유지 시 ME

2) 성견 일일 에너지 요구량 계산

성견의 대사에너지 요구량(metabolizable energy requirement; ME req)의 계산식은 다음과 같다.

- ME req = K × (BW kg)$^{0.67}$
- ME req = 필요 ME(kcal)
- BW = 체중(kg), 0.67 = 지수(정방형 또는 입체형과 같음)
- K = 활동계수

활동계수 K	내용
86	살찌고 활동적이지 못한 개
99	보통 활동성의 개
132	적당한 활동성의 개
160	고활동 개
300	인내심이 강한 개

예) 다음과 같이 4종류의 개의 사료 요구량 계산은 다음과 같다.

개 이름	품종	나이(세)	체중(kg)	활동 수준
A	Basset Hound	3	23	저
B	Golden Retriever	8	32	보통
C	Chihuahua	4	2	매우 활동적
D	Siberian Husky	11	23	인내심 강함

먼저 필요한 신진대사 에너지(ME) 필요량은 체중과 활동 수준을 근거로 계산한다.
다음으로 필요한 음식의 양은 동물의 필요 ME, 음식의 ME, 음식의 크기 밀도에 의해 계산한다.

- **1단계: 필요 ME 계산**

  4마리 개의 ME 필요량을 계산하기 위해 절절한 K값(활동계수)에 체중(kg)을 곱해 지수를 0.67까지 증가시킨다. 즉, 몸무게에 최소 자승 0.67을 계산한다.

개 이름	활동계수 K	곱하기	체중 $kg^{0.67}$	Equal	kcal(ME req)
A	86	×	8.17	=	351
B	96	×	10.20	=	455
C	132	×	1.59	=	180
D	300	×	8.17	=	1,225

- 계산에 따른 하루 필요에너지의 양은 상기 표와 같고, 필요량은 나이가 아닌 활동 수준 및 체중에 따라 다르다는 것이 중요하다.
- 매우 활동적인 D개는 똑같은 체중의 A개가 필요한 에너지양보다 3배 이상을 요구한다.

- **2단계: 필요 사료 요구량 계산**

  고에너지 사료 "가 제품"(4,452kcal ME/kg)은 높은 활동 수준의 C, D개에 있어 적합한 사료이다. 적당한 활동 수준을 가진 8살 개 B는 노령견용 사료 "나 제품"(4,219kcal ME/kg)을 주고 A개에는 저지방용 "다 제품"(3,875kcal ME/kg)을 준다.
  사료의 양은 사료의 각 kg에서 열량(kcal)에 의한 하루의 필요량을 다음과 같이 나누어 계산될 수 있다.
  - ME req/ME/음식(컵) = 제공할 사료량(kg)
  - kg에 1,000을 곱하여 g으로 변환할 수 있고, 음식물의 단위를 kg에서 oz(온스)로 변환하려면 28.35로 나누면 된다.

개 이름	ME req/ME/사료kg	하루에 필요한 사료(g)
A	351 / 3,875	저지방 사료 "다" 91g
B	455 / 4,219	노령견 사료 "나" 108g
C	180 / 4,452	고에너지 사료 "가" 40g
D	1,225 / 4,452	고에너지 사료 "가" 275g

3) 성묘 일일 에너지 요구량 계산

성묘는 크기의 변화가 크지 않기 때문에 에너지 필요량을 계산하기 위해 사용되는 계산식은 개의 경우보다 더 간단하다.

성묘의 대사에너지 요구량(metabolizable energy requirement; ME req)의 계산식은 다음과 같다.

- ME req = K × BW kg
- ME req = 필요 ME(kcal)
- K = 활동계수

활동계수 K	내용
45	과체중 고양이
100~150	젖을 분비하고 있는 고양이
50	그 외 고양이

예) 다음과 같이 3종류의 고양이의 사료 요구량 계산은 다음과 같다.

고양이 이름	나이(세)	체중(kg)	활동 수준
A	8	4	정상 활동 및 노령
B	3	6	정상 활동
C	7	4	과체중

- **1단계: 필요 ME 계산**

고양이 이름	활동계수 K	곱하기	체중 kg	Equal	kcal(ME req)
A	50	×	4	=	200
B	50	×	6	=	300
C	45	×	4	=	180

– 계산에 따른 하루 필요에너지의 양은 상기 표와 같고, 필요량은 나이가 아닌 활동 수준 및 체중에 따라 다르다는 것이 중요하다.

– 매우 활동적인 D개는 똑같은 체중의 A개가 필요한 에너지양보다 3배 이상을 요구한다.

- **2단계: 필요 사료 요구량 계산**

– 고양이 B가 "사료 가"(4,718kcal ME/kg)를 먹는 동안 A는 "노령묘용 나" 사료(4,108kcal ME/kg)를 먹이고, C는 "다 사료"(3,993kcal ME/kg)를 먹인다.

고양이 이름	ME req/ME/사료kg	하루에 필요한 사료(g)
A	200 / 4,108	저지방 사료 "다" 49g
B	300 / 4,718	노령견 사료 "나" 64g
C	180 / 3,993	고에너지 사료 "가" 45g

V 급여량 계산

학습목표

1. 급여량 계산 방법의 개념을 알 수 있다.
2. 급여 방법에 대해 이해한다.

1. 급여량 계산

1) 반려동물 사료 급여량

(1) 급여량

급여량이란 동물 사육 시 급여하는 사료량을 의미한다.

(2) 급여량 계산

반려동물의 체중과 사료의 열량(kcal)을 안다면 급여량을 계산할 수 있다.

모든 동물은 에너지원이 필요하고 에너지 섭취량과 에너지 소비량이 대등하게 될 때 평형을 이룬다. 휴식기 에너지 요구량(resting energy requirement; RER)은 에너지 소비량 대부분을 차지하며 조용히 앉아 있으면서 몸의 항상성을 유지하는 데 필요한 에너지를 나타낸다.

체표면적과 체중 둘 다 휴식기 에너지 필요량을 결정하는 데 중요한 역할을 한다. 근육 활동, 스트레스, 체온을 유지하기 위한 열 생산, 음식 소화에 에너지가 필요하며 에너지 필요량의 원인이 된다. 휴식기 에너지 필요량은 일일 에너지 소비량의 대략 60%를 차지하고 근육 활동으로 인한 에너지 소비량은 대략 30%를 차지한다.

총에너지소비량(total energy expenditure)은 성별, 번식상태, 신체 조성, 영양상태와 나이에 영향을 받는다. 반려동물의 일일 에너지 요구량(daily energy requirements; DER)을 계산해서 급여량을 결정한다.

(3) 개 품종에 따른 영양소의 요구량

대사에너지 요구량은 체중 1kg당 소형개 110kcal, 대형개 60kcal가 필요하고, 성장 발육기의 강아지나 임신 중의 개는 평소보다 2배 정도의 열량 더 필요하며, 단백질요구량은 체중 1kg당 4.8g 정도이다.

표 5-15 개 품종에 따른 영양소의 요구량과 사료 급여량

품종	구분	체중(Kg)	대사 에너지(kcal)	통조림(g)	건조사료(g)	반건조 사료(g)
페키니즈	강아지	0~4	150~180	–	–	–
	성견	5	550	400	150	170
닥스훈트	강아지	1~7	300~1000	–	–	–
	성견	10	1000	750	250	280
진돗개	강아지	3~15	500~1700	–	–	–
	성견	20	1800	1200	400	450
콜리	강아지	5~19	700~2100	–	–	–
	성견	30	2300	1500	530	600
저먼 셰퍼드	강아지	7~23	1000~2300	–	–	–
	성견	40	2500	1900	650	750

(4) 개 사료 급여량 계산 방법

- 휴식기 에너지 요구량(resting energy requirement; RER)

- RER = 70 × (BW kg$^{0.75}$) 또는 30 × ((BW kg) + 70kcal(2~45kg)

- 일일 에너지 요구량(Daily Energy Requirements; DER)

> - 크기(size), 생애주기(life stage), 활동성(activity), 품종(breed), 성별(gender), 질병(disease) 등에 의해 달라진다.
> - 일일 에너지 요구량(DER) = 개의 경우 일반적으로 RER × 2(중성화 수술 1.6)
>
> 예) 5kg 시츄의 DER
> - RER = 5 × 30 +70 = 220kcal
> - DER = RER × 2 = 440kcal로 하루 필요한 열량을 결정할 수 있다.
>
> 예) 4kg 성견에게 다음 사료를 급여한다면 급여량은 얼마나 되는가?
> NRC 74년(단백질 4kcal, 지방 9kcal, 탄수화물 4kcal) 기준으로 진행할 것(단 조단백질 24%, 조지방 15% 이상, 조섬유 5% 이하, 조회분:10% 이하, 수분 10% 이하이다.)
> - 단백질: 24 × 4 = 96kcal, 지방: 15 × 9 = 135kcal,
> 탄수화물: (100 − 10 − 24 −15 − 10 − 5) × 4 = 144kcal
> - 사료 에너지 (단백질 96kcal + 지방 135kcal + 탄수화물 144kcal) / 100g
> = 375kcal/100g
> - 필요에너지 (4 × 30 + 70) × DER = 380kcal
> - 사료 1g당 3.75kcal를 함유하고 있으므로 하루에 약 100g 정도의 사료를 급여하면 된다.

일일 에너지 요구량의 결정은 크기(size), 생애주기(life stage), 활동성(activity), 품종(breed), 성별(gender), 질병(disease) 등에 의해 달라지기 때문에 대략적인 RER × 배수로 DER이 결정된다.

표 5-16 개, 고양이 DER의 결정

상태		DER = RER × 가중치	
		개	고양이
성체	비만	1.0	1.0
	비만 경향	1.4	1.0
	중성화 수술	1.6	1.2
	운동량 없음	1.8	1.4
	가벼운 운동	2.0	1.6
	적당한 운동	3.0	
	심한 운동	4.0~8.0	
성장기	성체 체중의 50% 이하	3.0	3.0
	성체 체중의 50~80%	2.5	2.5
	성체 체중의 80% 이상	2.0	2.0

(5) 고양이 사료 급여량 계산 방법

• 휴식기 에너지 요구량(resting energy requirement; RER)

• 휴식기 에너지 요구량(RER) = 40 × 체중(kg)

• 일일 에너지 요구량(Daily Energy Requirements; DER)

• 비활동적 고양이(DER) = 50 × 체중(kg)
• 활동적 고양이(DER) = 60 × 체중(kg)
• 매우 활동적 고양이 DER = 70 × 체중(kg) 등으로 하루에 필요한 kcal를 결정할 수 있다.
• 또는 기초대사량 = 30 × 체중(kg) + 70, 하루 필요 열량 = 기초대사량 × 가중치

예) 매우 활동적 4.5kg의 고양이의 1일 권장 에너지양은 70 × 4.5 = 315kcal,
사료 1g당 3.7kcal의 사료를 급여하는 경우, 315/3.7 = 85g,
하루에 약 85g 정도의 사료를 급여하면 된다.

예) 운동량 없는 성묘 4.5kg의 고양이의 1일 권장 에너지양은
(30 × 4.5) + 70 = 205kcal, 205kcal × 1.4 = 287kcal의 사료를 급여하면 된다.

(6) 급여량이 특수한 경우

특별한 조건이 있는 경우, 즉 수술이나 질병 상태에 따라서 급여량이 달라질 수 있다.

① 수술(surgery) → 1.1~1.3 × RER

② 암(cancer) → 1.2~1.5 × RER

③ 부상(trauma) → 1.2~1.5 × RER

④ 패혈증(sepsis) → 1.2~1.5 × RER

⑤ 화상(burns) < 40% of body → 1.2~1.8 × RER

⑥ 화상(burns) > 40% of body → 1.8~2.0 × RER

⑦ 호흡기(respiratory), 신부전(renal failure) → 1.2~1.4 × RER

⑧ 골절(fractures), 장골(long bone) 또는 복합(multiple) → 1.2~1.3 × RER

⑨ 감염(infection), 경미한(mild to moderate) → 1.1~1.4 × RER

⑩ 감염(infection), 심각한(severe) → 1.5~1.7 × RER

특수한 경우는 생리학적 소화 흡수 기능의 변화에 따라 달라지기 때문이다.

2. 급여량과 급여 횟수

1) 개 사료 급여

(1) 사료의 급여

개의 건강한 신체를 유지하려면 성장 시기, 건강 상태 및 번식 활동 등 각각의 상황에 알맞은 영양소가 포함된 사료를 급여해야 하고, 일반적으로 영양소의 요구량은 최소한의 생명 유지에 필요한 기초 대사율을 바탕으로 개의 상태에 따라 추가적 영양소를 포함하여야 한다.

동일 품종의 비슷한 연령대의 개도 체중, 성별, 운동량 등에 따라서 필요 영양소의 양을 바로잡아서 산정해야 하고, 개의 사료는 성장기 강아지, 성견, 임신 및 수유기, 노령견 사료 등으로 구분할 수 있다.

(2) 사료 급여량과 급여 횟수

발육기의 강아지는 성견이 필요로 하는 열량의 두 배가 필요하며, 체중 증가에 따른 필요 열량의 기준은 다음과 같이 간단히 계산할 수 있다.

- 체중 7kg의 강아지 기준, 성견 필요 1,400Kcal × 1.2 = 1,680kcal

  예) 체중 10kg의 성견 기준, 2,000kcal / 10kg = 1kg당 200kcal
  - 체중 1kg의 강아지 기준, 성견 필요 200Kcal × 2.0 = 400kcal
  - 체중 5kg의 강아지, 성견 필요 1,000Kcal × 1.5 = 1,500kcal

  예) 4개월령 반려견 체중이 10kg일 경우 10kg × 3 / 100 = 300g, 즉 하루에 300g을 주면 된다.

표 5-17 개 시기별 사료 급여량과 급여 횟수

구분	급여량	급여 횟수
3개월 미만	체중의 4%	4~5회(아침, 점심, 저녁, 밤)
3개월~6개월	체중의 3%	3~4회(아침, 점심, 저녁)
6개월 이상	체중의 2%	2회(아침, 저녁)
1년 이상	체중의 2%	1회(저녁)

사료 급여량은 일반적으로 반려견의 배변 상태를 보고 조정하는 것이 가장 융통성 있는 방법이다. 과식했을 때는 설사나 묽은 변을, 급여량이 적으면 변비가 생길 수 있다.

노령견이 소화 기능이 저하되어 사료를 남길 때는 사료를 남김없이 먹을 수 있도록 사료량을 점차 줄여주는 게 좋다.

(3) 강아지 사료

강아지 시기는 성견이 되기 전 생후 약 10개월까지 성장기 기간으로 성견과 비교하여 약 2배 정도의 영양소가 필요하다.

강아지는 체중에 비하여 많은 양의 사료량이 필요하지만, 위의 크기는 상대적으로 작아 어린 강아지에게 적당한 1일 사료 급여량을 만족시키기 위해서는 소화기관의 능력을 고려하여 하루 4~5회 정도에 걸쳐 사료를 나누어 주어야 하며, 이후에 점 차로 1일 2~3회로 급여 횟수를 줄여 가고, 성견이 되었을 때는 1일 1회 급여한다.

강아지용 사료는 충분한 영양소의 함유량을 가지고 있어야 함은 물론 채식하기 쉽고 소화가 잘되는 것이어야 한다. 강아지 시기는 사료 섭취에 관련된 습관을 들이는 시기이므로 정해진 방법에 따라 일정하게 급여해야 한다.

(4) 성견 사료

일반적으로 성견 시기는 강아지 시기를 끝내는 생후 10개월령 이후부터 노령견으로 넘어가는 8~10세까지를 말한다. 강아지 시기에서 성견으로 넘어가는 시기는 대부분 개에 있어 채식 패턴의 변화가 오는 시점으로 건강상의 문제 등 일정한 이유 없이 사료를 거부하는 식욕부진의 양상을 보이는 경우가 있는데, 이 경우 특별한 문제가 없는 사료 급여량을 줄이는 시기이다.

성견기에는 사료의 과잉 급여에 의한 비만에 주의해야 하는 시기이다. 겨울철 실외 사육 견들은 다른 계절보다 사료량을 증가시켜주고 여름철에는 물을 충분히 급여해 주어야 한다.

(5) 임신 및 수유기 사료

임신 후기에는 복강 내에 태아가 많은 용적을 차지하여 위가 차지하는 용적에 제한이 따르므로 사료를 여러 번에 걸쳐 나누어 급여하는 것이 좋다. 출산 직전에는 일시적인 식욕의 저하가 나타나지만, 정상적인 현상이며, 다만 수유기에 식욕이 없으면은 질병과 관련이 있을 수 있으므로 잘 관찰하여야 한다.

수유기의 모견은 영양이 부족하면 젖의 생산량이 감소하게 되어 강아지의 성장에 좋지 않은 영향을 미친다. 모견은 수유기 동안에 체중의 4~5% 정도의 젖을 매일 생산하므로 산후 3~4주경에는 보통 때의 4배 정도의 사료량이 필요하다.

강아지의 이유는 한 번에 완전히 모유 수유를 떼지 말고 서서히 해야 하는데, 생후 2~3주경부터 이유식과 수유를 함께하고 서서히 수유의 양을 줄여 가면서 5~6주경 완전히 이유한다. 만일 갑자기 이유시키면 모견의 경우 유방염을 유발하거나 강아지의 성장이 늦어질 수 있다.

이유 후 모견의 사료량을 절반 정도로 줄여서 건유 시킨 다음, 점차로 임신 전 상태의 정상 체중으로 조절하기 위한 사료량을 결정하고 급여한다.

(6) 노령견 사료

노령견은 운동량이 감소하고 소화기관을 비롯한 각종 신체 기관의 능력이 저하된다.

성견의 시기와 다르게 저열량 사료를 급여하고 급여 횟수는 증가시키되 전체 급여량은 줄여주는 게 소화에 도움을 준다.

노령견은 질병에 대한 저항성이 약하므로 고영양가의 사료가 필요하기도 하지만, 운동량이 적고 소화 능력이 떨어져서 비만과 변비의 가능성이 커 저열량, 고섬유질사료의 급여가 필요하기도 하다.

노령견 식욕 저하로 에너지 및 영양소의 섭취가 줄어들면 정상 체중 이하로 감소할 수 있으므로 비타민이나 광물질이 많은 사료를 주어서 식욕을 촉진하는 것도 좋은 방법이다.

(7) 환자견 사료

환자견은 식욕을 높이고 소화율을 높이기 위해 통조림 등의 습식 사료를 추가로 급여하는 것도 좋다. 환자견의 사료는 질병의 종류에 따라서, 당뇨의 경우에는 제한된 수준의 탄수화물과 에너지의 급여가 필요하고, 신우염일 경우에는 양질의 단백질 사료를 소량 급여하며, 심장병일 경우에는 염분이 적은 사료를 급여하는 게 좋다.

(8) 물의 급수

물의 요구량은 품종, 체중, 사료의 종류, 외기 온도에 따라 다르나 보통 1일 체중 1kg당 50~70ml로 체중 5kg이면, 하루 250~350ml가 적당하지만 신선한 물을 항상 먹을 수 있게 해줘야 한다. 자동급수기를 이용하여 항상 먹을 수 있도록 하는 것도 좋은 방법이다.

(9) 사료 급여 시 유의점

개는 사람과 달리 다양한 종류의 먹이를 원하지는 않는다. 사료 종류를 갑자기 바꾸면 소화 장애가 일어나고 입맛이 까다로워지기 쉬우므로 사료를 바꿀 때는 5~7일에 걸쳐서 서서히 교체하여야 한다.

임신견, 포유 중인 모견, 성장기 강아지, 운동을 많이 하는 반려견은 평소보다 더 많은 영양이 요구되며 2~3회 나누어 급여하는 것이 좋다.

2) 고양이 사료 급여

(1) 사료의 급여

고양이의 연령이나 상황에 따라 적절한 사료 급여 방법을 선택해야 한다.

1세 미만의 새끼 고양이나 소화력이 떨어지는 10세 이상의 노령묘는 하루 4~5회 정도에 걸쳐 사료를 나누어 주고, 성묘는 12시간 간격으로 1일 2회 급여한다.

12시간 이상의 공복이 되면 공복 구토를 할 수 있으니 주의를 요구한다.

자율급식의 경우 고양이 사료 섭취량 확인이 어려우므로 일정한 시간에 남은 양을 확인 후 버리는 것이 좋고, 신선한 물을 항상 섭취할 수 있도록 해야 한다.

(2) 임신 및 수유기 사료

번식을 하기 위해서 정상적인 고양이에서는 몸의 충실지수가 중요하다.

고양이는 임신 직후부터 태자가 성장하기 시작하므로 그에 따라 산모의 체중도 증가한다. 임신 후에는 분만 주까지 유지에너지 요구량의 1.5배까지 서서히 늘려간다.

태자가 성장하면서 복강 내에 태자가 많은 용적을 차지하여 위가 차지하는 용적에 제한이 따르므로 고에너지, 가소화성, 고기호성의 고영양 식품을 자주 급여하여 충분한 영양과 에너지를 공급한다.

고양이에게 타우린은 번식과 태자 발달에 필수적인 아미노산이다. 임신 착상부터 임신 중기까지 타우린의 결핍이 있으면 유산, 신생아 사망률 증가, 배아 사멸, 태아 기형 등이 나타날 수 있다. 따라서 비임신 암컷 고양이의 유지 요구량 대비 30% 정도 늘려 사료를 급여해야 한다.

특히, 단백질 요구량은 태자 성장과 발달이 최고점에 이르는 임신 중기부터는 평소 암컷의 유지 요구량에 비해 40~70% 정도 더 많이 급여해주는 것이 좋다. 단백질이 부족하게 되면 저체중, 면역 반응 결핍, 신생아 사망률 증가, 보행운동 이상, 자극에 대한 반응 감소, 방향 감각 상실 등이 나타날 수 있다.

칼슘이나 광물질 보충제 또는 이를 함유한 식품을 주어 광물질 과잉이 되면 태자의 기형이나 연조직의 석회화를 일으킬 수 있으므로 주의할 필요가 있다.

고양이의 경우 분만 직후 체중은 임신 중 증가된 체중의 40%가량 감소되고 수유기에도 점차 감소한다. 7~8주차까지 서서히 유지 에너지양으로 급여하여 임신 전 체중으로 돌아갈 수 있도록 한다.

수유기 동안에는 수분 요구량도 증가하므로 신선하고 깨끗한 물을 언제든지 먹을 수 있게 한다.

(3) 포유기, 이유기, 성장기 사료

고양이의 경우 성장 기간은 생후 2~3주경까지의 포유기, 7~8주령까지의 이유기, 그 이후의 성묘에 이르기까지의 성장기로 분류한다면 이 시기는 몸의 기반을

닦는 중요한 시기이다. 몸의 유지 이외에 조직과 세포의 성장을 촉진하기 위해서 단백질, 지방, 인과 칼슘 등의 광물질, 오메가-3 지방산인 EPA와 DHA 등이 유지기보다 많이 필요하다.

체중 증가는 성장의 지표가 되기 때문에 체중 측정을 정기적으로 실시해야 한다. 고양이의 체중 증가는 1주일에 50~100g을 기준으로 한다. 생애 첫 2주간은 24시간마다 체중을 측정하여 기록하며, 성장기 동안 한 달에 한두 번 정도 평가하는 것이 좋다. 동물의 성장은 사료와 급여량에 따라 달라지므로 최대로 증체하는 것보다 뼈의 발달을 최적화하기 위한 영양소와 에너지 요구량을 계산하여 급여하는 것이 좋다.

① 포유기

새끼 고양이는 분만 후 2일 이내의 유즙인 초유를 먹으면 감염병을 예방할 수 있다. 초유의 기능은 주요 영양소원과 에너지원으로 작용할 뿐만 아니라 갓난 새끼의 장내 물질인 태반을 제거하고, 성장 호르몬과 같은 성장 인자를 제공하며, 혈청 면역글로불린 합성을 자극한다. 포유는 영양과 면역 획득 이외에 탈수 방지와 정서 안정에도 중요하다. 포유기에는 출생 후 첫 1주일에는 출생 시 체중의 약 2배로, 2~3주에는 약 3배로 성장하도록 하는 것이 좋다.

② 이유기

이유는 출생 후 5주령부터 시작되며 어미의 젖 생산량도 감소하기 시작한다.

이 시기가 되면 어미고양이의 식사에 관심을 가지게 성장기용 사료를 조금씩 급여하기 시작한다.

이유기는 7~8주령까지가 기준이며 6주령 이전에 이유를 하면 영양불량이 생기거나 문제행동을 야기할 수도 있다. 대형견보다 소형견이나 고양이가 이유하는 데까지 시간이 걸리는 경향이 있으며, 인공유로 키운 강아지나 새끼고양이의 체중 증가율이 낮은 경향이 있다.

③ 성장기(8주령 이후~성묘)

고양이는 생후 4개월령에 성묘의 최종 예상 체중의 약 50%까지 도달한다. 약 10개월령이 되면 성묘에 다다르게 되나, 아직 뼈와 근육 조직은 성장 과정에 있으므로 12개월령까지는 성장기용 사료를 급여하는 것이 좋다.

(4) 유지기

고양이의 유지기에는 성장기용 사료에서 유지기용 사료로 바꾸어 준다. 성장기에는 성장기용 사료를 주는 것이 바람직하지만 체중이 안정되고 급여량을 조절해도 식탐이 있는 경우 9개월령부터 유지기용 사료로 서서히 바꾸어 주는 것도 좋다. 유지기는 건강 상태가 안정화되어 갈 경우 식사 관리에 소홀해지는 것을 조심하면 된다.

(5) 노령기

고양이의 묘종이나 크기, 영양 상태, 환경이나 활동량 등 다양한 변수가 있어 정확하게 시기를 정의하기는 어려우나, 평균 수명의 70% 정도의 일령을 지나면 노령기의 시작이라 보는 견해가 많다. 감각 기능의 쇠퇴, 근육 기능 저하, 잠자는 시간이 늘어나는 등의 노령에 관련된 생활 변화나 정기적인 건강 진단의 결과에 의해 알 수 있다. AAFCO에서는 노령묘에 대한 영양 기준은 제공하지 않는다. 이런 점에서 노령기용 사료에 대한 사료는 성장기용 사료와 유지기용 사료와 비교해보면 제조사에 따라 영양균형의 폭이 넓을 것으로 보인다.

노령이 되면 근육량 감소에 따라 활동량이 줄어들기 때문에 체중이 쉽게 증가할 가능성이 높지만, 단백질 요구량은 유지기에 비해 크게 다르지 않으므로 건강하다면 나이만으로 노령용 사료로 바꿀 필요는 없다. 노령에 의한 몸의 기능 저하를 지원하는 영양소를 첨가하거나 고품질의 소화 흡수가 좋은 반려동물 사료를 선택하여 급여하는 것이 좋다. 노령이 되면 심장질환이나 관절질환 등의 질병에 걸리기 쉽고, 변비나 설사 증세를 보이기도 하므로 노령기용 식품은 일반적으로 저칼로리, 고식이섬유 위주의 기호성을 높이는 사료를 급여하는 것이 좋다.

정기적인 건강 검진과 조기 치료, 적정한 식사와 체중 관리, 적당량의 지속적인 운동, 생활하기 좋은 환경 등의 제공이 노령기 동물의 건강 관리를 유지하는 데 중요하다.

표 5-18 노령기를 지원하는 주요 성분

영양소	기 능
EPA(n–3)	피부와 모질 건강, 염증 감소
비타민 E, 베타카로틴	활성 산소 제거, 면역력 강화
프럭토올리고당(FOS)	장내 환경 유지
글루코사민, 콘드로이틴	관절 보조

출처: 조우재 외. 2024. 반려동물영양학. 라이프사이언스

Q & A

에너지(energy)란?

우리가 흔히 쓰는 에너지(energy)란 그리스어의 en + ergon(in+work)에서 유래되며 신체가 일을 할 수 있는 힘(force, power)을 말한다.

신체충실지수(body condition score; BCS)란?

신체 상태를 육안과 간단한 촉진을 병행해 측정하는 방법으로 그때그때의 몸의 충실도를 나타내는 지수로 비만 판정 지표이다.

일일 에너지 요구량(Daily Energy Requirements; DER)이란?

반려동물이 하루 동안 필요한 에너지양을 계산할 때 휴식기 에너지 요구량(resting energy requirement; RER)을 계산한 후 동물의 생활, 상태 등에 맞는 계수를 곱한 값으로 하루 동안 필요한 총에너지 요구량을 나타낸다.

알아두기

영양소란?

영양소(營養素, nutrient)는 생명 활동에 필요한 에너지를 제공하거나, 체 조직을 구성하거나, 체내 생리 기능을 조절하는 물질들을 통칭하는 말이다.

동물영양학이란?

동물영양학(動物營養學, animal nutrition)은 동물체의 영양소 대사작용에 관한 지식을 바탕으로 사료 중의 각종 영양소를 효율적으로 공급함으로써 고기, 달걀, 우유 및 모피 등을 생산하여 인류에게 제공할 수 있는 응용학문이다.

단원 학습 정리

01. 사료효율(feed efficiency)이란 사료요구율과 반대의 개념으로 먹인 총사료량에 대한 체중 순증가량의 비율. 체중 증가량을 사료량으로 나눈 백분율을 나타낸 것으로 증체량(gain)을 사료소비량(feed consumption)으로 나누어 계산하고, 숫자가 높을수록 사료의 이용성이 좋은 것을 뜻한다.

02. 애트워터 계수는 미국 이스트테네시대학의 생리학자였던 윌버 애트워터가 1896년 4,000여 가지 음식의 열량을 측정해 얻어낸 평균값이다.

03. 소화율(digestibility 또는 digestion coefficient)이란 섭취한 사료 중 소화기관에서 소화된 양이 얼마나 되는지를 비율로 표시한 것이다.

04. 일반성분분석법은 사료의 조성분 함량에 기초를 두고 있는 방법으로 사료 내 수분, 조회분, 조단백질, 조섬유, 조지방, 가용무질소물 등을 분석하는 방법이다.

05. 돼지, 닭, 개, 고양이와 같은 단위동물을 위한 사료 내 에너지 함량 평가는 총에너지(GE), 가소화에너지(DE), 대사에너지(ME), 정미에너지(NE)로 분류되고, 전분가(SV), 사료 단위(FU), 가소화 영양소 총량(TDN) 등을 이용한다.

06. 비만이란 일반적으로 에너지 섭취량과 소비량의 불균형으로 체내에 지방 조직이 과도하게 축적되어 건강에 부정적인 영향을 초래하는 상태이다.

07. 에너지는 동물이 섭취하는 사료의 가장 큰 부분을 차지하는 영양소를 뜻하므로 동물에서 있어 에너지 요구량은 사료 영양소 요구량이다.

08. 급여량이란 동물 사육 시 급여하는 사료량을 의미하고, 반려동물의 체중과 사료의 열량(kcal)을 안다면 급여량을 계산할 수 있다.

쉬어가기

칼로리의 비밀, 맹신의 함정

최근 애트워터 계수가 정확하지 않다는 사실이 밝혀집니다. 애트워터 계수에는 영양소가 동물성인지, 식물성인지, 어떤 동물이나 식물의 영양소인지 등이 구분돼 있지 않습니다. 예를 들어 햄버거와 프라이드치킨이나 아몬드에 들어있는 지방 1g의 에너지는 서로 다르고, 쌀도 품종이나 생육조건, 보관상태, 조리방법 등에 따라 품은 에너지양이 달라집니다. 또 개인의 체질이나 장 속에 공생하는 세균의 양에 따라, 먹을 때 씹는 횟수에 따라, 다른 재료와 혼합한 요리일 때 등등 다양한 경우에 따라 인체에 흡수되는 에너지의 양이 달라질 수 있다는 점을 간과했다는 사실이 최근에야 밝혀진 것이지요. 그렇지만 애트워터 계수만 한 근사치가 없는 만큼 새로운 기준이 나오기 전까지는 애트워터 계수가 계속 사용될 수밖에 없을 것 같습니다. 칼로리는 음식물을 섭취하면 인체에 얼마나 에너지를 공급하는지, 얼마나 지방으로 축적되는지를 수치로 환산한 것이라기보다 그저 얼마나 잘 연소되는지를 측정한 측정값이라고 판단해야 합니다. 문제는 살찌는 것, 즉 비만이 나쁜 것이 아니라 비만으로 인한 만성 대사질환이 나쁘다는 사실을 사람들이 간과하고 있다는 사실입니다. 일반적으로 사람들은 다이어트를 통해 cal를 소모하려고 하는 것은 만성 질환보다 비만을 없애려고 하는데 그 중심에 칼로리를 두고 있다는 것이지요. 몇몇 과학자는 칼로리를 계산해 음식을 먹는 것이 오히려 살을 빼는 데 도움이 되지 않는다고 주장합니다. 수많은 음식의 칼로리를 기억하고, 지나치게 칼로리를 걱정해서 음식을 제대로 섭취하지 못한다면 오히려 다이어트에 해가 된다는 뜻입니다. 예를 들어, 식이지방은 탄수화물이나 단백질보다 칼로리가 더 높습니다. 그리고 저칼로리 음식은 대부분 지방 함유량이 적습니다. 그런데 사람들은 저칼로리의 구운 감자칩 대신 건강한 지방이 든 견과류를 더 많이 먹습니다. 실제로는 같은 양의 구운 감자칩보다 견과류의 칼로리가 2배 가까이 높다는 사실을 모르는 것일까요? 연어의 칼로리와 올리브오일의 칼로리, 흰 쌀밥의 칼로리 가치는 모두 다릅니다. 다이어터가 식단을 조절할 때 지나치게 칼로리에 집착할 필요가 없다는 말입니다. 칼로리가 높다고 무조건 살찌는 것은 아니라는 사실도 알 필요가 있습니다. 고지방, 고칼로리 음식은 포만감을 주기 때문에 먹는 양이 오히려 줄어들 수 있습니다. 식품 포장지에 표기된, 식당의 메뉴에 표기된 칼로리는 참고할 수 있는 '근사치'일 뿐입니다. 그리고 cal와 kcal, kJ에 대해 명확히 구분할 줄도 알아야 하겠지요. 칼로리는 맹신하기보다 참고하는 것이 좋습니다.

출처: 아시아 경제(2019.03.13). [과학을읽다]①칼로리(cal)의 비밀, 맹신의 함정.

CHAPTER

06

사료의 종류와 특징

Ⅰ. 건사료

Ⅱ. 반습식사료

Ⅲ. 습식사료

Ⅳ. 사료 선택 기준과 비교

Ⅴ. 사료 포장의 라벨

Ⅵ. 보조제(영양제)

Ⅶ. 홈메이드 식이

CHAPTER 06 사료의 종류와 특징

사료의 종류는 제조방법, 보존방법과 수분의 함량에 따라 건사료, 반습식사료, 습식사료, 홈메이드 사료로 구분된다. 해당 사료들이 각각 갖고 있는 장, 단점을 알고 홈메이드 식이가 필요한 상황을 이해하고 있어야 반려동물의 상태에 따라 보호자에게 적절한 사료를 추천하는 것이 가능하다.

I 건사료

학습목표

1. 건사료의 정의를 이해할 수 있다.
2. 건사료의 장 · 단점을 알 수 있다.

1. 건사료의 정의

건사료

- 수분이 6~10% 함유되어 있고 90% 이상이 건조된 형태이다.
- 가장 흔하게 급여하는 사료형태이다.
- 구운 알갱이(baked kibbles), 비스킷(biscuits), 팽화(extruded) 사료가 해당된다.

2. 건사료의 종류와 특징

1) 구운 알갱이(baked kibbles), 비스킷(biscuits)

기본적으로 모든 재료를 갈고 균일하게 섞어 반죽을 만들어 굽는 제조방법은 동일하지만 최종 사료의 모양이 다르다. 쿠키처럼 반죽을 원하는 모양으로 성형하여 구우면 비스킷 형태, 반죽을 크고 넓적하게 밀대로 밀고 난 후 굽고 식혀서 한입 크기로 자르면 구운 알갱이 형태가 된다.

비스킷은 대부분 개, 고양이의 간식 형태이며 일부 회사에서 구운 알갱이 타입의 주식사료를 제조하고 있다.

2) 팽화(extruded) 사료

1960년대에 압출성형(extrusion process) 기술이 발달하면서 구운 알갱이와 이외 형태의 사료 대부분이 팽화사료로 대체되었다. 압출제조에는 전 원료를 혼합하여 반죽으로 만드는 과정과 이 반죽을 고온(섭씨 80~200도), 고압 조건에서 익히는 과정이 포함되며 혼합, 반죽 익히기, 압출/성형, 냉각, 지방/향미제 코팅, 온풍건조 순서로 제조된다.

압출(extrusion) 과정은 반죽에 있는 전분을 빠르게 익혀 소화가 잘 되게 하고 풍미를 증가시킨다.

3. 건사료의 장 · 단점

1) 건사료의 장점

수분함량이 낮고 고온에서 제조되어 세균, 곰팡이의 증식 가능성이 낮고 장기간 보관이 용이하다. 또한 수분 함량이 낮아 습식, 반습식 사료에 비해 에너지 밀도(caloric density)가 높기 때문에 하루 급여량이 적어 경제적이다.

그리고 변질의 우려가 적기 때문에 자율급식이 가능하고 일부 건사료는 치아위생에 도움을 줄 수 있다.

2) 건사료의 단점

습식, 반습식 사료에 비해 상대적으로 기호성이 떨어지는 단점이 있고 건사료의 형태와 질감이 나오기 위해서는 적정량의 전분과 글루텐이 있어야 하므로 습식, 반습식에 비해 탄수화물 함량이 다소 높을 수 있다. 그렇지만 익히는 과정을 통해 복합 탄수화물(complex carbohydrates)의 소화율을 상당히 향상시킬 수 있다.

고열로 인해 일부 비타민이 파괴될 수 있으나 대부분의 제조사에서 파괴되는 비타민의 함량을 감안하여 제조 시 투여량을 늘린다.

자발적으로 수분을 충분히 섭취하지 않는 개체는 탈수 우려가 있으므로 주기적으로 음수량을 체크해야 할 필요가 있다.

Ⅱ 반습식사료

학습목표

1. 반습식사료의 정의를 이해할 수 있다.
2. 반습식사료의 장 · 단점을 알 수 있다.

1. 반습식사료의 정의

반습식사료

- 수분함량이 15~30%인 사료가 해당된다.
- 건사료보다 질감이 부드럽고 기호성이 좋다.

2. 반습식사료의 특징

반습식사료는 수분활성도를 낮추고 미생물의 성장을 억제하기 위해 염분, 단순당, 글리세롤 및 옥수수 시럽과 같은 습윤제를 사용해야 하고 효모 및 곰팡이의 증식을 억제하기 위해 소르빈산 칼륨과 같은 방부제를 사용한다. 또한 제품의 pH를 낮춰 미생물 증식을 억제하기 위해 일부 유기산이 사용되기도 한다.

단순당의 함량이 높아 개에게 기호성이 좋고 소화가 잘되나 지방함량이 낮아서 에너지 밀도(caloric density)는 건사료에 비해 낮다.

3. 반습식사료의 장 · 단점

1) 반습식사료의 장점

건사료에 비해 기호성이 좋다. 대부분 1회 섭취분량으로 포장되어 있어서 가지고 다니기 편리하고 습식에 비해 냄새가 적게 나고 깔끔하다. 개봉하기 전에는 냉장 보관할 필요가 없고 보관 기간이 긴 편이다.

2) 반습식사료의 단점

단순당의 함량이 높고 보존제 등 부가적인 합성첨가물이 함유되어 있다. 습식보다는 저렴하지만 건사료보다 비싼 편이고 실온에 두면 말라서 식감이 달라질 수 있다.

기호성이 좋아서 식욕이 좋은 반려동물에게 자율급식을 하면 체중관리가 어렵고 단순당, 시럽 함량이 높아 당뇨 환자에게는 부적절하다.

III 습식사료

학습목표

1. 습식사료의 정의를 이해할 수 있다.
2. 습식사료의 장·단점을 알 수 있다.

1. 습식사료의 정의

습식사료

- 수분함량이 60~87%인 사료가 해당된다.
- 캔이나 파우치에 담긴 형태로 주식과 간식이 있어 구분이 필요하다.

2. 습식사료의 특징

기호성이 좋고 육류 및 육류부산물의 함량이 높으며 건사료, 반습식사료에 비해 지방, 나트륨, 인 함량이 높다.

개와 달리 고양이는 식이의 반 이상을 습식사료로 섭취하며 일부 보호자는 건사료의 기호성을 향상시키기 위해 간식타입의 습식사료를 토핑으로 사용한다.

습식은 다음과 같은 과정을 통해 제조된다. 고기, 지방, 물을 혼합한 후 건물 형태의 원료를 추가로 혼합하고 조리하여 캔이나 파우치 형태로 밀봉한 후 레토르트(고온, 고압 멸균) 과정을 거친다.

유해 미생물을 사멸시키는 고온, 고압의 레토르트 멸균 과정에서 일부 영양성분의 손실도 발생되기 때문에 제조사에서 영양성분을 분석하고 연구함으로써 부족한 성분을 보충한다.

수분 함량이 높기 때문에 같은 양을 급여하였을 때 건사료, 반습식사료에 비해 에너지 밀도(caloric density)가 낮다.

3. 습식사료의 장 · 단점

1) 습식사료의 장점

기호성이 좋아 아픈 환자들이나 식욕이 적은 개체들에게 급여하기 용이하고 레토르트 멸균과정을 거치기 때문에 합성보존제를 사용하지 않음에도 불구하고 유통기한이 길다.

수분 함량이 높고 에너지 밀도(caloric density)가 낮아 포만감을 주기 때문에 비만 예방에 도움을 줄 수 있고 방광염, 요로결석 등 요로계 질환이 많은 고양이나 환자에게 적절히 수분을 공급하는 데 도움이 된다.

2) 습식사료의 단점

에너지 밀도(caloric density)가 낮아 건사료, 반습식 사료에 비해 가격이 비싸다. 냄새가 강하고 먹은 후 주위가 지저분해질 수 있으며 남은 습식사료는 냉장보관을 해야 해서 번거롭다.

비타민, 미네랄이 적절하게 함유되어 있지 않은 간식타입 습식사료를 주식으로 급여하지 않도록 주의가 필요하다.

Ⅳ 사료 선택 기준과 비교

학습목표

1. 올바른 사료를 선택하는 기준이 무엇인지 이해할 수 있다.
2. 반려동물의 상황에 따라 적절한 사료를 선택할 수 있다.

1. 사료의 선택 기준

- 완전 식품, 영양 균형을 이루고 있는가?
- 기호성이 좋은가?
- 소화율이 우수한가?
- 대사에너지 함량이 반려동물에게 적절한가?
- 급여 비용이 수용할 수 있는 정도인가?
- 제조사 평판에 문제는 없는가?
- 기타{치아 관리, 타우린 함량(고양이), 요로건강 관리(고양이)}

1) 완전 식품 & 영양 균형

모든 필수 영양소가 반려동물이 필요로 하는 요구량을 충족시킬 수 있도록 사료에 충분히 함유되어 있어야 한다. 제조사에서 미국 사료관리 협회(AAFCO,

Association of American Feed Control Officials)의 검증을 받아 사료 패키지에 'Complete and Balanced' 문구를 사용하기 때문에 이 문구를 통해 소비자가 완전히 영양균형이 잡힌 사료인지 확인이 가능하다.

아래 두 가지 조건 중 하나를 충족해야 'Complete and Balanced' 문구 사용이 가능하다.

(1) 급여시험: AAFCO에서 정한 급여시험 기준을 통과하면 'AAFCO 급여시험 실시' 문구를 사용할 수 있다.

(2) AAFCO 영양요구량 충족: AAFCO에서 규정한 개와 고양이의 *Nutrient Profile*에 있는 영양소의 최소 요구량과 최대 요구량을 충족시키면 해당 문구 사용이 가능하다.

2) 기호성

적절한 영양을 공급하기 위해서는 반려동물이 충분히 섭취해야 하므로 기호성이 매우 중요하지만 요즘에는 못 먹어서 영양결핍인 반려동물보다 과잉섭취로 인한 체중증가가 더 문제이므로 사료를 선택할 때 기호성 한 가지만 따져서는 안 된다.

기호성 테스트 방법: 각각의 장단점이 있으므로 두 가지 방법을 혼용하여 판단한다.

(1) 사료 수용도 테스트(one-pan test): 새로운 사료를 주고 먹기까지 걸리는 시간과 얼마나 먹는지를 기록하는 방법이다. 테스트 당시의 배고픔 정도, 새로운 음식에 대한 개체의 거부감 정도에 따라 기호성 차이가 클 수 있다.

(2) 사료 선호도 테스트(two-pan test): 며칠 동안 두 가지 사료를 함께 주면서 더 잘 먹는 사료가 무엇인지 기록하는 방법이다. 두 사료의 칼로리 차이가 있는 경우, 처음 선택한 사료를 먹은 후 포만감으로 인해 두 번째로 먹는 사료는 적게 먹을 수 있으며 먹지 않는 경우, 그 이유가 새로운 음식에 대한 거부감 때문에 안 먹는 것인지 진짜 기호성이 떨어져서 안 먹는 것인지 판단하기 어렵다는 한계점이 있다.

■ 사료의 기호성에 영향을 미치는 요소

(1) 냄새: 가장 강력한 요소이다. 더 마음에 드는 향이 나는 사료부터 맛을 보며 특히, 고양이는 향이 가장 마음에 드는 사료만 먹고 덜 마음에 드는 사료는 맛도 보지 않는 경우가 많다.

(2) 맛: 두 번째로 중요한 요소이다. 향으로 선택할 수 없을 때 맛을 보고 선택한다.

(3) 사료의 모양, 크기, 질감: 입안에서 느껴지는 촉감에 영향을 주는 요소로 키블의 크기가 클수록 기호성이 떨어지고 뾰족한 모양의 키블은 촉감이 거칠어 고양이가 싫어한다.

(4) 원료의 질: 단백질 함량이 높을수록, 동물성 단백질의 함량이 높을수록 기호성이 높아진다.

(5) 제조 및 보관방법: 곡물의 전분이 적절하게 팽화 처리되지 않으면 곰팡이가 증식하기 쉽고 식감이 떨어져 기호성이 떨어진다. 또한 지방이 산패되면 알데하이드 농도가 높아져 기호성이 떨어진다.

(6) 기타: 과거의 경험, 나이, 품종, 급여 환경 및 보호자의 태도에 따라 기호성이 달라질 수 있다.

3) 소화율

위장관의 소화효소에 의해 소화되기 어려운 원료를 많이 함유하고 있는 사료는 소화율이 떨어져 가스가 많아지고 변이 묽어지거나 설사를 유발하고 영양소가 흡수되지 않아 대변의 양이 증가된다.

동물성 원료가 식물성 원료보다 소화가 잘 되며 동물성 원료가 많이 함유되어 있다고 할지라도 가죽, 털, 깃털, 결합조직과 같은 부산물의 함량이 높으면 소화율이 떨어진다.

같은 사료를 급여했을 때 개가 고양이보다 사료의 소화율이 높으며 이는 개, 고양이 모두 육식성이지만 고양이는 더 엄격한 육식동물인 데 반해 개는 잡식성에 가깝기 때문에 대장에서 식이섬유를 소화시키는 능력이 더 크기 때문이다.

대형견은 소형견, 중형견에 비해 대변이 무른 것이 일반적이며 사료의 소화율과 관계없이 장내세균총이 소형견, 중형견에 비해 많고 결장에서 생산되는 유기산이 많아 식이섬유의 소화능력이 더 크기 때문이다.

새끼 강아지, 고양이는 소화효소의 활성이 떨어져 성견, 성묘에 비해 전분, 지방의 소화력이 상대적으로 낮고 노령이 되면 소화력이 떨어진다.

영양소의 함량이 똑같은 사료일지라도 소화율이 떨어지면 반려동물의 영양섭취가 부족해지기 때문에 마르고 전반적 건강상태가 저하된다.

영양소가 충분히 함유되어 있고 소화율이 높은 사료를 섭취한 경우, 대변은 형태가 있고 단단하며 양이 적고 대변 횟수도 적다. 이런 사료를 장기적으로 섭취하면 최적의 성장, 정상 체형, 건강한 피모를 갖는 것이 가능하다.

4) 대사에너지 함량

반려동물의 에너지 요구량을 충족시키기 위해 섭취해야 하는 사료의 양이 에너지 밀도(Energy density)에 의해 결정되기 때문에 에너지 밀도는 사료 평가의 중요한 요소이다. 에너지 밀도가 낮은 사료는 동일한 칼로리를 섭취하기 위해 더 많은 양을 섭취해야 하고 에너지 밀도가 높은 사료는 적은 양으로도 동일한 칼로리 섭취가 가능하다.

운동이나 일을 하는 사역견, 임신/수유 중인 개, 고양이는 에너지 밀도가 높은 사료를 섭취하는 것이 좋고 반대로 체중관리가 필요한 개체는 에너지 밀도가 낮은 사료 섭취가 적절하다.

에너지 밀도가 너무 낮아 급여량이 지나치게 많은 경우, 위장관에 부담을 주기 때문에 소화율이 떨어지고 소화기 질환을 유발할 수 있다.

적정 대사에너지 함량은 건물 기준(DMB) 3,000~5,000kcal/kg이다.

5) 급여 비용

질 좋은 원료를 사용한 사료일수록 중량당 사료의 가격 역시 높아진다. 가격이 저렴한 사료의 경우 에너지 밀도가 낮아 더 많은 양의 사료를 섭취해야 하므로 표면적으로는 싼 것처럼 보여도 실제 급여량을 따져보면 오히려 더 많은 비용이 들 수 있어 주의가 필요하다.

6) 제조사 평판

일관되게 좋은 품질의 사료를 제공하고 사료의 성분과 원료, 칼로리, 소화율에 대한 정보를 자세히 제공하며 소비자 문의에 적절히 대응하는 제조사를 선택해야 한다.

7) 기타

고양이는 타우린 결핍 시 심장병을 일으킬 수 있어 사료 내 타우린 함량을 확인하는 것이 필요하다.

적정 타우린 함량

- 팽화 사료: 건물 기준(DMB) 최소 1,000mg/kg(0.10%)
- 습식 사료: 건물 기준(DMB) 최소 2,000mg/kg(0.20%)

고양이 사료는 요로계 건강 유지에 도움이 되는지 확인하는 것이 필요하다. 소변 pH가 6.0~6.8 사이로 유지되도록 하는 사료를 선택하는 것을 권장한다.

일부 사료가 치아 건강에 도움이 될 수 있으나 이 사료들이 양치질을 대신하는 것은 불가능하다.

일단 선택한 사료는 최소한 2개월 이상 급여하면서 체형의 변화, 피모 건강, 대변의 형태와 양 및 횟수, 전반적인 컨디션 등을 종합적으로 판단하여 사료를 평가하는 것을 권장한다.

V 사료 포장의 라벨

학습목표

1. 사료 포장의 라벨을 통해 얻을 수 있는 정보를 이해할 수 있다.
2. 사료 포장의 라벨을 보고 적절한 사료를 선택할 수 있다.

1. 사료 포장 앞면

상품명, 제품 중량, 사용 대상, 제품 특징, 칼로리 등이 포함되고 사용 대상의 연령, 품종, 사료의 기능적 요소도 간단히 확인 가능하다.

2. 사료 포장 뒷면

원재료, 성분, 제조사, 판매처, 급여량 등 유용한 정보는 포장지의 뒷면에 기재된다. 농림축산식품부의 사료관리법에 의해 표시사항을 명시한다.

사료의 용도를 통해 급여 대상을 확인할 수 있고 "전 연령"인 사료는 임신/수유기, 성장기, 성체기에도 급여할 수 있음을 의미한다.

등록성분량은 급여 대상의 연령에 따라 달라지며 특정 질병으로 인해 식이요법이 필요한 경우, 등록성분량을 보고 적절한지 판단한다.

사용한 원료는 가장 함량이 높은 것부터 낮은 순서로 표기하도록 되어 있으므로 질 좋은 동물성 원료가 앞단에 표기되어 있는지 확인하는 것이 필요하다.

사료의 열량과 급여지침은 법적 필수 표기사항은 아니지만 대부분의 사료 회사에서 표기한다. 반려동물에게 필요한 에너지 요구량과 사료의 열량에 따라 급여량이 달라지므로 꼭 확인해야 할 정보 중 하나이다.

1) 사료의 표시사항과 표시방법

표 6-1 사료관리법 상 규정

표시 사항	표시 방법
성분등록번호	관할 지역에서 부여받은 등록번호
사료의 명칭 및 형태	• 사료의 명칭: 농림축산식품부 장관이 고시한 배합사료의 명칭 사용 • 사료의 형태: 사료의 내용물이 처리된 형태를 표시 (1) 가루: 곱게 가루로 만든 것 (2) 펠렛: 가루사료를 일종의 주형틀에서 압착하거나 밀어내어 성형시킨 것 (3) 크럼블: 펠렛으로 성형한 사료를 특정 목적에 맞게 분쇄, 선별한 것 (4) 후레이크: 사료를 그대로 또는 증기로 쪄서 납작하게 압편한 것 (5) 익스트루젼(팽화): 압력 및 온도를 가하여 전분을 호화한 후 부피를 팽창시킨 것 (6) 액상: 용액으로 된 것 (7) 그 밖의 형태: 형태의 구분이 명확하지 아니한 것을 그 형태에 적합하도록 표시
등록성분량	성분등록된 성분명과 성분량을 표시하며, 성분량 표시는 백분율(%)로 하고, 최저량에는 "이상", 최대량에는 "이하"를 표시
사용한 원료의 명칭	배합비율이 큰 순서대로 표기. 다만, 식물성의 곡류, 강피류 및 박류는 사용한 원료의 명칭을 쓰지 않고 곡류, 강피류, 박류 등으로 구분하여 명시하며, 첨가한 단미사료 중 광물성과 보조사료는 명칭을 표기
동물용 의약품 첨가 내용	첨가한 동물용의약품의 명칭과 사용된 함량과 사용 목적을 구체적으로 적고, 붉은색 글씨 또는 눈에 잘 보이도록 "동물용의약품 첨가사료"로 표시, 휴약기간이 있는 동물용의약품일 경우에는 그 휴약기간을 명시

주의사항	• 사료의 사용과 보관, 다른 사료와의 혼합 금지 등에 관하여 필요한 사항을 보증성분표 하단에 표시 • 반추동물에서 유래한 동물성 사료 또는 남은 음식물 사료가 포함된 배합사료에는 "반추가축에게 먹이지 마십시오"를 표시해야 함
사료의 용도	수요자가 쉽게 이해할 수 있어야 하며, 수요자가 혼란을 줄 정도로 사료의 명칭에 비하여 제품의 상품명을 과대표시해서는 안 됨
실제 중량	제품의 실제 중량을 정확하게 표시
제조(수입) 연월일 및 유통기한	제조(수입)포장된 날짜를 기준으로 하여 정확하게 표시
제조(수입)업자의 상호(공장 명칭), 주소 및 전화번호	
재포장 내용	• 재포장 사유, 날짜, 중량 표시 • 재포장한 자의 상호, 주소, 전화번호 표시 • 등록성분량 등은 재포장 전에 표시된 대로 표시해야 함

2) 영양적합성 판단 방법

등록성분량을 건물 기준(DMB)으로만 비교하면 오류가 발생할 수 있다. 반려동물의 에너지 요구량에 따라 급여량이 달라지므로 열량을 기준으로 영양소의 양을 계산하는 것이 중요하다.

(1) 건물 기준(DMB) 영양소 함량 계산법

건사료, 반습식사료, 습식 사료 등 사료의 형태에 따라 수분 함량이 다르기 때문에 수분이 0인 상태로 환산하여 영양소의 함량을 비교해야 한다.

등록성분량의 단백질 함량만으로 단백질 함량을 비교한다면 건사료인 A사료가 단백질이 많은 것처럼 보이지만 수분 함량을 제외한 건물 기준(DMB) 단백질 함량을 보면 습식인 B사료의 단백질 함량이 훨씬 높다.

A사료(건사료)

- 등록성분량: 단백질 25%, 수분 10%
- 건물 기준(DMB) 단백질 함량 계산 = 단백질함량/100–수분함량/100 = 25/100–10/100
  = 25/0.9 = 27.78%

B사료(습식사료)

- 등록성분량: 단백질 8%, 수분 75%
- 건물 기준(DMB) 단백질 함량 계산 = 단백질함량/100–수분함량/100 = 8/100–75/100
  = 8/0.25 = 32%

(2) 열량 기준 영양소 함량 계산법

반려동물이 하루에 섭취하는 급여량에 함유된 영양소의 함량으로 비교하는 계산법이다.

칼슘 섭취량의 제한이 필요한 질병을 가진 환자가 사료를 선택할 때, 건물 기준으로 C사료와 D사료를 비교하면 D사료의 칼슘 함량이 높은 것처럼 보이지만 열량을 기준으로 칼슘 함량을 비교해보면 D사료의 하루 급여량이 C사료에 비해 훨씬 적기 때문에 실제 칼슘 섭취량도 C사료에 비해 30%가 적다.

C사료(건사료)

- 등록성분량: 칼슘 1.0%, 수분 10%, 3,000kcal/kg(3kcal/g)
- 건물 기준(DMB) 칼슘함량 계산 = 칼슘함량/100 – 수분함량/100 = 1/100 – 10/100 = 1.0/0.9
  = 1.11%
- 열량 기준 칼슘함량 계산(예: 하루 에너지 요구량 300kcal 시추)
  = 하루 급여량 × 칼슘 등록성분량 / 100
  = 하루 에너지 요구량/g 당 칼로리 × 칼슘 등록성분량 / 100
  = 300/3 × 1.0 /100 = 1g/Day

D사료(건사료)

- 등록성분량: 칼슘 1.1%, 수분 10%, 4,800kcal/kg(4.8kcal/g)
- 건물 기준(DMB) 칼슘함량 계산 = 칼슘함량/100 – 수분함량/100 = 1.1/100 – 10/100 = 1.1/0.9
  = 1.22%
- 열량 기준 칼슘함량 계산(예: 하루 에너지 요구량 300kcal 시추)
  = 하루 급여량 × 칼슘 등록성분량 / 100
  = 하루 에너지 요구량/g 당 칼로리 × 칼슘 등록성분량 / 100 = 300/4.8 × 1.1 /100
  = 0.69g/Day

VI 보조제(영양제)

학습목표

1. 사료와 보조제의 차이를 이해한다.

1. 보조제(영양제)의 정의

비타민, 무기질, 허브와 기타 식물, 아미노산, 항산화제, 관절보조제, 생균제와 위 성분의 농축액, 대사체, 추출물 또는 혼합물 등 식이를 보충하기 위한 제품을 말한다.

2. 보조제(영양제)의 법적 관리

사람용 식이 보충제에 관여하는 법은 동물용 제품에 적용되지 않는다.

다른 사료와 보조제 간에 법적 구분이 없어 모두 단순히 '식품'에 해당하며 사료관리법으로 규제된다.

미허가 식품첨가제는 사용할 수 없으며 제조업체 또한 적합한 영양학적 원리를 관련시키지 못하는 이상 신체구조나 기능에 대한 효과를 주장할 수 없다.

안전성과 효용성이 입증되지 않은 물질을 함유하고 있거나, 상표가 충분한 정보나 근거를 담고 있지 못하는 경우도 있기 때문에 그 성분과 근거를 충분히 평가하는 것이 필요하다.

Ⅶ 홈메이드 식이

학습목표

1. 홈메이드 식이의 장 · 단점을 이해할 수 있다.
2. 홈메이드 식이가 필요한 때와 사용법을 알 수 있다.

1. 홈메이드 식이의 증가

2007년 반려동물 사료 리콜 사태 이후, 상업적 사료에 대한 불신과 직접 만든 사료가 개 · 고양이 조상이 섭취하던 천연식과 비슷하다는 생각, 보호자와 반려동물 사이의 더 깊은 유대관계, 원치 않는 첨가제나 방부제를 피할 수 있다는 장점 그리고 원하는 재료를 사용할 수 있다는 이유로 보호자가 직접 집에서 사료를 만들어 먹이는 가구가 증가하고 있다.

2. 홈메이드 식이의 문제점

비전문적 레시피로 인해 영양불균형을 초래할 수 있어 대부분의 영양학자들이 권장하지는 않는다. 특히, 어린 동물들은 불충분한 칼슘 섭취 또는 칼슘/인 비율의 불균형으로 뼈에 골절이나 상처가 생길 수 있고 성장이 끝난 동물에서도 칼슘 부족으로 인해 고무아래턱증후군(rubber jaw syndrome)이 나타난다는 보고도 있다.

리서치 1(Stereiff et al., 2002)

- 30일간 반려견을 위해 만든 홈메이드 식이 분석
- AAFCO가 추천한 영양정보와 비교 평가
- 35개의 식이 칼슘, 인, 칼륨, 아연, 구리, 비타민 A, E 부족

리서치 2(Lauten et al., 2005)

- 개와 고양이에서 49개의 성체 식이와 36개의 성장기 홈메이드 식이 분석
- AAFCO가 추천한 영양정보와 비교 평가
- 55%는 단백질 혹은 아미노산 불충분, 64%는 비타민, 85%는 무기질이 불충분

3. 홈메이드 식이 필요사례

식이알러지 환자는 알러지가 있는 원료를 피해 재료의 종류와 양을 조절할 수 있고 첨가제나 방부제를 피할 수 있다.

다수의 질병을 가지고 있는 환자는 한 가지 질병을 위해 한 가지의 처방식을 선택할 경우, 가지고 있는 다른 질병에는 금기가 되는 식이가 공급될 수 있어 홈메이드 식이로 다수의 질병에 모두 적합하도록 조정할 수 있다.

환자가 처방식을 거부하는 경우, 홈메이드 식이가 권장된다.

홈메이드 식이가 불가피한 경우라도 주치의와 레시피에 대해 충분히 상의하여 실시하여야 하며 정기적인 검진을 통해 특정 영양소의 결핍이 없는지 꼭 확인해야 한다.

Q & A

건사료의 장점과 단점은?

수분 함량이 낮아 오랜 기간 보존이 쉽고 부피가 적어 보관이 편리하며 에너지 밀도가 높아 적은 양으로 하루에 필요한 에너지를 충족시킬 수 있어 경제적이지만 습식, 반습식에 비해 기호성이 낮고 탄수화물 함량이 높으며 자발적인 음수량이 부족한 경우, 탈수 우려가 있어 음수량 관리가 필요하다.

좋은 사료를 선택하는 6가지 기준은?

완전 식품 & 영양균형, 기호성, 소화율, 대사에너지 함량, 급여 비용, 제조사 평판을 따져서 반려동물과 보호자에게 가장 잘 맞는 사료를 선택한다.

알아두기

건물 기준(DMB) 영양소 함량 계산 방법은?

등록성분량 수치 참고,

건물 기준(DMB)% = 영양소 함량% / (100 - 수분 함량%) / 100

열량 기준 영양소 함량 계산 방법은?

등록성분량 수치 참고,

열량 기준g = 하루 급여량g × 영양소 함량% / 100

단원 학습 정리

01. 건사료는 수분이 6~10% 함유되어 있고 90% 이상이 건조된 형태로 수분 함량이 적고 고온에서 제조되어 상온에서도 장기간 보관이 가능, 에너지 밀도가 높아 적은 양으로도 에너지 요구량을 충족시킬 수 있어 경제적이지만 습식, 반습식에 비해 기호성이 떨어지고 수분 섭취가 부족할 수 있어 주기적인 음수량 체크가 필요하다.

02. 반습식사료는 수분함량이 15~30%인 사료로 건사료에 비해 기호성이 좋고 습식에 비해 냄새가 적고 깔끔하며 1회 섭취량으로 포장되어 있어 편리하지만, 제형을 위해 단순당이 다량 함유되어 있어 당뇨병 환자에게 부적절하고 건사료에 비해 비싼 편이고 상온에 오래 두면 건조되어 자율급식이 어렵다.

03. 습식사료는 수분함량이 60~87%인 사료로 캔이나 파우치에 담긴 형태. 기호성이 뛰어나 환자나 식욕이 적은 개체들에게 급여하기 용이하고 레토르트 멸균처리를 하여 장기간 보관이 가능하며 수분섭취량을 늘리는 데 좋다. 에너지 밀도가 낮아 많은 양을 급여해야 하므로 가격이 비싸고 비타민, 미네랄이 함유되지 않은 간식 습식 캔과 구분하여 섭취해야 한다.

04. 좋은 사료는 반려동물의 건강유지에 필요한 모든 영양소가 함유되어 있고 균형을 이루고 있어야 하며 기호성이 좋고 소화가 잘되어야 한다. 또한 대사 에너지 함량이 적절하고 급여 비용이 수용할 수 있는 정도인지, 리콜 사례가 없는 제조사인지도 평가하는 것이 필요하다.

05. 사료 포장의 앞면에서는 상품명, 제품 중량, 사용 대상, 칼로리를 확인할 수 있고 사료 포장의 뒷면에서는 원재료, 성분, 제조사, 판매처, 급여량 등 사료 선택에 필요한 정보를 확인할 수 있다.

06. 보조제는 비타민, 무기질, 허브, 아미노산, 항산화제, 관절보조제, 생균제 등을 말하며 사람용 식이 보충제에 관여하는 법이 동물용 제품에 적용되지 않고 단순히 '식품'에 해당하여 사료관리법으로 규제한다. 그러므로 적합한 영양학적 원리를 관련시키지 못하는 이상 신체구조나 기능에 대한 효과를 주장하지 못하고 반대로 안전성과 효용성이 입증되지 않은 물질을 함유하고 있거나, 상표가 충분한 정보나 근거를 담고 있지 못한 경우도 규제가 되지 못하고 있어 그 성분과 근거를 충분히 평가하는 것이 필요하다.

07. 홈메이드 식이는 기호성이 좋고 원하는 재료를 사용할 수 있으며 원치 않는 첨가제나 방부제를 피할 수 있지만 모든 영양소가 결핍 없이 균형을 이루기 어려워 장기간 급여 시 질병을 유발할 수 있으므로 권장하지 않는다. 식이 알러지, 다수의 질병을 앓는 환자와 같이 홈메이드 식이가 불가피한 경우, 주치의와 상의하여 레시피를 정하고 주기적인 건강검진이 필요하다.

쉬어가기

사료 선택에 영향을 미치는 두 가지 역설적 효과

개, 고양이의 사료 선택에 상당한 영향을 미치는 상반되는 두 가지의 효과가 있는데 최초 효과(primary effect)와 신상 효과(novelty effect)이다.

최초 효과는 반려동물에게 특정 형태 또는 맛의 사료만 장기간, 특히 이유기부터 먹였을 때 새로운 사료에 비해 기존 사료를 선호하는 현상을 말한다. 반대로 이유기에 다양한 맛과 제형의 사료를 급여한 경우에는 성체가 됐을 때 새로운 사료를 더 잘 받아들이며 이 효과는 개보다 고양이에서 자주 나타난다.

역설적으로, 신상 효과 역시 오랜 기간 한가지 사료만 섭취한 동물에서 나타난다. 이 경우에는 새로운 사료를 거부하는 대신 새로운 사료나 간식을 더 선호한다. 강아지 훈련사들은 신상 효과를 이용하여 다양한 주식이나 간식으로 일관된 훈련을 유도한다. 신상 효과 역시 개보다 고양이에서 더 흔히 나타나며 오랜 기간 먹은 음식에 질려 새로운 음식에 더 매력을 느낀다고 추측된다. 고양이들이 영양결핍을 방지하기 위해 한 가지 음식보다 다양한 음식을 섭취하려는 성향으로 진화한 것이라는 이론도 있다.

이 두 가지 효과가 상반된 반응을 보임에도 불구하고 어떤 개체가 어떻게 행동하는 것인지 완벽하게 연구되지 않아 추가적인 연구가 필요하다.

출처: Griffin, R. W., Scott, G. C., Cante, C. J. (1984); Kuo, Z. Y. (1967); Mugford, R. A. (1977); Stasiak, M. (2002).

CHAPTER

07

건강한 개의 성장단계별 영양관리

CHAPTER 07 건강한 개의 성장단계별 영양관리

성장단계별 영양관리는 특정 연령 또는 생리적 상태(예: 유지, 번식, 성장, 노령 등)에서 최적의 영양 요구를 충족하도록 설계된 사료이다. 영양관리의 목표는 최적의 건강, 수명연장을 위해 사료를 급여하는 것이기 때문에, 개체의 필요에 더욱 밀접하게 충족되도록 사료를 급여하는 것이다. 개의 연령 및 생리적 상태와 관련된 영양적 요구가 질병 위험 요인의 감소라는 영양적 목표와 결합 될 때, 더 좁지만 최적의 영양 권장 범위가 나타난다. 따라서 건강한 개의 다양한 성장단계에서 사료의 주요 영양소는 특정 질병의 위험 감소와 다양한 생리적 상태를 최적화하는 것이다.

I 성장하는 개의 영양

학습목표

1. 성장하는 개(강아지, 퍼피)의 영양학적 목표를 알 수 있다.
2. 주요 영양소의 종류와 내용에 대해 이해할 수 있다.
3. 사료의 선택과 급여 방법에 대해 이해할 수 있다.

1. 영양학적 목표

건강한 성숙한 개(성견, 어덜트)로 키우는 것이다. 성장하는 개(퍼피)의 기간은 품종마다 다르지만, 일반적으로 생후 10~12개월까지이다. 성장은 유전적, 영양적, 환경적 영향 간의 상호작용을 포함하는 복잡한 과정이다. 영양은 퍼피의 건강과 발달에 중요한 역할을 한다. 퍼피의 면역체계, 신체구성, 성장속도 및 골격발달에 직접적인 영향을 미친다. 그러므로, 퍼피의 영양학적 목표는 건강한 성장과 훈련성 및 면역력을 최적화하고, 비만과 정형외과 질환을 최소화하는 것이다.

2. 적절한 영양을 위한 고려사항

퍼피의 신체 평가를 실시하고, 품종(소형견, 중형견, 대형견 등)마다 퍼피의 기간이 다르므로 품종을 확인한다. 품종마다 다발하는 질병이 다르므로 영양적인 고려사항이 달라지게 된다. 중성화 여부, 활동량 등을 평가하여 칼로리를 급여해야 한다. 특히, 대형견의 경우 적절한 속도로 성장하는지를 평가하여 영양을 결정해야 한다. 신체상태점수(BCS)를 자주 평가하여 과체중, 비만이 되지 않도록 영양적으로 관리해야 한다.

3. 주요 영양소

성장 기간이므로 필요한 영양소 요구량이 성견보다 증가한다. 그러나, 과도한 에너지(비만)와 칼슘(골격계 이상)의 섭취는 주의해야 한다. 필수 지방산은 퍼피의 신경발달과 훈련성에 영향을 미친다.

1) 에너지

성장에 필요한 에너지는 유지(maintenance)와 성장(growth)으로 구성된다. 이유 후 몇 주 동안은 에너지 섭취량의 50%는 성장, 50%는 유지에 사용한다. 퍼피가 성견 체중의 80% 이상에 도달하면, 성장에 필요한 에너지는 약 10% 정도로 감소한다.

퍼피의 일일에너지요구량(DER)은 성견 체중의 약 50%가 될 때까지 휴식기에너지요구량(RER)의 약 3배가 필요하고, 이후 약 2.5배, 점진적으로 약 2배로 감소시킬 수 있다. 일반적으로 성견 크기의 약 80%가 되면, RER의 약 1.8~2배가 필요하다.

항상 BCS를 측정해서, DER을 적용해야 한다. 과도한 에너지 섭취로 비만, 골격계 질환, 고혈압, 심장병, 당뇨병, 지질혈증, 운동불내성, 면역저하 등이 발생되지 않도록 주의한다. 반대로, 에너지 밀도가 매우 낮고 소화율이 낮은 사료를 섭취하면, 성장에 필요한 충분한 에너지와 영양소 섭취가 부족해진다.

2) 단백질

고품질의 단백질 요구량이 높다. 14주 이상된 퍼피의 경우, 조단백질에 대한 최소 권장량은 17.5% Dry Matter(DM)이다(NRC, 2006). 퍼피용 사료의 단백질은 22~32% DM이다.

3) 지방

필수지방산을 공급하고, 지용성 비타민을 운반하며, 농축된 에너지원을 제공한다. 필수지방산(리놀레산)의 일일요구량은 약 250mg/체중 kg이다.

DHA는 퍼피의 신경, 망막, 청각 발달에 필수적이고, 훈련성 향상에 도움을 준다. DHA의 함량은 최소 0.02% DM이고, 성장을 위한 지방의 최소 권장량은 8.5% DM이다(NRC, 2006).

4) 칼슘과 인

퍼피는 성견보다 더 많은 칼슘과 인이 필요하지만 최소요구량은 성견보다 낮다. 대형과 초대형 퍼피의 사료에는 칼슘 0.7~1.2% DM과 인 0.6~1.1% DM이 필요(칼슘:인 = 1:1~1.5:1)하다. 소형과 중형의 퍼피 사료에는 칼슘 0.7~1.7% DM과 인 0.6~1.3% DM 필요하다.

5) 소화율

11주령 퍼피의 음식 소화 능력은 60주령 퍼피보다 낮다. 에너지 밀도와 소화율이 낮은 사료를 먹은 퍼피는 성장을 위해 더 많은 양의 사료를 섭취해야 하므로 헛배부름(배불뚝이), 구토, 설사 등의 위험이 증가한다. 따라서 퍼피에게 권장되는 사료는 일반적인 성견 사료보다 소화가 잘되어야 한다. 에너지 밀도가 높은 사료는 소화율이 높다.

참고로, 건강한 성장하는 강아지(퍼피)를 위한 사료의 주요 영양소 권장량은 〈표 7-1〉과 같다.

표 7-1 건강한 성장하는 강아지를 위한 영양 권장량

영양소	권장량(성견 체중 25kg 미만)	권장량(성견 체중 25kg 이상)
단백질	22~32% DM	20~32% DM
지방	10~25% DM	8~14% DM
칼슘	0.7~1.7% DM	0.7~1.4% DM
인	0.6~1.3% DM	0.6~1.1% DM
칼슘:인 비율	1:1~1.8:1	1:1~1.5:1

4. 급여 방법

1) 사료의 선택

퍼피를 위한 사료는 주요 영양소를 포함해야 한다. 대형 및 초대형 품종의 퍼피는 발육성 골격계 질환의 위험을 줄이기 위해 칼슘과 에너지가 적은 사료를 급여해야 한다. 또한, 위장관 문제를 피하기 위해 소화율이 충분히 높아야 한다.

퍼피는 완전하고 균형 잡힌 사료를 먹을 때, 비타민–미네랄 보충제가 필요 없

다. 그러나, 홈메이드 사료의 영양 균형을 맞추기 위해 보충제 첨가를 고려해야 한다. 대부분의 간식은 영양적으로 불완전하고 균형이 맞지 않다.

2) 급여 방법

사료 급여 방법은 세 가지(자유, 시간 제한, 사료량 제한)로 제공할 수 있다. 빠른 성장기간에 자유 급여와 시간 제한 급여는 피해야 한다. 자유 급여는 체지방 증가와 비만, 어린 나이의 대형견에서 골격 기형을 유발할 수 있다. 최소 2주마다 체중 증가율과 BCS를 면밀히 평가해야 한다.

빠른 성장 기간에는 퍼피에게 BCS와 연령에 따라 매일 사료량을 제한 급여 한다. 사료량 제한 급여는 BCS와 성장 속도를 잘 조절할 수 있기 때문에 대부분의 퍼피에게 가장 좋다. 사료 급여량은 성장 속도의 변화를 관리하기 위해 정기적으로 재조정(10% 증가 또는 감소)해야 한다. 퍼피는 하루에 2~4끼를 먹을 수 있다.

Ⅱ 성숙한 개의 영양

학습목표

1. 성숙한 개(성견, 어덜트)의 영양학적 목표를 알 수 있다.
2. 주요 영양소의 종류와 내용에 대해 이해할 수 있다.
3. 사료의 선택과 급여 방법에 대해 이해할 수 있다.

1. 영양학적 목표

품종에 따라서, 성견(어덜트)의 연령은 일반적으로 1살부터 5~7살 사이이다. 영양관리 목표는 수명 연장과 삶의 질(질병 예방)을 극대화하는 것이고, 모든 필수 영양소의 권장량을 급여하는 것이다. 최적의 사료 급여는 질병에 영향을 미치는 주요 영양소의 권장량을 지키는 것이다.

2. 적절한 영양을 위한 고려사항

사료의 종류(건식, 습식, 반습식, 홈메이드 등), 영양제, 급여 방법(자유, 제한 등),

급여량 등은 최소한 고려해야 한다. DER 결정은 활동량과 중성화 상태가 중요 사항이고, BCS를 평가해야 한다.

1) 중성화

중성화된 암컷의 사료 섭취 증가는 식욕을 억제하는 에스트로겐 활성 감소의 결과이다. 중성화된 수컷은 활동량 감소가 비만에 더욱 중요하게 작용한다. 따라서, 급격한 체중 증가를 예방하기 위해서는 DER을 제한해야 한다. 중성화된 경우에는 DER = 1.6 × RER, 필요에 따라 1.2~1.4 × RER까지 감소할 수 있다.

2) 품종

품종에 따라 영양관리가 필요한 특정 질병 또는 대사 변화의 위험이 존재한다. 예를 들면, 특정 품종은 비만에 취약(래브라도 리트리버, 골든 리트리버, 케언 테리어, 코커 스파니엘, 장모 닥스훈트, 셔틀랜드 쉽독, 바셋 하운드, 카발리에 킹 찰스 스파니엘, 퍼그, 달마시안, 비글)하다. 그리고, 품종마다 근육량, 활동량 등이 다르므로 DER은 차이가 있다.

3) 활동량

DER에 중요한 영향을 미친다. 서 있는 것은 누워 있는 것보다 40%의 더 많은 에너지가 필요하다. 지속적인 활동으로 근육량이 많을수록, 휴식 중에도 에너지 사용이 증가한다.

3. 주요 영양소

1) 물

가장 중요한 영양소이고, 물 섭취량은 환경, 생리 상태, 활동성, 질병, 사료의 수분량과 같은 여러 요인에 영향을 받는다. 건강한 성견은 DER과 거의 같은 양의 물 섭취량(mL/day)이 필요하다.

2) 에너지

RER은 품종이나 연령에 관계없이 모든 개에서 유사하다. RER은 대략 70kcal × (BW kg)$^{0.75}$이다(NRC, 2006). 체중 2kg 이상인 개의 RER = (30 × BW kg) + 70으로 계산할 수 있다.

- 움직임이 적은 성견의 DER = 1.2~1.4 × RER
- 중성화한 성견의 DER = 1.6 × RER
- 2~7세인 성견의 DER = 1.4~1.9 × RER

나이가 어린 활동적인 성견은 에너지 밀도가 높은 사료를 급여(3.5~4.5kcal/g DM)하고, 활동이 적거나 비만하기 쉬운 성견은 에너지 밀도가 낮은 사료를 급여(3.0~3.5kcal/g DM)한다.

3) 단백질

아미노산 요구량이 충족된 후 더 많은 단백질을 섭취해도 생리학적 이점은 없다. 사료의 최소 조단백질 함량은 소화율과 품질에 따라 다르다. 평균 품질의 단백질 소화율이 75%인 경우, 조단백질 함량은 약 12% DM 적합하다. 에너지 밀도가 4kcal/g DM인 사료의 경우, 조단백질의 최소 권장량은 10% DM이다(NRC,

2006). 어린 성견을 위한 사료에 대한 조단백질의 권장 범위는 15~30% DM이다.

4) 지방과 지방산

지방은 훌륭한 에너지원이고 필수지방산을 공급한다. 리놀레산과 알파-리놀렌산은 개에게 합성 효소가 부족하기 때문에 필수 영양소이다. 필수지방산은 세포막에서 구조적 기능을 가지며 프로스타글란딘, 트롬복산 및 류코트리엔과 같은 에이코사노이드의 전구체이다. 리놀레산 결핍은 피부 결함을 초래(과증식과 수분 투과성 증가)한다. 필수지방산의 적절한 섭취는 정상적인 피부와 모질을 유지하는 데 중요하다.

사료의 EPA와 DHA의 최소 권장 허용량은 0.044% DM이다(NRC, 2006). 성견 사료의 식이 지방에 대한 최소 권장 허용량은 8.5%이며, 최소 1%는 리놀레산(DM)이다(NRC, 2006).

어린 성견을 위한 사료의 지방량은 10~20% DM이고, 비만 경향이 있는 성견은 낮은 수준의 지방량(7~10% DM)이 권장된다.

5) 섬유소

지방과 섬유소 함량은 사료의 에너지 밀도를 결정하는 중요한 요소이다. 사료의 섬유소 함량이 증가하면 에너지 밀도가 감소되고 포만감을 높이는 데 도움이 되므로, 사료에 섬유소를 포함하면 개의 이상적인 체중을 유지하는 데 도움이 된다.

조섬유 함량은 최대 5% DM이 적절하고, 비만 경향이 있는 개는 최소 10% DM과 지방은 7~10% DM으로 제한한다.

6) 인

사료는 인의 함량이 적절하고 때로는 과도한 양이 포함되어 있으므로 보충할 필요가 없다. 에너지 밀도 3.5kcal/g DM에서 인의 평균 함량은 약 0.4~0.6% DM 이다.

과도한 인은 만성 신장 질환의 진행을 가속화할 수 있고, 인 제한은 만성 신장 질환의 진행을 늦추고 생존을 향상시킬 수 있다.

에너지 밀도가 4kcal/g DM인 성견 사료의 인에 대한 최소 권장 허용량은 0.3% DM이고(NRC, 2006), 어린 성견을 위한 사료에 권장되는 인의 범위는 에너지 밀도가 3.5~4.5kcal/g DM일 때 0.4~0.8% DM이다.

7) 염화나트륨

염화나트륨의 높은 섭취는 비만, 신장 질환 및 고혈압 등 특정 질병이 있는 개에게 금기이다.

에너지 밀도가 4kcal/g DM인 사료의 나트륨 함량에 대한 최소 권장량은 0.08% DM이다(NRC, 2006). 나트륨의 권장 범위는 0.2~0.4% DM으로 충분하고, 개의 염화물 요구량은 나트륨 요구량의 1.5배 값이 권장된다.

8) 항산화제(antioxidant)

항산화제는 생물학적으로 중요하고 안전하다. 사료의 항산화제에는 비타민 E 및 C, 베타카로틴, 기타 카로티노이드, 셀레늄이 포함된다.

어린 성견을 위한 사료에 비타민 E는 최소 400IU/kg DM이다.

개는 필요한 양의 비타민 C를 합성하고 공급된 비타민 C를 빠르게 흡수할 수 있다. 성견용 사료의 비타민 C는 최소 100mg/kg DM이 포함된다. 높은 수준의 비타민 C 섭취는 요로 옥살레이트를 배출하고 결석 위험을 증가시킨다.

항산화 효과를 높이기 위해 권장되는 셀레늄 함량은 0.5~1.3mg/kg DM이고, 미국에서 셀레늄의 안전한 상한선은 2.0mg/kg DM이다(AAFCO, 2014).

9) 사료의 질감

치주 질환은 성견의 가장 흔한 문제이고, 구강 건강을 위한 급여 권장 사항에는 일반적으로 건사료 급여이다. 사료 라벨에 VOHC(Veterinary Oral Health Council) 인증이 있는 경우, 플라그 감소에 효과적인 사료이다.

참고로, 건강한 성견(어덜트)을 위한 사료의 주요 영양소 권장량은 〈표 7-2〉와 같다.

표 7-2 성견을 위한 영양 권장량

영양소	권장량
단백질	15~30% DM
지방	> 8.5% DM, 리놀레산 1% DM
섬유소	≦ 5% DM
칼슘	0.4~0.8% DM
칼슘:인 비율	1:1~2:1

4. 급여 방법

1) 사료의 선택

권장되는 주요 영양소 수준과 현재 급여하는 사료가 상당한 차이를 보이면 현재 사료를 변경해야 한다. 간식은 특정 연령 단계에 권장되는 영양 요구에 가장 잘 맞는 간식을 추천한다. 간식은 과도하게 먹이면 안 된다(부피, 무게 또는 칼로리 기준으로 전체 식단의 10% 미만).

2) 급여 방법

급여 방법에는 급여량과 급여 방식(자유, 제한)이 포함된다. 최적의 몸 상태로 건강하게 관리할 때 급식 방법을 반드시 변경할 필요는 없다. 이상적인 BCS(2.5~3.5/5)를 가지고 있다면, 사료의 양은 적절하다. 보호자는 반려견의 체중을 확인하고, BCS를 정기적으로 평가해야 한다. 체중 또는 BCS의 증가, 감소를 나타내는 경우, 10%의 사료량을 감소하거나 증가할 수 있다. 시간 제한 급여 방식은 섭취하는 사료의 양을 조절하는 데 덜 효과적이다.

저지방 사료에서 고지방 사료로 변경하거나, 사료의 형태를 변경할 때(예: 건사료 → 습식), 새로운 사료로 전환이 완료될 때까지 7일 동안 점진적으로 새로운 사료를 늘리고 기존 사료를 줄여야 한다.

Ⅲ 노령 개의 영양

학습목표

1. 노령의 개(노령견, 시니어)의 영양학적 목표를 알 수 있다.
2. 주요 영양소의 종류와 내용에 대해 이해할 수 있다.
3. 사료의 선택과 급여 방법에 대해 이해할 수 있다.

1. 영양학적 목표

노화는 질병에 대한 취약성을 증가시키므로, 사료 급여의 목표는 삶의 질과 수명을 최적화하고 질병을 최소화하는 것이다. 영양은 노화의 속도와 증상에 중요한 영향을 미친다. 노령으로 간주되는 연령은 소형견은 7세, 대형과 초대형견은 5세이다. 노화와 관련된 인지 기능 장애도 약 7~8세에 시작한다. 이 시기를 전후로 노령견에 맞는 사료로 변경을 고려해야 한다.

2. 적절한 영양을 위한 고려사항

적절한 영양을 위해 노령견의 품종, 성별, 건강 상태 등이 주요 고려사항이 된다. 노령견에서 많이 발생하는 질병 및 노화와 관련된 생리적 변화에 유의(예: 신장 질환, 암, 퇴행성 관절 질환, 심장 질환, 내분비 장애, 치주 질환, 인지기능장애, 비만 등)해야 한다.

노령견의 최소 영양소 요구량은 성견과 비슷하고, 칼로리 제한(20~30%)은 노화를 늦추고 수명을 늘리는 것으로 알려져 있다.

3. 주요 영양소

1) 물

노령견은 삼투압 조절 장애, 약물(이뇨제) 및 만성 신장 질환을 겪을 수 있으므로, 이로 인해 소변 농축 능력이 저하되어 탈수되기 쉽다. 항상 신선하고 깨끗한 물을 공급하고, 물 섭취량을 정기적으로 모니터링해야 한다.

2) 에너지

나이가 들면 근육량은 감소하고 피하지방은 증가하며 기초대사량은 점차 감소하고 체온도 감소할 수 있다.

노령견의 경우, DER은 1.4 × RER을 권장한다. 권장 수준으로 급여했을 때 체중이 감소하거나 증가하는 경향이 있는 경우 DER을 수정해야 한다. 노령견의 에너지 요구량은 다양할 수 있으므로, 사료의 에너지 밀도는 3.0~4.0kcal/g DM로 다양할 수 있다.

3) 단백질

건강한 노령견은 단백질-에너지 영양실조를 피하기 위해 충분한 단백질과 에너지를 섭취해야 한다. 단백질 섭취량을 늘리기보다 품질이 좋은 단백질을 급여한다.

건강한 노령견인 경우, 고단백 섭취는 신장 질환 발생을 일으키지 않지만, 신장 기능이 손상된 후에는 단백질이 신장 질환의 악화에 역할을 하므로, 더 많은 단백질 섭취는 더 빠른 신장 손상을 초래한다. 개에서 신장 질환의 초기 단계에서 단백질 섭취를 적당히 줄이면 전반적인 상태가 개선된다.

결론적으로 단백질 15~23% DM 함유된 사료는 건강한 노령견에게 충분한 단백질을 제공할 수 있다.

4) 지방

상대적으로 낮은 지방 섭취는 건강한 노령견의 비만을 예방하는 데 도움이 된다. 저체중인 경우, 사료의 지방 함량을 늘리면 에너지 섭취가 증가하고 기호성이 향상되며 단백질 효율이 향상된다. 대부분의 노령견에게는 7~15% DM의 지방이 권장되고, 비만 경향이 있는 개의 지방은 7~10% DM이다.

이상적인 체중과 BCS(2.5~3.5/5)를 달성하기 위해 원하는 에너지 밀도를 충족하기 위한 지방 함량을 결정해야 한다.

5) 섬유소

노령견은 변비에 걸리기 쉬우며, 섬유소 섭취 증가가 필요하다. 비만 경향이 있는 노령견을 위한 사료에 첨가된 섬유소는 칼로리를 낮추고, 섬유소는 당뇨병에 걸린 개의 식후 혈당을 감소시킨다. 살이 빠지는 경향이 있는 초고령견에게는 열량 밀도가 높은 사료를 제공한다.

노령견 사료의 조섬유 권장량은 최소 2% DM이다.

6) 인

노령견의 25%에서 신장 질환이 관찰되므로, 과도한 인 섭취는 피해야 한다. 진행성 신장 질환이 있는 개가 사료의 인 수준이 감소했을 때, 신장 질환의 진행을 늦추고, 중증도를 감소시켜 생존 시간이 향상된다.

노령용 사료에는 인이 0.3~0.7% DM 함유된다.

7) 염화나트륨

높은 염화나트륨 섭취는 고혈압 요인이 있는 질병에 악영향을 끼친다. 속발성 고혈압은 비만, 만성 신장 질환, 일부 내분비질환과 관련이 있으며, 노령견에서 흔히 관찰된다. 심장병이 있는 노령견은 과도한 섭취된 나트륨을 제거하는 능력이 감소된다. 위험 요인 관리를 위해 노령견용 사료의 나트륨 권장 범위는 0.15~0.4% DM이다.

개의 염화물 요구량은 확립되지 않았지만, 나트륨 요구량의 1.5배 정도의 염화물 수준이 권장된다.

8) 항산화제

인지기능장애는 항산화제의 특정 조합에 반응한다. 인지기능장애는 11~12세의 28%와 15~16세의 68%에 영향을 미친다. 세포와 조직에 대한 자유 라디칼 손상의 결과는 노화의 영향과 관련 있다. 항산화제는 자유 라디칼 화합물을 제거하고, 자유 라디칼 생성을 최소화한다. 개선된 항산화 성능을 위해 노령견 사료는 비타민 E 400IU/kg DM, 비타민 C 100mg/kg DM, 셀레늄 0.5~1.3mg/kg DM을 최소한 함유한다.

참고로, 건강한 노령견(시니어)을 위한 사료의 주요 영양소 권장량은 〈표 7-3〉과 같다.

표 7-3 건강한 노령견을 위한 영양 권장량

영양소	권장량
단백질	15~23% DM
지방	7~15% DM
섬유소	≧ 2% DM
칼슘	0.5~1.0% DM
인	0.3~0.7% DM

4. 급여 방법

노령견은 비교적 덜 활동적이고, 비만, 퇴행성 관절 질환, 심장 질환, 신장 질환, 인지 기능 장애 및 대사 이상에 걸리기 쉽다. 노령견의 건강은 개체마다 큰 차이가 있기 때문에, 더 많은 주의가 필요하다.

1) 사료의 선택

간식은 가능한 연령 단계에 권장되는 영양 권장량과 일치하는 간식으로 권장하는 것이 가장 간단하다. 일반적으로 간식은 과도한 양(부피, 무게 또는 칼로리 기준으로 전체 식단의 10% 미만)으로 먹이면 안 된다. 간식을 많이 먹이는 경우, 간식과 사료의 영양 성분을 합하여 평가해야 한다.

2) 급여 방법

건강한 노령견을 관리할 때 급여 방법을 변경할 필요가 없을 수도 있다. 급여 방법은 어린 개보다 노령견에서 더 면밀히 관찰해야 한다. 자유 급여 방법은 비만 또는 과체중 환자에게 사용해서는 안 되지만, 마르고 매우 노령의 경우에 사료 섭취를 늘릴 수 있도록 선택될 수 있다. 노령견의 사료 섭취량을 측정하는 것은 매우 중요하다.

사료 변경 시 새로운 사료로 전환이 완료될 때까지 7일 동안 점진적인 양으로 새로운 사료를 늘리고 기존 사료를 줄인다.

IV 임신 및 수유 개의 영양

학습목표

1. 임신 및 수유하는 개의 영양학적 목표를 알 수 있다.
2. 주요 영양소의 종류와 내용에 대해 이해할 수 있다.
3. 사료의 선택과 급여 방법에 대해 이해할 수 있다.

1. 영양학적 목표

적절한 식이 관리는 성공적인 번식(수정, 자견 수, 암캐의 분만 능력, 태아 및 신생견의 생존 능력)을 위해 중요하다. 발정, 임신 및 수유는 각각 특정 영양소와 관련이 있고, 수컷도 최적의 번식을 위해 적절한 영양이 필요하다.

2. 적절한 영양을 위한 고려사항

1) 발정기

교배 전부터 번식을 위한 최적의 영양이 필요하고, 비만한 암컷은 배란율이 낮고 산자수가 적으며 젖 생산이 불충분할 수 있다.

2) 임신

강아지의 임신 기간은 평균 63일이며, 일반적으로 21일씩 3분기로 나눌 수 있다. 적절한 영양 상태의 암컷은 임신 기간 동안 체중이 약 15~25% 증가한다. 개는 수유 중에 사료 섭취를 늘릴 수 있기 때문에, 수유를 위해 체지방을 비축할 필요가 없다. 과도하거나 부족한 영양소 섭취는 임신과 수유에 영향을 미칠 수 있고, 임신 중 영양실조는 특히 저혈당증, 패혈증, 폐렴, 출혈에 취약하고 생존율을 감소시키는 저체중아 출생의 원인이 된다. 임신 말기의 비만은 난산을 증가시키고 분만을 연장시켜 강아지에게 저산소증과 저혈당증을 유발할 수 있다.

3) 젖 분비

성공적인 수유는 번식 전 BCS와 임신 및 수유 기간 동안의 적절한 영양이 중요하다. 젖을 먹이는 동안 암캐의 영양 요구량은 성장기보다 많다. 암캐의 젖은 소의 젖보다 단백질과 지방이 2배 이상 많고, 산양유보다 단백질이 많다. 수유 3~4주에 젖 생산량이 최고조이고, 암캐 체중의 8% 정도이다. 수유 단계와 수유하는 자견의 수로 암캐에 필요한 단백질과 에너지 요구량을 결정한다.

3. 주요 영양소

1) 물

수유에서 가장 중요한 영양소이고, 물 요구량(ml)은 DER(kcal)과 거의 같다. 임신과 수유 기간 동안 항상 깨끗하고 신선한 물을 공급해야 한다.

2) 에너지

임신 40일경에 태아 조직이 기하급수적으로 성장하므로, 에너지 요구량은 임신 5주차에 현저하게 증가하고 임신 6~8주에 최고조이다. 임신 초기 동안 암캐에게 충분한 에너지를 제공하여, 임신 중기 및 후기에 저체중이 되거나 분만 후 신체 상태와 모유 생산을 유지하도록 도와야 한다. 임신 후기 동안, 대형 암캐에게 적절한 에너지를 제공하기 위해 에너지 밀도가 높은 사료(≥ 4.0kcal/g)를 공급한다. 분만 후 암캐의 에너지 요구량은 꾸준히 증가하여 3~5주에 최고조, 분만 약 8주 후에 유지 수준으로 회복한다.

3) 단백질

임신 말기에 단백질 요구량은 유지량보다 40~70%까지 증가한다. 임신 중 단백질 결핍은 태아의 체중 감소, 생후 48시간 동안 사망률 증가, 자견의 면역 능력을 감소시킬 수 있다. 단백질 요구량은 수유 중 에너지 요구량보다 더 많이 증가하므로, 4.8~6.8g 소화 단백질/100kcal ME의 비율이 권장된다. 최적의 생식 기능을 위해 임신 및 수유용 사료에는 조단백질 25~35% DM이 함유된다.

4) 지방과 지방산

지방은 필수지방산을 제공하고 지용성 비타민의 흡수를 향상시킨다. 사료의 지방 수치를 높이면 소화율이 향상되고 에너지가 공급되어 질소 보유력이 향상된다. 대부분의 품종에서 임신 초기 40일까지는 어덜트 사료도 적합하지만, 최적의 번식을 위해서는 특히 임신 후기와 수유의 경우 조지방이 최소 20% DM 권장된다. 대형견의 경우, 임신과 수유 기간 동안 지방은 최소 20% DM 권장된다.

사료의 지방 함량을 12% DM에서 20% DM으로 늘리면 젖의 지방 함량이 30%까지 증가된다. 강아지는 매우 낮은 에너지 보유량을 가지고 태어나기 때문에 충분한 에너지는 항상 젖를 통해 공급받는다.

지방 농도가 증가하면 사료의 칼로리 밀도도 증가하고, 수유하는 암컷의 높은 에너지 요구량을 충족하는 데 도움이 된다. 섭취하는 사료에 따라 젖에는 불포화지방산의 비율이 높고 리놀레산이 풍부하다. 임신과 수유기에 섭취한 오메가-3 지방산은 어린 강아지의 망막 기능을 향상시킨다. 사료에 DHA 함량은 전체 DHA + EPA의 최소 40% 또는 0.02% DM이다.

5) 탄수화물

임신한 암캐에게 가소성 탄수화물이 없는 사료를 먹이면 체중 감소, 식욕 감소, 신생아의 체중 감소 및 생존율 감소, 사산 위험이 증가된다. 태아 발달을 위한 에너지의 50% 이상이 포도당에 의해 공급되기 때문에, 암캐는 임신 마지막 주 동안 포도당에 대한 대사 요구량이 높다. 임신한 암캐에게 탄수화물이 없는 사료를 먹이면 임신 후기에 저혈당증과 케톤증의 위험이 높아진다. 에너지의 약 20%(약 23% DM)를 탄수화물로 제공하는 것만으로도 부작용을 예방할 수 있다. 만약 탄수화물을 주지 않으면 단백질 섭취량은 거의 두 배가 필요하다. 수유기의 암캐를 위한 사료에는 가소성 탄수화물이 최소 23% DM 포함된다.

6) 칼슘과 인

대부분의 품종에서 임신 40일까지 칼슘과 인의 필요량은 성견(어덜트)과 유사하다(칼슘 0.5~1.0% DM, 인 0.4~0.7% DM, Ca:P 비율 1:1~1.5:1). 임신 말기에는 태아의 빠른 골격 성장으로 인해 칼슘과 인에 대한 요구량이 약 60% 증가한다. 그러나, 임신 중 과도한 칼슘 섭취는 부갑상선의 활동을 감소시키고 수유기 동안 암캐에게 산후급간을 발생시킨다. 따라서 대부분의 견종은 임신 중에 과도한 칼슘을 피하고 칼슘:인 비율이 1.1:1~2:1인 사료를 급여하는 것이 권장된다. 수유 기간 동안 칼슘 함량이 확실히 증가하지만, 칼슘:인 비율은 약 1.3:1로 일정하게 유지해야 한다.

암캐는 최대 수유기에 성견(어덜트) 사료보다 2~5배 더 많은 칼슘이 필요하다. 자견 수에 따라 암캐는 하루에 체중 kg당 칼슘 250~500mg, 인 175~335mg 필요하다. 임신과 수유 중 권장 함량은 칼슘 1.0~1.7% DM, 인 0.7~1.3% DM이다.

적절하게 균형 잡힌 상업용 사료를 급여할 때, 임신 또는 수유 중에는 칼슘 보충을 권장하지 않는다.

7) 소화율

사료의 영양소는 임신 후기 및 수유에서 상당한 요구로 가용성이 높아야 한다. 에너지 밀도는 소화율의 간접적 지표로, 에너지 밀도가 4kcal ME/g 이상인 사료는 지방이 많고 섬유질이 적다. 지방은 일반적으로 소화가 잘 되고, 섬유소는 잘 소화되지 않으므로, 따라서 고지방, 저섬유소 사료가 소화가 더 잘 된다.

참고로, 임신과 수유하는 개를 위한 사료의 주요 영양소 권장량은 〈표 7-4〉와 같다.

표 7-4 임신과 수유하는 개를 위한 영양 권장량

영양소	권장량(임신 초·중기)	권장량(임신 후기·수유기)
단백질	22~32% DM	25~35% DM
지방	10~25% DM	≧ 18% DM
탄수화물	≧ 23% DM	≧ 23% DM
섬유소	≦ 5% DM	≦ 5% DM
칼슘	0.75~1.5% DM	1.0~1.7% DM
인	0.6~1.3% DM	0.7~1.3% DM

4. 급여 방법

1) 사료의 선택

종종 임신과 수유를 위해 판매되는 사료도 퍼피용 사료이므로, 성장 및 번식형 사료라고 할 수 있다. 일반적으로 성견용 사료의 영양 함량은 임신 첫 4주 동안 충분하다. 그러나 대형견의 경우, 임신 기간 내내 성장 및 번식용 사료를 먹이는 것이 가장 좋다.

영양소 요구량은 암캐의 젖 생산 능력과 직접적인 관련이 있다. 수유를 위한 영양 요구량은 상대적으로 짧은 기간에 현저하게 증가하기 때문에 적절한 사료를 제공하는 것이 매우 중요하다. 건사료는 습식 사료보다 영양 밀도가 높고 탄수화물 함량이 높고, 습식 사료는 종종 지방이 더 많고 수유를 돕기 위해 추가적인 수분을 제공한다.

2) 급여 방법

(1) 수컷

체중 감소가 수컷의 번식에 문제가 되는 경우, 사료의 양을 늘리거나 에너지 밀도가 높은 사료를 공급하여 신체 상태를 유지해야 한다.

(2) 암컷

암캐가 번식 전에 먹이가 부족하고 몸 상태가 좋지 않은 경우(BCS < 2/5), 교미를 연기하고 다음 번식을 위해 좋은 몸 상태로 만들어야 한다. 만약 번식을 연기할 수 없는 경우, 성장 및 번식용 사료를 임신 기간 동안 신체 상태를 개선하기에 충분한 양으로 급여해야 한다.

임신 초기 40일 동안 암캐는 일반적으로 성견과 동일한 양의 에너지를 공급받는다(약 1.8 × RER). 임신 40일 이후는 약 3.0 × RER로 증가한다. 대형견은 정상적인 신체 상태를 유지하기 위해 에너지 섭취를 더 늘려야 할 수도 있다. 초대형견은 자유 급식이 필요할 수 있다. 많은 새끼를 임신한 암캐도 배가 부르기 때문에 자유 급식을 먹일 필요가 있다.

암캐가 정상적인 신체 상태(BCS 2.5~3.5/5)를 유지하고 자견이 정상적인 속도로 성장하고 있다면 사료의 양이 적절한 것으로 판단된다. 대략적으로 암캐는 수유하는 강아지 한 마리당 DER + DER의 25%를 섭취해야 한다. 암캐에게 강아지가 한 마리만 있고 체중이 증가하는 경향이 있는 경우를 제외하고는 수유 중에 암캐에게 자유 급식이 가장 좋다.

강아지는 생후 3주가 되면 암캐의 사료를 먹기 시작할 수 있으므로, 새끼들이 사료에 접근할 수 있도록 하는 것이 중요하다. 암캐에게 사료량을 줄이면 젖 분비량 감소에 도움이 된다.

Q & A

성장단계별 사료란?

특정 연령 또는 생리적 상태(예: 유지, 번식, 성장, 노령 등)에서 최적의 영양 요구를 충족하도록 설계된 사료

알아두기

성장단계별 영양관리의 주요 목표는?

성장하는 강아지(퍼피)의 영양관리 목표는 건강한 성견(어덜트)으로 키우는 것이고 영양은 퍼피의 건강과 발달에 중요한 역할을 한다. 또한 퍼피의 면역체계, 신체구성, 성장속도 및 골격발달에 직접적인 영향을 미친다. 성견(어덜트)의 연령은 일반적으로 1살부터 5~7살 사이이며, 수명 연장과 삶의 질(질병 예방)을 극대화하기 위해 모든 필수 영양소의 권장량을 급여하는 것이다. 노령견(시니어)의 전반적인 영양관리 목표는 삶의 질과 수명을 최적화하고 질병을 최소화하는 것이다.

단원 학습 정리

01. 퍼피의 일일에너지요구량(DER)은 성견 체중의 약 50%가 될 때까지 휴식에너지요구량(RER)의 약 3배 필요, 이후 약 2.5배, 점진적으로 약 2배로 감소시킬 수 있다.

02. 일반적으로 성견 크기의 약 80%가 되면, 약 1.8~2배 필요하다.

03. 대형과 초대형 퍼피의 사료에는 칼슘 0.7~1.2% DM과 인 0.6~1.1% DM이 필요하다(칼슘:인 = 1:1~1.5:1).

04. 퍼피에게 권장되는 사료는 일반적인 성견 사료보다 소화가 잘되어야 한다.

05. 에너지 밀도가 높은 사료는 소화가 잘 될 가능성이 높다.

06. 사료량(칼로리) 제한 급여 방법은 BCS와 성장 속도를 잘 조절할 수 있기 때문에 대부분의 개에게 가장 좋다.

07. 건강한 성견은 DER과 거의 같은 양의 물 섭취량(mL/day)이 필요하다.

08. RER은 품종이나 연령에 관계없이 모든 개에서 유사하다.
RER은 대략 70kcal × $(BW\ kg)^{0.75}$ (NRC, 2006),
체중 2kg 이상인 개의 RER = (30 × BW kg) + 70,
움직임이 적은 성견의 DER = 1.2~1.4 × RER,
중성화된 성견의 DER = 1.6 × RER,
2~7세인 성견의 DER = 1.4~1.9 × RER

09. 사료에 섬유질 함량이 증가하면 에너지 밀도가 감소되고 포만감을 촉진하는 데 도움이 된다.

10. 노령견에서 많이 발생하는 질병 및 노화와 관련된 생리적 변화에 유의해야 한다(예: 신장 질환, 암, 퇴행성 관절 질환, 심장 질환, 내분비 장애, 치주 질환, 인지기능장애, 비만 등).

11. 노령견의 최소 영양소 요구량은 성견과 비슷하다.

12. 노령견의 경우, DER = 1.4 × RER을 권장한다.

13. 임신 40일 이후의 DER은 약 3.0 × RER로 증가

14. 대략적으로, 암캐는 수유하는 강아지 한 마리당 DER + DER의 25%를 섭취해야 한다.

쉬어가기

반려견 사료의 역사

강아지가 무엇을 먹었는지에 대한 최초의 기록은 로마시대였고, 예전의 강아지들은 사람이 먹던 음식(주로 고기, 빵, 우유, 수프 등)을 먹었다. 사료 제품이 만들어진 것은 1860년대이다. 영국의 사업가 James Spratt은 배에서 버려지는 비스켓을 강아지들이 먹는 것을 보고 '도그 비스켓'을 만들었다. 이때 사용한 재료는 밀, 야채, 비트, 소의 피였다. 이후 제1차 세계대전이 끝나고 살처분되는 말고기가 저렴해지면서 말고기 통조림을 판매하였다. 제2차 세계대전이 터지면서 금속류가 전쟁물자로 사용되면서, 더 이상 캔사료를 만들 수 없게 되자, 보관이 쉽고 곡물 업체 부산물을 활용한 건사료를 개발하게 되었고, 이쯤부터 건사료 역사가 시작되었다. 1956년에 퓨리나가 대량생산을 위해 연구를 시작했고 압축을 통해 대량생산이 가능한 키블(kibble) 사료를 만들었다. 점점 건강을 고려한 사료가 주목받기 시작했고, Jean Carhary라는 수의사의 경험에 기반한 처방식을 적용한 로얄캐닌 사료를 시작으로 힐스 Science diet 등의 회사들이 뒤를 이었다. 또한 사람 트렌드와 비슷하게 생식, 화식이 인기를 얻고 있다.

출처: Steves Real Food(2018.10.31.). The Surprising History of Commercial Pet Food.

CHAPTER

08

건강한 고양이의 성장단계별 영양관리

CHAPTER 08 건강한 고양이의 성장단계별 영양관리

고양이는 아마도 기원전 1600년에서 1500년 사이에 길들여졌을 것이다. 가축화 초기에는 고양이의 영양 요구에 대한 고려가 거의 필요하지 않았다. 고양이가 반려동물로 진화함에 따라 고양이 고유의 영양적 요구 사항을 이해해야 할 필요성도 증가했다. 고양이의 적절한 영양관리를 위해서는 영양의 기본 원칙, 급여하는 사료와 영양소, 사료의 영양소 가용성과 품질 평가, 건강에 긍정적 또는 부정적으로 영향을 미칠 수 있는 사료의 이해 등이 필요하다.

I 성장하는 고양이의 영양

학습목표

1. 성장하는 고양이(키튼)의 영양학적 목표를 알 수 있다.
2. 주요 영양소의 종류와 내용에 대해 이해할 수 있다.
3. 사료의 선택과 급여 방법에 대해 이해할 수 있다.

1. 영양학적 목표

이유 후 성장 기간은 약 8주령부터 10~12개월까지 해당된다. 성장하는 고양이(키튼)의 영양 목표는 건강한 성숙한 고양이(성묘, 어덜트)로 성장하는 것이다. 즉, 성장을 최적화하고 질병에 대한 위험 요소를 낮추고 최적의 건강을 달성하는 것이다.

2. 적절한 영양을 위한 고려사항

키튼의 분변과 식욕을 매일 평가하고 신체 상태를 매주 또는 2주마다 평가해야 한다. 새끼 고양이는 약 20주가 될 때까지 체중이 주당 약 100g씩 증가되고, 일반적으로 20주령에 수컷은 하루에 20g, 암컷은 11g 증가된다. 새끼 고양이가 30주령에 성묘 크기의 80%에 도달하고 40주령(10개월)에 성묘 체중에 도달하면 성장 속도가 느려진다.

중성화 후 에너지 요구량은 감소하므로 비만의 위험이 증가된다. 실내 생활, 고지방 음식, 과식 및 자유 급식 등은 비만의 위험 요소가 된다. 비만은 고양이의 건강, 수명 및 삶의 질에 상당한 영향을 미치기 때문에 조기에 예방해야 한다.

3. 주요 영양소

1) 에너지 밀도

키튼은 급격한 성장 속도, 체온 조절, RER을 충족하기 위해 에너지 요구량이 높다. 10주령의 새끼고양이는 하루에 체중 kg당 약 200kcal의 에너지 요구량을 가지며, 10개월령에는 어덜트 수준인 80kcal로 감소된다. 중성화 후에는 중성화 시기와 관계없이 DER을 24~33%까지 감소시킨다. 중성화 후에는 과도한 체중 증가를 방지하기 위해 에너지 밀도가 낮은 사료를 급여한다.

키튼 사료의 에너지 밀도는 4.0~5.0kcal ME/g이고, 중성화된 키튼과 BCS가 4/5 이상인 고양이에게 4.0kcal ME/g을 급여한다. 비만의 유병률은 1세 이후에 급격히 증가하므로, 영양 과다가 부족보다 더 큰 문제이다. 에너지 밀도가 최소 4kcal ME/g 이상의 사료는 소화율이 평균 이상으로 높다.

2) 단백질

키튼의 단백질 요구량은 필수 아미노산 요구량과 최소 질소 요구량을 반영한다. 단백질은 황을 포함하는 아미노산을 제공하며, 키튼에서 많이 필요하다. 단백질 요구량은 이유 시기에 높아지며 성장하면서 서서히 성묘 수준으로 감소된다.

키튼을 위한 사료의 최소 조단백질 요구량은 22.5% DM(NRC, 2006)이고, AAFCO(2014)는 조단백질의 최소 기준을 30% DM으로 권장한다.

황을 포함하는 아미노산을 충분하게 제공하기 위해서는 사료에 적어도 19%가 동물성 단백질이어야 한다. 건강한 키튼을 위한 사료의 조단백질 범위는 35~50% DM이다. 높은 단백질 사료(56% DM)는 정상적인 요소(Urea) 대사를 유지하기 위해 아르기닌 요구량이 1.5배로 증가된다.

3) 지방과 지방산

키튼에게 필수 지방산을 공급하고, 지용성 비타민을 운반하며, 사료에서 농축된 에너지원 역할을 한다. 지나친 지방과 열량 섭취는 키튼에게 비만을 유발한다.

8주령 키튼은 체중에서 지방이 5.5%를 차지하며, 18주령에는 14.6%로 증가하고, 6개월 때는 24.3%로 상승한다. 고양이는 지방 함유량이 25% DM인 사료를 선호하지만, 실제 식이 지방 요구량은 훨씬 낮다(최소 권장량은 9% DM)(AAFCO, 2014; NRC, 2006). 18~35%의 지방 함유량의 사료를 섭취하여 기호성을 높이고 필수 지방산 요구량을 충족시키며 사료의 에너지 밀도를 4.0kcal ME/g 이상으로 유지하는 것이 좋다.

비만 및 중성화된 키튼은 4.0kcal ME/g 이하의 지방 함유량을 가진 사료를 섭취하여 이상적인 BCS 3/5을 달성해야 한다. 리놀레산과 아라키돈산, 오메가-3 지방산(DHA) 필요하고, DHA는 키튼의 정상적인 신경, 망막 및 청각 발달에 필수적이다. DHA와 EPA의 최소 권장 섭취량은 0.01% DM이며, EPA는 총량의 60%를 초과해서는 안 된다(NRC, 2006). 성장을 위한 리놀레산과 아라키돈산의 AAFCO 권장 섭취량은 각각 0.5%와 0.02% DM이다(2014). 알파-리놀레산에 대한 최소 권장 섭취량은 0.02% DM이다(NRC, 2006).

4) 칼슘과 인

키튼에 대한 식이 칼슘의 최소 요구량은 사료 kg당 약 5g이다(0.5% DM). AAFCO(2014)의 최소 권장량인 칼슘(0.8% DM)과 인(0.6% DM) 그리고 NRC(2006)의 최소 권장량(각각 0.8% DM과 0.72% DM)은 이유 후의 고양이에게 적절하다.

매우 높은 칼슘 농도는 마그네슘 이용률을 크게 감소시킨다. 칼슘과 인의 권장 범위를 0.8~1.6%와 0.6~1.4% DM이고, 칼슘과 인의 비율은 1.1:1~1.5:1이다.

5) 칼륨

고단백질의 산성 사료를 섭취하는 경우 소변으로 칼륨 손실이 크게 증가된다. 사료의 칼륨 권장량은 0.6~1.2%이고, 사료의 최소 권장량은 0.4% DM이다(NRC, 2006).

6) 뇨 pH

산성화 사료를 섭취하는 키튼(예: 자유 급식, 뇨 pH 6.0 이하)은 성장 속도가 느리고 저체중이 된다. 또한 산성화 사료를 섭취하는 것은 키튼의 뼈 미네랄화를 저하시킨다. 이러한 위험을 줄이기 위해, 키튼은 자유 급식 시 뇨 pH 값이 6.2 미만으로 되는 사료를 섭취하면 안 된다.

참고로, 건강한 성장하는 고양이(키튼)를 위한 사료의 주요 영양소 권장량은 〈표 8-1〉과 같다.

표 8-1 건강한 성장하는 고양이를 위한 영양 권장량

영양소	권장량
단백질	35~50% DM
지방	18~35% DM
섬유소	≦ 5% DM
칼슘	0.8~1.6% DM
인	0.6~1.4% DM
칼슘:인 비율	1:1~1.5:1
칼륨	0.6~1.2% DM

4. 급여 방법

1) 사료의 선택

키튼의 성장을 위해 완전하고 균형 잡힌 사료를 선택해야 한다. 건강한 키튼에게 건사료 및 습식 사료 모두 적합하다. 건사료는 사료에 에너지가 농축되어 있어 열량 섭취가 증가하는 키튼에게 유익하다. 습식 사료는 기호성이 좋아 사료 섭취가 증가된다. 간식은 필요하지 않지만, DER의 10% 이하로 소량은 가능하다. 신선한 물은 매일 제공해야 한다.

2) 급여 방법

여러 급여 방법이 키튼에게 적합하다. 개별적인 키튼의 요구에 맞추어야 하며, 제공되는 사료 유형과 보호자 선호에 맞게 결정된다. 급여량을 결정하기 위해 키튼의 에너지 필요량은 개월 수에 맞게 계산해야 한다. 초기 급여량을 결정한 후 체중 증가와 신체 상태를 정기적으로 평가하여 개별 키튼에 맞춘 급여량으로 조정해야 한다. 이유 중인 키튼은 매주 평가하고, 약 4개월 이상된 키튼은 2주마다 평가한다.

사료의 급여 횟수는 6개월 미만의 키튼에게 하루 3~4회 추천된다. 5개월 이하의 키튼은 자유 급여 방법이 선호된다. 현재 급여 방법으로 키튼이 건강하게 성장하고 있다면 급여 방법을 변경할 필요는 없지만, 만약 성장률이 낮거나 과도한 체중 증가와 비만인 키튼에게는 더 적합한 급여 방법을 고려해야 한다.

저체중 및 성장이 느린 키튼에게는 자유 급여 방법이 적합하다. 비만과 과체중인 키튼에게는 정해진 사료량을 제공하고, 자유로운 섭취 방식을 사용한다. 중성화는 비만 발생 위험을 증가시키므로 중성화된 키튼에게 고지방 사료의 자유 급여를 권장할 때 주의가 필요하다. 습식 사료는 상하기 쉬우므로 실온에서 장시간 방치하면 안 된다.

Ⅱ 성숙한 고양이의 영양

학습목표

1. 성숙한 고양이(성묘, 어덜트)의 영양학적 목표를 알 수 있다.
2. 주요 영양소의 종류와 내용에 대해 이해할 수 있다.
3. 사료의 선택과 급여 방법에 대해 이해할 수 있다.

1. 영양학적 목표

일반적으로, 고양이는 10~12개월 사이에 성숙한 고양이(성묘, 어덜트)로 성장하며, 20년 이상을 살기도 한다. 약 6~8세 이후로는 연령 관련 질환의 유병률이 증가하며, 노화와 관련된 경미한 행동, 신체 및 대사적 변화가 나타난다. 성묘(어덜트)는 생식하지 않는 1~6 또는 7세까지의 고양이를 의미하고, 사료는 건강, 장수 및 삶의 질(질병 예방)을 극대화하는 데 도움이 되어야 한다.

2. 적절한 영양을 위한 고려사항

연령과 관련된 질환은 체중, 하부 요로, 구강, 암, 관절염, 신장 질환 등으로 사료의 특정 영양소를 고려해야 한다. 중성화는 비만과 과체중의 위험을 증가시킨다. 중성화된 고양이는 암수 구분 없이 중성화되지 않은 고양이보다 과체중일 가능성이 높다. 칼로리가 낮은 사료를 대사에 필요한 양만 급여함으로써 비만의 위험을 감소시킬 수 있다.

고양이는 습도가 낮고 따뜻한 온도의 환경에서 잘 적응한다. 고양이는 독립적인 동물이므로, 여러 마리가 같이 지내는 환경은 사회적 및 심리적 스트레스를 야기시킨다. 만성적인 스트레스, 과밀사육, 불충분한 환기, 영양 결핍은 감염성 질병에 취약해진다. 또한, 스트레스를 받은 고양이는 거식증을 나타낼 수 있다. 건강한 고양이에서 식욕 저하나 짧은 기간의 음식 제한은 영양 결핍과 간 지방증 발생 위험을 증가시킬 수 있다.

대부분의 실내에서 지내는 고양이들은 덜 활동적이므로, DER은 0.8~1.2 × RER 이하일 수 있으며, 급식량을 조절하는 것이 중요하다. 사료의 용도, 형태, 급여량, 간식, 영양제 등을 확인하고, 섭취 방법, 식욕, 최근 체중과 분변의 변화 등도 확인해야 한다.

3. 주요 영양소

1) 물

고양이에게 가장 중요한 영양소이며, 요구량은 생리적 및 환경적 조건에 따라 다르다. 일반적으로, 대사 에너지(ME) 1kcal당 1mL의 물이 필요하다. 항상 신선한 물을 자유롭게 섭취해야 한다. 고양이는 소변을 농축시키며(수분 재흡수를 증가)

체내 총 수분을 보존하지만, 이는 고양이 하부 요로계 질환(FLUTD)의 예방과 치료에는 바람직하지 않다. 물 섭취량을 늘리면 요 중 미네랄의 농도를 낮춰 요로결석증을 관리하는 데 도움을 준다. 습식 사료(칼로리의 60% 이상)를 섭취하는 것만이 FLUTD의 증상 재발 감소에 도움이 된다. 물에 자유롭게 접근할 수 있는 경우에도, 건사료를 먹는 고양이의 총 물 섭취량은 습식 사료를 먹는 고양이의 절반에 불과하다.

2) 에너지

에너지 요구량은 근육량, 성별, 중성화 여부, 환경 온도, 유전적 특성, 주거 환경 및 활동 수준과 같은 요소에 영향을 받는다. 일반적으로 크기가 작은 고양이는 몸무게 당 더 많은 칼로리를 섭취한다. 실제로 고양이의 칼로리 요구량은 이상적인 BCS(2.5~3.5/5)와 안정된 체중을 유지하기 위해 필요한 양이다.

일반적으로 성묘 고양이의 DER은 1.0~1.6 × RER 범위이다. 활발하고 중성화된 고양이의 DER은 1.2 × RER, 활발하고 중성화하지 않은 고양이의 경우는 1.4~1.6 × RER이다. 비만 고양이는 매주 체중의 1%를 평균적으로 감량시키기 위해 DER을 0.8 × RER로 조정할 수도 있다.

비만의 유병률은 7~8세의 고양이에서 가장 높으며, 거의 50%가 비만이다(BCS 4~5/5). 비활동적이거나 비만에 취약한 성묘를 위한 사료의 에너지 밀도는 3.3~3.8kcal/g DM이다. 정상 체중의 성묘를 위한 사료의 에너지 밀도는 4.0~5.0kcal/g DM이다.

3) 단백질

고양이의 최소 단백질 요구량을 충족시키는 것은 중요하다. 이는 식이 단백질의 수준이 낮을 때 적응할 능력이 제한적이기 때문이다. 요구량 이상의 단백질은 신속하게 분해되어 에너지를 공급하고 혈당 수준을 유지하는 데 사용된다. 또한, 식이 단백질 과잉은 단백뇨 및 임상적인 신장 질환의 진행을 증가시킬 수 있다.

동물성 단백질은 고양이의 영양 요구에 더 적합한 아미노산으로 구성되어 있다. 정상 체중과 활동이 적거나 비만에 취약한 성묘에 대한 권장 단백질 섭취량은 30~45% DM이다.

4) 지방

고양이는 에너지원, 필수 지방산, 지용성 비타민 흡수를 위해 지방을 섭취한다. 성묘 사료의 최소 권장 지방량은 9% DM이다(NRC, 2006). 대부분의 성묘는 9% DM 이상의 지방 함량이 권장된다. 지방은 사료의 맛을 높이며, 고양이들은 25% DM 지방을 함유한 사료를 선호한다. 고지방 사료는 고양이의 비만 발생률이 증가하는 것과 연관되어 있으므로, 비만에 취약한 고양이에게는 지방 함량이 낮은 사료를 급여한다(9~17% DM).

5) 섬유소

일반적인 성묘에게는 5% DM 미만의 섬유소가 권장된다. 식이 섬유 함량이 증가하면 에너지 밀도가 감소하고 포만감을 유발하므로 비만에 취약한 고양이는 5~15% DM 조섬유를 함유한 사료가 도움이 된다. 또한 식이 섬유 보충은 헤어볼이 생기기 쉬운 고양이에게도 도움이 된다.

6) 인

성묘에게는 인 0.5~0.8% DM이 권장된다. 인은 스트루바이트(Struvite)로 유발된 하부요로계질환(Feline Lower Urinary Tract Disease; FLUTD)과 만성 신부전의 관리에 중요한 영양소이다. 스트루바이트의 성분은 마그네슘, 암모늄 및 인으로 식이 마그네슘과 인을 제한하는 것이 도움된다. 또한, 인의 과잉 섭취는 신부전의 진행을 가속시킨다.

7) 염화나트륨

0.2~0.6% DM의 나트륨 함량은 건강한 어린 성묘의 요구량을 충족시키면서도 과하지 않다. 나트륨을 제한한 사료를 먹인 고양이의 약 50%가 고혈압이 상당히 감소하는 것으로 나타났다. 고혈압은 보통 신부전, 갑상선기능항진증, 심장 질환 등과 관련이 있다. 따라서 고혈압을 가진 고양이의 경우 과다한 염화나트륨 섭취를 피하는 것이 중요하다.

한편, 고양이 사료에는 더 많은 수분 섭취를 유발하여 FLUTD 발생을 줄이기 위해 염화나트륨을 보충한다. 4% DM 이상의 농도로 첨가된 염화나트륨은 수분 섭취를 현저히 증가시키고 배뇨량을 증가시킨다. 그러나, 신장 질환을 가진 고양이들은 염화나트륨이 증가된 사료를 먹었을 때, BUN과 인, 크레아티닌 농도가 증가하여 신장 기능의 점진적인 저하를 나타냈다. 또한 신부전 고양이에서 소변으로 산 배출을 촉진하므로, 칼슘 옥살레이트 결석의 위험이 증가한다. 따라서 성묘에서 과다한 나트륨 섭취를 피해야 한다.

일반적으로 염화물의 권장량은 나트륨의 1.5배이다.

8) 마그네슘

과도한 마그네슘 제한은 고양이에서 칼슘 옥살레이트 결석의 유병률과 관련될 수 있다. 성묘 사료에서 0.04~0.1% DM 함량을 권장한다. 마그네슘은 필수 영양소이지만, 스트루바이트로 인한 FLUTD 발생 위험을 줄이기 위해 사료에서 0.1% DM보다 낮아야 한다.

9) 항산화제

비타민 E와 C, 베타카로틴 및 기타 카로테노이드, 셀레늄 등은 일반적인 사료에 함유된 항산화물질이다. 과일과 채소는 플라보노이드, 폴리페놀 및 안토시아닌의 좋은 원천이다. 지속적인 산화 스트레스(예: 자유 라디칼 손상)가 세포막, 단백질 및 DNA에 영향을 미쳐 다양한 퇴행성 질환을 일으킨다. 여기에는 암, 당뇨병, 신장 및 요로 질환, 심장 질환, 간 질환, 염증성 장 질환 및 인지 기능 저하 등이 포함된다.

산화 스트레스와 관련된 만성 질병 예방뿐만 아니라, 고양이에서 나이가 들수록 비타민 E 섭취량을 272IU/kg와 552IU/kg로 높이면 면역 기능이 향상된다. 또한, 비타민 E 섭취량의 증가는 고양이의 피부 비타민 E 함량과 직접적으로 관련되어 특정 피부 질환 예방에 도움이 될 수 있다. 고양이 사료에 600IU/kg DM을 포함해야 항산화 기능이 향상될 것이다. 어린 성묘를 위한 사료는 최소 500IU/kg DM을 포함한다.

비타민 C(아스코르브산)는 산화된 비타민 E를 재생하는 데 중요하다. 비타민 C는 어린 성묘를 위한 사료에서 100~200mg/kg DM 함유하면 요산 생성 위험을 가지지 않는다.

항산화 효과를 증가시키기 위해 셀레늄 권장 범위는 0.5~1.3mg/kg DM이다.

10) 타우린

타우린은 건식과 습식 사료에서 각각 0.1%와 0.17% DM을 제공한다(NRC, 2006).

11) 필수 지방산

리놀레산과 알파-리놀렌산은 정상적인 막 구조와 기능, 성장, 지질 운반, 표피의 투과성 장벽 유지 및 정상적인 피부와 털에 필수적이다. 아라키돈산(AA) 결핍은 혈소판 응집 장애, 염증성 피부 병변 및 암컷 고양이의 생식 장애와 관련이 있다. 리놀레산과 AA의 최소 권장량은 각각 0.55% DM과 0.006% DM이다(NRC, 2006).

12) 칼륨

고단백 사료와 뇨 pH를 산성으로 유지하는 사료는 칼륨 요구량을 증가시킨다. 성묘를 위한 사료의 칼륨은 적어도 0.52% DM 이상이다(NRC, 2006). 저칼륨혈증 예방을 위해서는 0.6~1.0% DM이다.

13) 뇨 pH

건강한 성묘의 뇨 pH는 6.2~6.4이다. 뇨 pH 값이 6.5 미만인 경우, 스트루바이트 침전과 FLUTD의 위험이 크게 감소한다. 많은 고양이가 뇨 pH가 6.0 미만인 경우 대사성 산증 발생된다. 동물성 단백질, 옥수수 글루텐, 특정 미네랄 염, 메티오닌 및 인산 등은 고양이 사료에 첨가될 때 뇨 pH를 낮추는 일반적인 성분들이다.

참고로, 건강한 성숙한 고양이(성묘)를 위한 사료의 주요 영양소 권장량은 〈표 8-2〉와 같다.

표 8-2 성묘를 위한 영양 권장량

영양소	권장량
단백질	30~45% DM
지방	> 9% DM, 리놀레산 1% DM, 아라키돈산 0.02% DM
섬유소	< 5% DM
인	0.5–0.8% DM
나트륨	0.2–0.6% DM
마그네슘	0.04–0.1% DM
평균 소변의 pH	6.2~6.5

4. 급여 방법

1) 사료의 선택

건사료와 습식 사료의 혼합 급여가 때때로 권장된다. 현재 급여 중인 사료가 주요 영양 요소의 적절한 수준을 공급하고 성묘에 적합한 영양이라 사료를 변경할 필요가 없다.

소량의 간식은 전반적인 식이 계획에 중요한 영향을 미치지 않지만, 과도한 급여는 영양 계획에 현저한 영향을 줄 수 있다. 많은 상업용 간식은 완전하고 균형 잡힌 영양을 갖추고 있지 않고, 고지방 또는 미네랄 함량이 높을 수 있다. 간식을 급여하는 경우, 성묘에게 권장되는 영양소들과 가장 일치하는 상업용 간식을 권장하는 것이 가장 간단하다. 일반적으로 간식은 과도한 양으로 급여되지 않아야 한다(전체 사료의 부피, 무게 또는 칼로리 기준으로 10% 미만).

2) 급여 방법

고양이의 급여 방법은 종종 영양적인 요소가 아닌 비영양적인 요소(예: 사료 종류, 주인의 선호도, 주인의 일정 및 급여 환경, 가정 내의 다른 반려동물 유무 등)에 의해 결정될 수 있다. 적절한 급여 계획을 선택하기 위한 고려 사항에는 고양이의 체형, 건강 상태/질병 위험 요인, 사료의 에너지 밀도 및 맛이 포함된다.

일반적으로 건사료는 하루 종일 제공되고, 습식 사료는 한 끼 또는 그 이상 보충된다. 비만 경향이 있는 고양이는 정량의 사료를 급여받거나, 저칼로리 사료를 자유롭게 먹을 수 있다. 저체중 고양이는 충분한 사료 섭취를 유도하기 위해 자유 급여를 한다.

청결한 음수가 항상 제공되어야 하고, 흐르는 신선한 물은 물 섭취를 유도할 수 있다. 이는 많은 고양이에서 발생하는 FLUTD 위험을 줄이는 데 중요한 역할을 할 수 있다.

고양이의 체중이 안정되고 최적의 체중 상태(BCS 2.5~3.5/5)를 유지한다면 급여량은 적절하다. 기존에 식이 변화에 민감했던 고양이, 소화 장애가 있는 고양이, 그리고 새로운 사료가 이전 사료와 많이 달라지는 경우(예: 저지방 vs. 고지방 또는 날고기 vs. 건사료)에는 사료 순환 과정이 천천히 실시될 수 있다.

페르시안과 같이 안면이 덜 돌출된 품종은 얕은 그릇을 선호한다. 여러 마리의 고양이가 있는 가정에서는 다양한 위치에 여러 개의 밥그릇과 물그릇을 마련한다.

Ⅲ 노령 고양이의 영양

학습목표

1. 노령 고양이(노령묘, 시니어)의 영양학적 목표를 알 수 있다.
2. 주요 영양소의 종류와 내용에 대해 이해할 수 있다.
3. 사료의 선택과 급여 방법에 대해 이해할 수 있다.

1. 영양학적 목표

7세 이상의 고양이(노령묘)는 시니어로 불리고, 7세 또는 8세 정도부터 연령과 관련된 질병의 발생이 증가하기 시작한다. 연령 관련 질병의 위험 요인을 줄이는 것이 중요하다.

고양이의 연령은 생리적 연령과 일치하지 않을 수 있다. 즉, 신부전과 영양 상태가 나쁜 8세 고양이는 건강한 11세 고양이보다 생리적으로 더 늙은 상태일 수 있다.

노령묘의 최소 영양 요구량은 성묘와 유사하다. 현재까지 알려진 바로는 노화를 늦추고 수명을 연장하는 유일한 요소는 칼로리 제한이다. 필수 영양소를 충족시키면서 칼로리를 20~30%를 줄이는 것은 노화를 늦추고 암, 신장 질환, 관절염 및 면역매개성 질환에 대한 감수성을 감소시킨다.

노령묘는 활동량과 근육량이 감소하고, 이러한 변화로 인해 기초 대사율이 감소된다. 또한 모든 신체 시스템에서 변화가 발생한다(소화 기능, 면역 반응, 포도당 내성, 신장 기능, 냄새와 맛 인식 및 여러 가지 변화). 영양적인 목표는 최적의 영양 유지(이상적인 체형과 체중의 유지, 영양가 있는 사료의 적절한 섭취, 충분한 수분 공급), 위험 요인 관리(관련 질병 위험의 최소화), 질병 관리(일부 만성 질환의 임상 증상 완화, 진행 속도 감소), 삶의 질 향상이다.

2. 적절한 영양을 위한 고려사항

노화와 연관된 생리적 변화 및 노화 관련 질환에 특히 주목해야 한다. 식욕, 사료 또는 수분 섭취, 활동성, 구강 건강 및 체격의 변화 등은 기저 질환의 조기 징후일 수 있다. 구강 질환은 노령묘에서 가장 흔한 질병이다. 체중 감소, 암, 신장 질환, 심장 이상, 당뇨병 및 갑상선기능항진증 등은 노령묘에서 자주 진단되는 질환이다. 신장 질환은 노령묘의 거의 30%에 영향을 줄 수 있으며 주요 사망 원인이다.

3. 주요 영양소

1) 물

노령묘의 건강에 중요한 영양소이다. 노령묘는 목이 마르다는 감각이 결여되어 있다. 또한 많은 노령묘에서 관찰되는 신부전은 소변 농축 능력이 손상되어 수분 손실을 증가시켜 탈수 증세를 일으키기 쉽다. 만성적인 탈수는 정상적인 대사 과정을 방해하고 질병을 더욱 악화시킬 수 있다. 항상 청결하고 신선한 물을 제공한다.

2) 에너지

노화될수록 근육량, 기초 대사율, 활동량이 감소하면서 에너지 요구량도 감소된다. 활동이 적거나 비만 경향이 있는 고양이에게는 열량 밀도가 낮은 사료(3.5~4.0kcal/g DM)를 제공한다. 정상 체중 및 저체중 고양이에게는 열량 밀도가 높은 사료(4.0~4.5kcal/g DM)를 제공한다.

노령묘의 DER은 1.1~1.4 × RER이고, 활발하거나 저체중인 노령묘는 최대 1.6배의 RER을 제공한다.

3) 단백질

건강한 노령묘는 단백질 섭취를 제한해서는 안 된다. 충분한 단백질과 에너지 섭취는 근육량 유지, 단백질 합성 및 면역 기능을 유지하기 위해 필요하다. 노령묘에서 동물성 단백질은 식욕과 체중 유지를 향상시킬 수 있다. 건강한 노령묘는 단백질-칼로리 영양실조를 피하기 위해 충분한 단백질을 섭취해야 한다. 사료에 중등도의 단백질 함량(30~45% DM)을 권장한다.

4) 지방

더 나이가 많은 노령묘들은 고에너지 사료와 충분한 양의 필수 지방산이 필요하다. 필수 지방산(즉, 리놀레산, 아라키돈산, 리놀렌산)은 정상적인 피부와 피모 상태를 유지하는 데 도움을 준다. 적절한 지방 함량을 유지하면 노령묘 사료 및 열량 섭취가 향상되며, 지용성 비타민의 흡수도 증가된다.

노령묘 사료의 지방 함량은 비만에 취약한지 여부에 따라 10~25% DM, 활동이 적거나 비만에 취약한 고양이를 위한 사료의 지방은 10~18% DM, 정상적이거나 저체중인 식욕이 없는 고양이를 위한 사료의 지방은 18~25% DM이다.

5) 섬유소

정상적인 장 운동을 촉진하고 대장의 미생물에 의한 발효로 인해 대장 세포에 영양소(즉, 휘발성 지방산)를 제공한다. 섬유소 섭취는 노령묘에게 흔히 나타나는 변비에 효과적이다.

섬유소의 높은 함량(5~15% DM)은 사료의 소화율을 감소시키고 열량 밀도를 낮춘다. 활동이 적거나 비만에 취약한 고양이를 위한 사료에 권장된다. 또한 비만, 당뇨병 및 고지혈증의 관리에도 도움된다.

정상적이거나 저체중인 고양이는 열량 밀도가 높은 사료를 섭취해야 하므로, 섬유소의 함량은 낮아야 한다(<5% DM).

6) 칼슘과 인

노령묘는 뼈의 양을 유지하고 칼슘 옥살레이트 결석의 위험을 줄일 수 있는 칼슘 함량(0.6~1.0% DM)을 섭취해야 한다. 노령묘는 인 섭취량을 감소시키는 것이 일반적으로 권장된다. 인 제한은 고양이에서 신장 질환의 진행을 늦추는 데 도움이 되며, 신부전을 가진 고양이에서 신장 부하 감소, 인 보존, 이차적 부갑상선기능항진증 및 이에 따른 신장 미네랄화 감소에 도움된다. 노령묘는 인 0.5~0.7% DM을 함유하는 사료를 섭취해야 한다.

7) 염화나트륨

노령묘에서는 과도한 나트륨 섭취를 피하는 것이 더욱 중요하다. 노화와 함께 고혈압과 관련된 만성 질환의 유병률이 증가한다(예: 신장 질환, 갑상선 기능 항진증, 심장 질환). 신부전 앓는 고양이는 나트륨 보충 사료를 먹이면 BUN, 인 및 크레아티닌 농도가 증가하여 신기능의 점진적인 악화를 나타낸다. 고 나트륨 사료는 특히 신부전 고양이에서 요로 칼슘 분비를 촉진시킬 수 있으므로, 칼슘 옥살레이트 결석이 흔히 발생하는 이유일 수 있다.

AAFCO(2014)는 사료 중 나트륨 섭취량을 0.2% 또는 최소 권장량의 거의 세 배에 해당하는 것으로 권장한다. 노령묘의 나트륨 권장 범위는 0.2~0.4% DM이다.

일반적으로 염소 농도는 나트륨의 약 1.5배 정도이다.

8) 칼륨

노령묘의 칼륨 요구량은 성묘보다 더 높을 것으로 여겨진다. 저칼륨혈증은 경미한 피로부터 심한 다발성 근육병증과 신장병증까지 다양한 증상을 유발할 수 있으므로, 사료의 칼륨을 증가시키는 것은 일부 노령묘에게 도움된다.

고단백질 또는 산성화된 사료에서 제공되는 0.3% 이하의 수준은 저칼륨혈증을 유발한다. 노령묘 사료에서 칼륨의 최소 권장 함량은 0.52% DM이다(NRC, 2006). 노령묘 사료의 칼륨 함량은 최소한 0.6% DM 이상이다.

9) 마그네슘

당뇨병을 앓는 고양이에서는 마그네슘 결핍과 관련된 칼륨 결핍이 발생할 수 있다. 고양이의 식이 마그네슘 제한의 이점은 스트루바이트를 매개로 하는 FLUTD의 위험을 감소시키는 것이다. 마그네슘은 중등도의 수준(0.05~0.1% DM)으로 공급한다. 노령묘 사료의 최소 권장 마그네슘 함량은 0.04% DM이다(NRC, 2006).

10) 항산화제

지속적인 산화 스트레스(예: 자유 라디칼 손상)로 인해 세포막, 단백질 및 DNA에 손상이 발생하고, 이는 여러 퇴화성 질환의 발생 및 악화에 기여한다. 자유 라디칼 손상의 결과로 인한 세포 및 조직 손상은 또한 노화의 영향과도 관련된다. 다양한 현상들이 자유 라디칼 생성을 촉발시킨다. 신체는 복잡한 항산화 방어 체계를 통해 자유 라디칼의 영향으로부터 자신을 방어한다. 항산화물질은 자유 라디칼을 탐지하고 제거하여 자유 라디칼의 생성을 최소화하고, 반응성이 낮은 화합물의 반응성을 증가시킬 수 있는 금속 이온을 결합하여 생체를 보호한다. 주요 영양 요소 권장 사항은 비타민 E와 C, 그리고 셀레늄이다. 항산화 성능을 향상시키기 위해, 노령묘의 사료는 비타민 E 최소한 500IU/kg DM, 비타민 C 100~200mg/kg DM, 셀레늄 0.5~1.3mg/kg DM을 포함한다.

11) 뇨 pH

노령묘의 안전한 뇨 pH 값은 6.4~6.6이다. 산성화가 낮은 사료를 제공함으로써 노령묘에서 대사성 산증과 그 합병증을 피할 수 있다.

12) 기호성과 소화율

후각이나 미각의 저하, 구강 질환, 대사 이상, 약물 사용 또는 여러 요인의 결합은 노령묘의 식욕과 사료 섭취를 저하시킬 수 있다. 매우 노화된 고양이의 사료는 체중 감소와 충분하지 않은 사료 섭취에 대한 우려를 줄이기 위해 매우 맛있고 소화가 잘되어야 한다. 에너지 밀도가 4kcal/g DM보다 높은 사료는 섬유질이 낮고 지방 함량이 높기 때문에 소화율이 높다.

13) 사료의 질감

구강 질환이 노령묘에서 가장 흔한 질병이다. 연령과 관련된 변화로는 치석, 치주 질환, 치아 손실 및 구강 종양의 유병률이 증가된다. 구강 건강이 좋지 않은 노령묘는 먹는 데 어려움을 겪을 수 있다. 또한, 타액 분비량의 감소와 면역 기능 저하로 인해 구강 감염과 질환이 악화될 수 있다.

사료의 질감은 노령묘의 삶의 질에 중요한 역할을 할 수 있다. 건사료의 질감은 습식 사료를 먹는 경우보다 치석이 적게 생길 수 있다. 반대로, 건사료는 치은염이나 치주염이 있는 경우 구강 통증을 일으킬 수 있다. 부드러운 질감의 건사료,

반건조 사료 또는 습식 사료는 더욱 쉽게 씹을 수 있다. 최적의 질감은 개별 노령묘의 구강 건강과 사료 질감 선호도에 따라 달라진다.

참고로, 건강한 노령 고양이(노령묘)를 위한 사료의 주요 영양소 권장량은 〈표 8-3〉과 같다.

표 8-3 노령 고양이를 위한 영양 권장량

영양소	권장량
단백질	30~45% DM
지방	10~25% DM
칼슘	0.6~1.0% DM
인	0.5~0.7% DM
나트륨	0.2–0.4% DM
칼륨	> 0.6% DM

4. 급여 방법

노령묘는 체중 감소, 심장 질환, 신장 질환, 암 및 대사 이상과 같은 질환에 취약하며, 활동량도 낮다. 급여 계획은 개체별로 평가되어야 한다.

1) 사료의 선택

건강한 노령묘의 영양관리 시에는 항상 사료와 급여 방법을 변경할 필요는 없다. 그러나 적절한 사료와 급여 방법을 사용하는지 확인한다. 노령묘의 영양과 건강은 질병 상태, 위험 요소 및 전반적인 건강과 함께 변화하기 때문에 필요 시 재평가되어야 한다.

노령묘의 영양관리에서 중요한 목표 중 하나는 충분한 사료 섭취를 보장하는 것이다. 노령묘가 잘 먹는 음식의 형태를 연령 때문에 변경할 필요는 거의 없다. 실제로 일부 새로운 사료의 형태나 질감을 거부할 수 있다. 그러나 사료 섭취가 충분하지 않은 노령묘는 새로운 사료가 더 맛있고 씹기 쉬운 경우 사료 형태를 변경하는 것이 도움이 될 수 있다.

2) 급여 방법

급여 방법에는 얼마나 많이 급여해야 하는지와 어떻게 급여해야 하는지가 포함된다. 건강한 노령묘는 여러 방법의 조합으로 급여될 수 있다.

과체중인 노령묘는 정량의 사료를 제공해야 하고, 저체중인 노령묘는 자유 급여 방식으로 제공하고, 건사료와 반건조 사료만 자유 급여 방식으로 가능하다.

노령묘는 후각과 미각이 저하될 수 있으므로, 사료 섭취를 촉진하기 위해 수분이 많고 따뜻한 음식을 급여하는 것이 좋다. 건사료를 자유 급여 방식으로 제공하고 하루에 여러 번 습식 사료를 급여하는 것이 사료 섭취를 최적화할 수 있다. 노령묘에게 사료와 물 섭취를 늘리기 위해 육수나 캔 고기 국물을 건사료에 첨가하는 것도 고려할 수 있다. 그러나 육수나 고깃국물의 과도한 염화나트륨 함유량을 확인해야 한다.

사료 변경은 새로운 사료로 교환하는 과정을 최소 7일 동안 점진적으로 진행하면 부작용과 사료 거부를 최소화할 수 있다.

IV 임신 및 수유 고양이의 영양

학습목표

1. 임신 및 수유하는 고양이의 영양학적 목표를 알 수 있다.
2. 주요 영양소의 종류와 내용에 대해 이해할 수 있다.
3. 사료의 선택과 급여 방법에 대해 이해할 수 있다.

1. 영양학적 목표

대부분의 실내 고양이는 6~9개월 사이에 성숙기에 도달한다. 그러나 번식에 가장 적합한 시기는 1.5~7세이다. 10~12개월 된 암컷은 여전히 성장 중이며, 성장과 태아의 영양 요구를 충족해야 한다. 7세 이상의 암컷은 번식에 어려움이 있고, 불규칙한 발정 주기와 새끼 수가 줄어들기 때문에 번식을 하지 않아야 한다.

번식 중에는 에너지 요구량이 증가하며, 일부 영양소의 최소 요구량은 성장에 필요한 요구량을 초과한다. 번식하는 암컷의 영양 요구를 충족시키는 것은 건강한 새끼의 정상적인 임신, 출산 및 이유에 성공하기 위해 중요하다.

수유는 6주에서 12주까지 지속되고, 대부분의 새끼는 8주 정도에 사료 섭취를 할 수 있다. 종의 특성에 따라 순종 품종의 이유 시기는 보통 늦을 수 있다. 암컷은 자신의 영양 요구를 유지하고, 성장 중인 새끼의 영양을 위해 완전하고 영양

밀도가 높은 것을 제공해야 한다. 따라서 성공적인 번식은 발정기, 임신, 수유 기간의 적절한 영양관리에 달려 있다.

2. 적절한 영양을 위한 고려사항

1) 발정기

번식하는 고양이의 최적 영양은 교배와 임신 전에 시작되지만, 이상적으로는 새끼일 때부터 시작해야 한다. 교배 시 암컷은 이상적인 체중(BCS 3/5)이어야 한다. 심각하게 저체중(BCS <2/5) 또는 과체중인 고양이(BCS >4/5)는 교배해서는 안 된다. 영양 실조된 암컷은 임신 실패 또는 유산, 저체중의 작은 새끼를 낳을 수 있으며, 수유 기능이 현저히 감소된다. 수유 중인 암컷은 보통 체중이 감소하지만, 다음번 교배 전에는 정상 체중으로 회복해야 한다. 수컷도 건강하고 최적의 체중 상태(BCS 3/5)이어야 한다. 한 번 교배는 에너지 요구 변화가 최소화되지만, 여러 번 교배는 BCS에 기반하여 제공되는 사료량을 증가시킬 수 있다.

2) 임신

암컷의 임신 기간은 보통 63~65일(58~70일)이며, BCS와 체중 증가 및 사료 섭취의 평가가 가장 중요하다. 번식과 임신의 초기 표시 중 하나는 체중의 안정적인 증가이다. 암컷의 경우 임신부터 출산까지 체중은 선형적으로 증가한다. 출산 시, 암컷은 임신 기간 동안 증가한 체중의 40%만 감소하게 되고, 분만 전 체중 증가의 나머지 60%는 수유 기간 동안 젖 생산에 사용된다.

3) 수유

분만 후 24시간 이내에 암컷과 새끼들의 체중을 측정한다. 암컷은 교배 전 체중보다 700~900g 이상 무겁고, 새끼는 약 100g 정도의 체중이다. 분만 24~48시간 전에 감소된 식욕은 출산 후 24시간 이내에 정상 또는 증가한다. 모든 새끼는 분만 직후 또는 첫 6~8시간 이내에 젖을 먹어야 하며, 이를 통해 초기 면역 항체가 전달된다. 분만 시점에서 젖 생산이 시작되고, 초유는 수유의 첫 24~72시간 동안 생산된다. 젖의 생산량은 새끼의 수와 수유 단계에 따라 다르며, 최고 수유는 3~4주이다. 새끼의 지속적인 체중 증가(매일 10~15g)는 암컷의 수유 성과를 잘 나타내는 지표이다.

3. 주요 영양소

대부분의 키튼 사료가 암컷 고양이의 번식에 적절하다고 하지만, 이상적으로는 임신 및 수유를 지원하기 위해 특별히 설계된 완전하고 균형 잡힌 사료를 급여해야 한다.

1) 물

정상적인 번식에 중요, 특히 수유 중에 중요하다. 수유하는 암컷 고양이의 물 요구량은 유지량, 사료 유형(습식 vs. 건식) 및 젖 생산량에 따라 다르다. 번식하는 암컷 고양이는 언제나 충분한 물을 제공해야 한다. 습식 사료를 급여하거나 사료에 물을 추가하여 물 섭취를 개선할 수 있다.

2) 에너지

(1) 발정기

암컷 고양이의 DER은 어린 성묘와 비슷하다. 발정기 동안 암컷 고양이는 일반적으로 사료 섭취량이 줄고 체중이 감소할 수 있다. 발정기가 끝나면 사료 섭취량과 체중이 회복된다. 중성화하지 않은 고양이의 DER은 1.4~1.6 × RER이고, 번식을 위한 수컷 고양이의 DER은 어린 성묘와 비슷하다(1.4~1.6 × RER). 에너지 밀도(4.5~5.0 kcal/g)와 기호성이 좋은 사료로 BCS 3/5과 활동량을 유지시킨다.

(2) 임신

임신한 고양이의 영양적 요구 중에서 가장 중요한 변화는 에너지 요구량의 증가이다. DER은 번식 시에 1.6 × RER을 제공하여, 출산 시 2 × RER로 점진적으로 증가시킬 수 있다. 태아가 성장하면서 위 용적이 감소되는 임신 중기부터 에너지 밀도가 높은 사료(4.0~5.0 kcal/g DM)는 에너지 요구를 충족시키는 데 도움된다.

(3) 수유

수유는 고양이의 생애에서 가장 많은 에너지를 필요로 하는 단계이다. 최대 젖 분비는 일반적으로 수유 3~4주에 발생한다. 최대 에너지 요구는 출산 후 6~7주에 발생하고, 이 시기의 DER은 250 kcal/체중 kg/일 또는 2~6 × RER를 초과할 수 있다.

수유하는 암컷에게는 자유 급식을 하는 것이 좋다. 3주령부터 새끼에게 건사료를 섭취하도록 유도하면, 수유 중인 암컷의 에너지 요구가 감소된다. 수유 중에 과다하게 체중이 감소된 암컷은 BCS 회복을 위해 추가적인 사료를 제공한다.

3) 단백질

건강한 태아의 성장과 발달을 위해 필수 아미노산을 제공하는 데 중요하다. 단백질 함량 30% DM은 임신한 암컷과 수유 중인 새끼에게 거의 최적의 체중 증가를 이룰 수 있다. 일반적인 사료에서 영양소의 가용성이 다양하므로, 임신 중인 암컷에게는 35% DM 이상(35~50% DM)의 단백질 수준을 권장한다.

동물성 단백질은 대부분 소화율이 더 높고 적절한 아미노산 조성을 가지므로 선호된다. 임신 중 단백질 결핍은 새끼의 저체중, 사망률 증가, 면역력 저하가 발생시킨다. 임신 후기와 수유 중 단백질 결핍은 새끼의 행동 발달 부족, 감각 반응 감소를 발생시킨다. 수유하는 암컷은 젖 생산을 위해 단백질 합성을 증가시킨다(우유 단백질 약 36% DM). 수유 기간 동안의 단백질 요구는 임신 기간의 요구량을 초과한다. 사료의 단백질 수준이 30% DM으로 높아질 때 사료 섭취량과 새끼 고양이의 성장 속도도 높아진다. 사료의 단백질 원료는 소화가 잘되고 생물학적 가치가 높아야 하며, 동물성 단백질 원료가 암컷 고양이의 아미노산과 단백질의 주요 공급원이 되어야 한다. 번식 수컷 고양이의 경우, 30~45% DM의 단백질 수준은 충분하다.

4) 지방과 지방산

최적의 번식을 위해 임신 중인 암컷을 위한 사료는 적어도 18% DM 지방을 포함해야 한다(18~35% DM). 수유 중인 새끼 고양이의 뇌 발달과 학습 능력, 망막과 청각 발달을 위해 DHA를 포함해야 한다. 임신 후기와 최고 수유기 암컷의 사료에서 DHA와 EPA의 최소 권장 요구량은 최소 0.01% DM이다(NRC, 2006). 따라서 DHA는 총 DHA와 EPA의 40% 이상이거나, 0.004% DM 이상이다. 장기적인 아라키돈산(AA)의 식이 결핍은 고양이에서 생식 장애를 초래한다. AAFCO(2014)에서 제시한 AA의 허용량은 임신 중인 고양이에게 적절하다.

5) 가소성 탄수화물

가소성 탄수화물은 수유 중인 암컷의 체중 감소를 예방한다. 또한, 암컷의 혈당 농도를 유지하는 데 필요한 단백질을 아끼고, 젖 생성 중에 유당의 물질로 제공된다. 수유 중인 암컷을 위한 사료에는 가소성 탄수화물이 적어도 10% DM 이상 포함되어야 한다.

6) 칼슘과 인

칼슘과 인은 태아의 뼈 발달과 수유를 위해 평소보다 더 필요하다. 임신 후기와 수유 정점의 암컷을 위한 최소 권장 칼슘 및 인 함량은 각각 1.08% DM과 0.76% DM이다(NRC, 2006). 고양이의 임신과 수유를 위한 사료의 권장 수준은 칼슘은 1.1~1.6%, 인은 0.8~1.4%이다.

7) 나트륨

번식 중인 암컷, 특히 수유 중인 경우 에너지 및 단백질 요구량을 충족하기 위해 섭취량이 증가하므로, 비번식 상태에 비해 상당히 많은 양의 나트륨을 섭취하게 된다. 임신 후기와 최고 수유기를 위한 최소 권장 섭취량(0.27% DM)은 유지에 권장되는 양의 6~7배이다(NRC, 2006). 따라서, 임신 후기와 최고 수유기를 위한 사료의 최대량은 0.6% DM이다.

8) 뇨 pH

임신 중에는 대사성 산증이 성묘와 새끼 고양이의 뼈 광물질화를 저해할 수 있으므로 고산성 사료는 피해야 한다. 특히 발달 중인 태아에게 해롭다. 뇨 pH 값이 6.2~6.5인 사료는 안전하다.

9) 소화율

지방은 일반적으로 소화율이 높고 섬유소는 소화율이 낮다. 따라서, 지방 함량이 높고 섬유소 함량이 낮은 사료가 일반적으로 더 소화율이 높으므로, 에너지 밀도가 4kcal ME/g DM 이상인 사료가 적합하다.

10) 필수 아미노산

페닐알라닌과 티로신은 단백질 합성, 갑상선호르몬, 카테콜아민의 합성에 필요하다(NRC, 2006). 임신 후기와 최고 수유기의 페닐알라닌과 티로신의 최소량은 1.91% DM이다. 임신 중인 암컷의 타우린 결핍은 태아 사망, 유산, 기형, 성장 및 발달 지연을 초래한다. 타우린의 최소 권장량은 건사료에서 0.1% DM, 습식 사료에서 0.17% DM이다(NRC, 2006).

11) 미네랄

번식 중인 암컷을 위한 사료에서는 0.08~0.15% DM의 마그네슘 함량이 권장된다. 구리는 정상적인 철 대사와 더불어 신경섬유막, 멜라닌, 결합 조직 생성과 같은 여러 핵심 대사 경로에서 효소 보조 역할을 한다. 구리 결핍은 태아 사망, 유산, 무색모, 관절 굳음, 발가락 융합, 얼굴 변형 및 뇌 발생 이상 등이다. 구리 함량은 건사료에서는 15mg/kg이 권장된다(AAFCO, 2014). 좋은 원료로는 황산구리와 구리 킬레이트이다.

참고로, 임신과 수유하는 고양이를 위한 사료의 주요 영양소 권장량은 〈표 8-4〉와 같다.

표 8-4 번식하는 고양이를 위한 영양 권장량

영양소	권장량(임신/수유기)
단백질	35~50% DM
지방	18~35% DM
섬유소	≦ 5% DM
칼슘	1.0~1.6% DM
인	0.8~1.4% DM
칼륨	0.6~1.2% DM
마그네슘	0.08~0.15% DM

4. 급여 방법

번식하는 고양이의 사료 급여 계획은 개별 고양이의 유전적 차이, 환경, 새끼 수 및 건강 상태에 따라 맞춰야 한다.

1) 사료의 선택

일반적으로 성장을 위한 사료는 번식 및 수유를 위한 암컷에게도 사용할 수 있다. 수유 중인 새끼는 매주 약 100g 또는 일일 10~15g의 체중을 증가시켜야 한다. 암컷의 체중 감소 속도가 심하거나 새끼의 성장 속도가 부적절한 경우, 사료와 급여 방법을 신중히 검토해야 하며, 부족한 점이 있다면 더 적합한 사료로 변경해야 한다.

영양제는 사료의 영양소와 균형을 맞추지 않는 경우, 사료의 균형을 깨거나 다른 영양소의 이용 가능성을 저하시킬 수 있다.

암컷은 임신 및 수유에 적합한 사료를 교배나 임신 전에 섭취해야 한다. 많은 반습식 사료는 번식 암컷에게 낮은 뇨 pH 생성한다. 건사료와 습식 사료에는 각각 장점이 있으므로 번식 기간 동안 두 가지 형태의 사료를 함께 제공하기도 한다. 습식 사료는 신선한 것만 제공되어야 한다.

2) 급여 방법

임신 후기, 많은 수의 새끼, 수유 기간 중인 암컷 고양이의 사료 급여 방법은 적절하게 변경될 수 있다. 교배시 DER은 1.6 × RER, 출산 시 2 × RER까지 점진적으로 증가한다. 수유기 동안 암컷 고양이의 DER은 RER의 4배로 증가할 수도 있다. 번식하는 암컷 고양이에게는 자유 급여 방식이 선호된다. 자유 급여를 통해 암컷 고양이는 여러 차례에 걸쳐 충분한 칼로리를 섭취할 수 있다. 비만이 문제가 되지 않는 이상 사료 섭취량을 제한해서는 안 된다. 청결한 물은 항상 이용 가능해야 한다.

사료의 맛을 높이고 물 섭취량을 늘리기 위해 건사료에 물이나 습식 사료를 첨가하여 사료 섭취를 개선하는 방법도 있다. 새끼 고양이는 일반적으로 3주령에 암컷 고양이의 사료에 접근할 수 있어야 한다.

Q & A

고양이에게 단백질이 중요한 이유는?

고양이의 최소 단백질 요구량을 충족시키는 것은 중요, 식이 단백질의 수준이 낮을 때 적응할 능력이 제한적이기 때문이다. 또한, 요구량 이상의 단백질은 신속하게 분해되어 에너지를 공급하고 혈당 수준을 유지하는 데 사용된다.
건강한 노령묘는 단백질 섭취를 제한해서는 안 되며, 충분한 단백질과 에너지 섭취는 근육량 유지, 단백질 합성 및 면역 기능을 유지하기 위해 필요하다.
노령묘에서 동물성 단백질은 식욕과 체중 유지를 향상시킬 수 있고, 단백질-칼로리 영양실조를 피하기 위해 충분한 단백질을 섭취해야 한다.

알아두기

고양이의 독특한 영양소 요구량

고양이의 필수 영양소인 아르기닌, 타우린, 아라키돈산, 비타민 A, 비타민 D, 비타민 K 등의 영양소의 요구량이 개와 다르다.

단원 학습 정리

01. 새끼 고양이는 약 20주가 될 때까지 주당 약 100g 성장한다.

02. 성장하는 고양이(키튼)는 급격한 성장 속도, 체온 조절 및 유지 요구량을 충족하기 위해 에너지 요구량이 높다.

03. 최소 4kcal ME/g 이상의 에너지 밀도를 가진 사료는 평균 소화율이 평균 이상일 가능성이 높다.

04. 리놀레산과 아라키돈산, 오메가-3 지방산(DHA) 필요하며, DHA는 키튼의 정상적인 신경, 망막 및 청각 발달에 필수적이다.

05. 대부분의 실내에서 지내는 성묘들은 덜 활동적이므로, DER은 0.8~1.2 × RER 이하일 수 있으며, 비만 예방을 위해 급식량을 조절하는 것이 중요하다.

06. 인은 스트루바이트로 유발된 FLUTD와 만성 신부전의 관리에 중요한 영양소이다.

07. 스트루바이트의 성분은 마그네슘, 암모늄 및 인으로 식이 마그네슘과 인을 제한하는 것이 도움된다.

08. 필수 영양소를 충족시키면서 칼로리를 20~30%를 줄이는 것은 노화를 늦추고 암, 신장 질환, 관절염 및 면역매개성 질환에 대한 감수성을 감소시킨다.

09. 수유는 고양이의 생애에서 가장 많은 에너지를 필요로 하는 단계이다.

10. 최적의 번식을 위해 임신 중인 암컷을 위한 사료는 적어도 18% DM 지방을 포함해야 한다.

쉬어가기

역사 속의 유명인과 고양이

프랑스 국왕 루이 15세는 고양이를 아껴서 신하들에게 고양이를 선물로 주기도 했다. 덕분에 당시까지도 고양이를 꺼림칙하게 여기던 인식이 크게 타격을 받게 되는데, 국왕이 주는 고양이를 외면할 수도 없거니와, 성직자들도 더 이상 고양이가 악마라는 소리를 삼가게 된다. 그리고 고양이를 선물로 받은 신하는 자랑하고 다녔다고 한다. 루스벨트나 윈스턴 처칠이 고양이를 무척 좋아했으며, 특히 처칠은 죽기 전까지 고양이를 안고 다녔다. 레오나르도 다 빈치는 '고양이는 신이 빚어낸 최고의 걸작품이다'라는 말을 남겼다. 슈바이처도 유명한 애묘인으로 평소 '비참한 생활에서 벗어날 수 있는 2가지 방법은 음악과 고양이'라고 말했을 정도이다. 퀸의 보컬인 프레디 머큐리도 대단한 애묘가이다. 생전에도 많은 고양이를 길렀고 그중 길고양이도 상당히 많았다. 그의 솔로 앨범인 Mr. Bad Guy에는 '이 앨범을 우주의 모든 애묘인들에게 바칩니다'라고 쓰기까지 했다. 그리고 그의 생전 마지막 퀸의 정규앨범인 Innuendo에 자신의 고양이를 위해 쓴 노래인 Delilah를 남기기도 했으며 심지어 죽었을 때 재산을 그의 전 연인과 가족들, 그리고 고양이들한테 준다고 말할 정도였다.

출처: 고양이를 사랑한 역사 속 유명인들 [애니멀 TV]
[펫 스토리] 숙종 · 처칠 · 허밍웨이 · 프레디머큐리 · 나이팅게일의 공통점은 (asiatime.co.kr)

CHAPTER

09

반려동물의 주요 질병과 영양관리

Ⅰ. 소화기 질환과 영양관리

Ⅱ. 순환기 질환과 영양관리

Ⅲ. 피부 질환과 영양관리

Ⅳ. 비뇨기 질환과 영양관리

Ⅴ. 기타 질환과 영양관리

CHAPTER 09 반려동물의 주요 질병과 영양관리

반려동물의 주요 질병에 따른 영양관리란 반려동물의 소화기 질환, 순환기 질환, 피부 질환, 비뇨기 질환 그리고 기타 질환에 따라 각각의 영양관리를 체크하고 알아보는 것이며 이로 인해 맞춤형 영양관리가 가능하게 되는 효과가 있다.

I 소화기 질환과 영양관리

학습목표

1. 반려동물의 소화기 질환에 대한 영양관리의 개념을 알 수 있다.
2. 반려동물의 소화기 질환에 따른 각각의 영양관리를 비교하여 정리할 수 있다.

1) 구토(Vomiting)와 역류(Regurgitation)

소화기 질환으로 인해 음식물이 역류하거나 구토할 수 있는데, 이 두 가지는 서로 다른 원인에 의한 것이다. 역류는 삼킨 후에 곧바로 일어날 수 있는 수동적인 반응이며, 그 결과 반려동물이 소화되지 않은 단단한 음식물을 토하게 되거나, 또한 삼킬 때 통증이 나타날 수 있으며 구토는 메스꺼움, 구역질 또는 침 과다 분비가 동반되는 반사작용이다.

음식과 액체를 토하는데, 음식이 위산에 어느 정도 소화된 상태일 수 있으며 이러한 증상은 대부분 음식이 식도를 통해 위장으로 이동하는 데 장애가 있거나 위장이나 그보다 넓은 위장관계의 소화 질환과 관련이 있다.

구토는 위에서부터 토사물이 넘어오는 질환으로 위액이 섞여 노란색 토사물을 보이기도 하며, 소화가 덜 된 사료가 섞여 나오기도 한다. 십이지장 쪽 문제가 동반된 경우라면, 토사물이 녹색으로 보이는 담즙산 구토를 보이는 경우도 있다.

역류는 토사물이 나오는 것은 동일하나, 형태와 시간에 차이를 보이고 음식물이 위까지 도달되지 못하고 다시 입으로 나오는 경우이다.

대부분 식도 쪽 문제에 기인되는 경우가 많고, 거대 식도증, 운동성 저하증, 우측 대동맥궁 잔존증, 식도 내 이물, 식도 게실, 식도 협착 등이 대표적인 이상 질환들이다.

식도협착증

음식물을 먹고 얼마 지나지 않아 소화되지 않은 음식물이 침과 섞여 나오는 증상을 보이고, 타액이 대부분의 토사물의 특징이라면, 입에서 생성되는 타액이 음식물과 섞여 위까지 도달되지 못하고, 식도에 머무르다, 다시 넘어오는 것을 생각해 볼 수 있다. 마취 후 2주 이내 합병증으로 심심치 않게 나타나는 질환이다. 마취 중 위산 역류로 인해 식도 손상이 발생하게 되면, 경우에 따라, 회복 과정 중 식도가 좁아지는 상태에 이르게 된다. 역류되는 위산이 경부 식도 상위까지 도달하게 되면, 후두 손상도 함께 나타나면서, 기침 및 걸걸한 호흡 이상을 함께 보인다.

2) 급성 위장염

급성 염증이나 감염인 급성 위장염은 반려동물이 상한 음식 또는 지방 함유량이 높은 사람 음식, 독성 식물을 먹거나 이물질을 삼켰을 때 나타나고, 내부 기생충, 스트레스, 음식 알러지가 있거나, 반려동물이 먹으면 안 되는 것을 섭취하는 등의 원인으로 인해서도 단기적으로 발생한다.

반려동물 보험청구 질환 1위는 일반적으로 소화기질환인데 소화기 질환의 대부분을 차지하는 위장관염의 원인은 감염성 원인과 비감염성 원인으로 나누어볼 수 있다.

감염성 원인에는 원충, 세균, 바이러스 등이 있고 원인에 따라 증상의 심각 정도나 환자의 예후가 전혀 다를 수 있다.

반려견의 경우, 클로스트리디움균(*Clostridium perfringenes*)이 많고, 장병원성(EPEC), 장독소성(ETEC) 대장균이 높은 빈도로 검출된다.

반려묘는 장코로나바이러스가 가장 흔한 원인체로 확인되고 뒤이어 클로스트리디움균, 캠필로박터균, 쇠세모편모충(*Tritrichomonas foetus*) 등이 높은 빈도로 검출된다.

3) 소장 흡수 장애

소장에 염증이 있을 경우, 영양소 흡수를 저해하여 지속적인 설사, 체중 감소, 식욕 감퇴 등을 일으킬 수 있다.

흡수장애는 먹은 음식물을 소화하여 흡수하는 과정 중에 문제가 생기면 발생하게 되며, 크게 장관 내에서 소화효소에 의한 분해가 저조하여 발생하는 흡수장애와 분해된 영양소가 흡수면이 부족하여 소장 세포 내로 흡수되지 못하는 흡수장애로 나뉜다.

장관 내의 이상에 의한 흡수장애는 담관이 막혀서 담즙이 안 나오거나, 만성 췌장염으로 인하여 췌장 소화액 분비가 부족한 경우, 소장 내에 혐기성 세균이 증식하여 소화효소를 불활성화시키는 경우가 있다.

소장은 장 내용물이 고여 있게 되면 대장에만 존재하는 혐기성 세균이 증식하여 내용물을 썩게 만들고 결국 소장 내에 있는 각종 효소를 분해시켜 버린다.

한편, 흡수면 부족에 의한 흡수 장애는 여러 가지 질병으로 인하여 소장의 마지막 흡수를 담당하는 소장의 융모가 파괴되는 경우이다.

4) 설사

대장이나 소장의 소화 문제로 인해 발생하는 흔한 증상이며 설사를 하는 반려동물은 배변 욕구를 더 자주 느껴 변을 자주 보고, 대변은 고체보다는 액체에 가깝고 점액이 섞여 있을 수 있다.

감염, 내부 기생충, 스트레스, 반려동물 사료 변경, 사람 음식, 기름진 간식, 상한 음식, 장기 기능 장애 등으로 인해 유발될 수 있다.

반려동물이 설사나 구토를 할 경우에는 심한 탈수 증상이 나타날 수 있고 반려동물의 나이가 어리고 호기심이 많은 시기에 설사를 하는 경우 이물에 의한 설사를 의심해야 한다.

이물이 장을 완전히 폐색시켰다면 구토증상이 나타나지만, 종이 · 장난감 · 실과 같은 이물을 먹은 경우라면 설사, 혈변 등이 나타날 수 있다.

사료에 첨가된 단백질, 곡물류, 혹은 사료를 만들 때 사용하는 식품첨가물이 원인이 될 수도 있으므로 반려동물에게 맞는 사료를 찾아보는 것이 좋다. 식이 알러지가 의심되는 경우, 사료를 하나씩 먹여보고 사료에 대한 반응을 관찰하거나 혈액검사를 통해 면역 단백질에 대한 반응을 확인할 수 있다.

생후 2개월 정도의 반려동물 또는 예방접종이 안 된 상태의 반려동물이 설사를 한다면 전염병을 의심해야 한다.

5) 대장염

결장의 얇은 막에 발생하는 급성 또는 만성 염증을 말하며 기생충(편충), 종양이나 폴립, 사료 변경, 식이성 알러지, 이물질 및 기타 특정 질환 등으로 인해 발생하는 경우가 많다.

5세 미만의 반려동물에게 흔하게 발병하는 대장염은 대변을 자주 보게 만들고 대변 배출 시 통증을 유발할 수 있으며, 점액과 혈액이 섞인 설사를 하는 경우도 있다.

6) 변비

흔히 발생하는 소화 질환의 증상 중 하나로 수많은 잠재적 근본 원인이 있을 수 있다.

배설물이 딱딱하거나 건조하며, 배변을 자주 하지 않고, 배변을 시도할 때 힘이 더 들어가는 징후를 보일 수 있다.

변비에는 운동 부족, 탈수 및 뼈나 기타 이물질 등 소화시킬 수 없는 물질을 먹거나 섬유소가 극히 부족한 음식을 섭취하는 것 등의 여러 원인이 있다.

배설을 제때 하지 못하는 반려동물은 배가 부어 있고, 배를 만져보면 속에 딱딱한 변이 느껴진다.

고단백 음식이나 밀가루로 된 간식을 자주 먹이면 변비가 생길 가능성이 커지며, 유제품과 생선, 돼지 뼈를 많이 먹여도 칼슘 과다 섭취로 변이 딱딱해질 수 있다.

변비가 있을 때는 식이섬유가 풍부한 음식을 먹이는 것이 좋고 항상 물을 충분히 마실 수 있도록 해주고, 이물을 주워 먹지 못하게 바닥 청소에 신경을 써야 한다.

7) 췌장염

잠재적 원인에는 기름진 사람 음식의 급여, 감염, 질환 또는 외상이 있으며 급성췌장염이 발생되면 심한 복통과 함께 설사 증상을 보일 수 있다.

품종에 따라 췌장염이 잘 걸리는 품종도 있고 기름진 음식을 소량 먹은 후 발생하기도 한다.

정확한 기준은 없지만 사료보다 육포 간식을 많이 먹는 반려동물에게 나타날 수 있기 때문에 간식 양을 조절해야 하며 간식 섭취량은 하루 섭취 칼로리의 10%를 넘지 않는 것이 좋다.

췌장염 환자의 특징적인 증상은 체중 감소, 식욕 증가, 대량의 무른 변 등이 있다.

8) 지방간

지방간이란 간에 지방이 5% 이상 침착된 상태를 말하며 3일 이상 식욕부진, 구토, 침 흘림을 동반한 고양이는 지방간이 있는지 꼭 확인해야 한다. 장기간 식욕부진을 동반한 고양이는 간에 지방이 축적되며 지방간이 흔하게 발생되고 고양이는 3일만 안 먹어도 간기능 이상이 발생되기 때문이다.

육식동물인 고양이는 개와 달리 몸에서 단백질이 더 많이 필요한데 식욕이 부진하면 단백질 공급이 중단되고 지방을 에너지원으로 이용하게 되는데, 고양이는 간의 지방처리능력이 부족하기 때문에 간에 지방이 쌓인다. 이것이 잡식동물인 개보다 육식동물인 고양이에게 지방간 발병이 많은 이유이다.

지방간은 비만한 고양이에게 더 잘 생기고, 특발성 발생이 30% 정도이며 이 경우 생존율은 80% 정도로 높은 편이다. 단, 다른 기저질환인 간부전, 신부전, 췌장염 등에 의해 식욕부진이 발생하고 그로 인해 지방간이 생긴 것이라면 생존율은 20% 정도로 낮아진다.

고양이 지방간은 꾸준한 음식공급이 중요한데, 사료 급여 시 계량컵으로 일정한 양을 급여하고 얼마나 먹는지 관찰해야 한다.

보호자의 잘못된 사료 급여 등의 문제로 개도 지방간에 걸릴 수 있다. 개의 지방간은 반응성 간질환으로 불리는데, 대부분 다른 질환에 의해 발생된다. 개가 지방간에 걸리는 원인은 당뇨, 갑상샘기능저하증, 영양실조 또는 영양과다, 저산소증 등이 있다. 반려견의 지방간 예방법은 체중 관리가 중요하다. 과체중이거나 비만인 반려견에게 칼로리가 낮은 사료를 선택해서 정확한 급여량에 맞게 급여하는 것이 필요하다.

9) 간부전

노령 동물이 구토, 식욕부진, 기력저하까지 나타낸다면 단순 소화기 질환이 아닐 가능성이 있다. 간부전, 신부전 등 각종 만성 질환, 종양도 얼마든지 구토 증상을 보일 수 있으며 만성질환과 종양은 대부분 어느 정도 이상 나빠지지 않으면 증상이 드러나지 않기 때문에 노령의 반려동물은 반드시 정기적인 건강검진이 필요하다.

간부전이 발생하면 치명적일 수도 있으며 특히 물질대사가 이뤄지는 곳이므로 대사성질환은 대부분 간과 연관될 수 있다.

고양이는 간 실질 관련 질환보다 담도계 관련 질병이 더 빈번하게 나타나고 어린 동물에서는 주로 선천적 간혈관기형 질환이 나타나며 중년 이후의 동물에서는 종양성 간질환이 많다. 환경적 요인으로는 중독에 의한 간 손상이 흔하다.

10) 담석

사료를 먹으면 담낭이 수축하고 담즙이 총담관을 따라 십이지장으로 분비돼 지방의 소화를 돕는다. 호르몬, 유전, 과체중, 식이(고지방, 고콜레스테롤, 고탄수화물) 및 노화 등으로 담낭이 담즙을 충분히 배출하지 못할 때 담석이 형성되고, 담관을 막을 수도 있다.

반려동물은 7살 이상이면 노령이 시작되고, 담낭 이상 발생 가능성이 높아진다. 담낭질환에는 슬러지가 뭉쳐지면서 점액성 물질로 변화되는 담낭점액낭종, 찌꺼기가 돌로 뭉쳐지는 담석증, 이러한 질환들의 영향으로 발생하는 담낭의 염증 등이 있으며 약화된 담낭이 파열되면 강력한 소화효소가 간, 복강 내로 쏟아져 나와 급성 복통, 복막염, 패혈증, 쇼크가 발생하며 급사까지 이르게 될 수 있다.

담낭 질환의 원인은 식이와 관련이 있으며, 고지방식을 많이 섭취함으로써 간에서 담즙이 소화할 수 있는 정도 이상의 콜레스테롤이 합성되고, 과잉생산 된 콜레스테롤 중 일부는 크리스탈화되어 담낭 찌꺼기 또는 담석의 원인이 된다.

반대로 저지방식을 섭취함으로써 담낭 내에 담즙이 정체되는 시간이 늘어나고 콜레스테롤이 크리스탈화되는 시간 또한 상대적으로 늘어날 때도 담낭 찌꺼기 또는 담석의 원인이 될 수 있다.

11) 반려동물의 소화기 질환에 대한 영양관리

지방 함유량이 중간 정도인 사료에 수용성 섬유소와 불용성 섬유소를 혼합하여 급여하는 것이 반려견의 장 기능을 적절하게 유지하는 데 도움을 준다.

회복 기간에는 반려동물의 소화 작용을 관찰하고 체액이 결핍되지 않도록 유지하는 것이 중요하다.

12) 소화기 건강을 위해 반려동물에게 주지 말아야 할 음식은?

(1) 양파와 마늘

심호흡을 방해하고 적혈구를 파괴하는 독성 작용이 일어난다. 양파를 먹고 나면 구토, 설사, 식욕 저하, 기력 저하, 호흡곤란 등의 증세를 보이다가 심한 경우 급성 빈혈을 일으켜 생명을 잃을 수도 있다. 마늘과 양파의 독성은 요리해도 없어지지 않으므로 피해야 한다.

(2) 유제품

반려동물은 유당을 분해하는 효소가 성장을 하면서 없어지기 때문에 유당이 함유된 유제품 섭취시, 설사나 급성 위장 장애가 나타날 수 있으므로 피해야 한다. 또한, 유제품에 인공감미료인 자일리톨(xylitol)이 들어있으면 반려견에게 치명적이다.

(3) 오징어와 마른오징어

질겨서 소화되기 어렵고, 상태가 심각할 경우 소화되지 않아 위장에 음식물이 남아 부패할 수 있으며 주변 조직을 괴사시킬 수 있다. 오징어에 함유된 염분 함량이 타 식재료에 비해 상대적으로 높다는 것도 급여하면 안 되는 이유 중 하나이다.

(4) 포도와 건포도

급성 신부전을 일으킬 수 있으며 포도를 섭취했을 경우, 섭취한 포도를 배출시킬 수 있도록 활성탄을 먹이는 것이 도움이 된다. 포도를 먹고 2~3시간 안에 구토 증상을 보이기 시작해 맥없이 축 늘어지거나 설사를 동반하는 경우도 있다. 건포도, 포도주스, 포도즙, 포도잼 등은 물론 청포도, 거봉, 샤인머스캣과 같은 포도 종류도 모두 급여해서는 안 된다.

(5) 견과류

많은 양의 식물성 지방이 반려동물에게 소화 장애를 일으킬 수 있고, 과다 섭취하면 췌장염에 걸릴 수 있다. 견과류에는 칼륨과 인이 다량 함유되어 있어 많이 먹으면 신장에 무리가 갈 수 있다.

13) 소화기 질환으로 인한 반려동물의 행동 및 외모 변화

설사, 변비, 구토 및 역류 등의 위와 같은 여러 증상 이외에도 소화기 질환을 나타내는 반려동물은 그 행동과 외모에서도 변화가 보일 수 있다.

만성적인 소화 장애가 있으면 몸에서 필요한 모든 영양소를 흡수하지 못해 체중이 줄고 털이 건조해 윤기가 없으며 푸석푸석해진다.

복부 팽만과 복부 불쾌감이 동반되는 식욕 부진은 소장에 문제가 있다는 징후일 수 있으며, 반려동물에서의 이러한 증상이 자주 보인다면 만성 위장 장애를 의심할 수 있다.

Ⅱ 순환기 질환과 영양관리

학습목표

1. 반려동물의 순환기 질환에 대한 영양관리의 개념을 알 수 있다.
2. 반려동물의 순환기 질환에 따른 각각의 영양관리를 비교하여 정리할 수 있다.

1) 판막질환

심장은 2개의 심방과 2개의 심실로 구성되어 있고, 심방과 심실 사이에는 방실판막이 있다. 또한 두 개의 심실은 각각 대동맥과 폐동맥으로 혈액을 유출하는데 이러한 공간 내에 혈액의 역류를 막는 구조물을 판막이라고 하며 이러한 판막에 질환이 발생하게 되면 혈액의 역류를 막는 기능에 문제가 발생하여 혈액이 역류하게 되며 이로 인하여 울혈성 심부전으로 발전하게 된다.

노령의 개에서는 왼쪽 방실판막(이첨판)이 변성되어 나타나는 문제가 가장 많이 나타나고 고양이는 퇴행성 판막질환의 형태로 심장질환이 나타나는 것은 드물다.

판막질환의 완치는 어렵지만 정확한 검진과 적절한 약물 및 식이요법을 통해 환자의 삶의 질을 향상시킬 수 있다.

2) 심근병증

고양이에서 가장 흔한 심장질환으로 심실의 근육이 두꺼워져 발생하는 심장질환이다. 어린 고양이부터 나이든 고양이까지 다양한 연령대에서 발생할 수 있으며 렉돌이나 메인쿤에서는 유전자의 이상에 의해 발생한다는 것이 밝혀지기도 했다.

비대성 심근증(Hypertrophic cardiomyopathy)은 초기에 발견하면 약물, 식이요법 등의 적절한 관리를 통하여 질병의 진행 정도를 개선시킬 수 있다.

심장 근육이 한 곳 또는 여러 부분에서 비정상적으로 두꺼워지는 질환인 비대성 심근증은 고양이의 심장질환 중 약 80% 이상을 차지하지만, 개에게는 희소한 질환이다.

1980년대 이전에는 고양이에게 심근증이 매우 일반적이었으나, 이것이 사료의 타우린 결핍과 관련되어 있다는 사실이 밝혀지면서 크게 감소하였다.

현재는 고양이 사료에 보통 타우린이 적절하게 추가되어 있기 때문에 사료를 적절히 섭취하는 고양이에게는 심근증 발생이 드물어졌지만 비대성 심근증은 고양이의 20~30%가 앓을 정도로 지금도 비교적 흔한 질환이다.

3) 심장사상충

모기를 매개로 하여 개, 고양이의 심장 및 혈관 내에 존재하는 기생충으로 성충이 심장 내에 자라나는 경우 폐에 물이 차거나 복부에 복수가 찰 수 있다.

심장의 폐동맥과 우심실 및 우심방에 기생충이 기생하면서 혈관과 심내막을 손상시키고 혈액의 방출을 방해하여 혈관 압력을 상승시키는 매우 치명적인 질병이다.

매달 자충을 구제하고 1년에 한 번 정기적인 검진을 실시한다면 예방이 가능하다. 구제가 적절하지 못해 증상이 심각한 환자에 대하여는 내과적 처치를 시행하기도 하지만 혈관의 구조적 손상은 회복되지 못하고 폐동맥 고혈압을 영구적으로 발생시키기도 하므로 정기적인 구충 예방이 가장 좋은 치료법이다.

심장병 관리에는 균형 잡힌 충분한 영양섭취가 가장 중요하며 체중관리도 중요하다.

4) 심장의 선천적 기형

선천적인 심장 기형은 우심방, 우심실, 폐, 좌심방, 좌심실, 전신의 순서로 흐르는 혈류에서 비정상적인 구조물로 인해 혈류 순서에 맞지 않게 혈액이 새는 경우를 말한다.

심실중격 결손(Ventricular Septal Defect; VSD), 심방중격 결손(Atrial Septal Defect; ASD), 동맥관 개존(Patent Ductus Arteriosus; PDA), 폐동맥 협착(Pulmonary Stenosis; PS), 대동맥 협착(Coarctation of Aorta; CoA), 대동맥판 협착(Aortic (valve) stenosis; AS), 삼첨판 폐쇄(Tricuspid Atresia; TA), 대동맥 전위(Transposition of the great arteries; TGA) 등이 있으며 심장기형은 스스로 운동의 한계를 자연스럽게 알고, 피곤할 때는 쉬기 때문에, 건강하게 운동을 하고 있는 한, 그만두게 할 필요는 없으며, 식사도 평소대로 하면 된다.

식생활에 신경을 써야 하는 경우는 호흡수가 많고, 빈맥, 기침, 현저한 발한 등의 심부전 증세가 있을 때이며 과식을 피하고 음식을 소량씩 여러 번 섭취하는 것이 권장된다. 심장에 이상이 있는 경우, 필요량 이상, 소화 흡수가 안 되는 음식을 대량 섭취하면 호흡곤란 및 심장에 부담을 주어 심장 기능을 피로하게 할 수 있다.

5) 기관지염, 폐렴

폐의 염증성 질환의 원인은 감염성, 흡인성 등 여러 원인이 있다. 초기에 발견할 경우 적절한 처치를 통해 완쾌할 수 있으나 원인 및 시기에 따라 치료가 어려워질 수 있다.

음식물, 구토물과 같은 고형이나 액상의 이물질이 기관지로 흡인되어 급격하게 생기는 기관지 폐렴을 오연성 폐렴(Aspiration Pneumonia)이라 하며 음식물을 역류, 구토한 동물에서 발생할 수 있는 합병증인데, 후두덮개가 제대로 작용하지 않을 때 발생한다.

감염성 폐렴은 세균, 바이러스, 곰팡이에 의해 발생하며, 원인균에 따라 세균성 폐렴, 바이러스성 폐렴, 진균성 폐렴으로 분류한다.

폐렴은 면역력과 저항력이 약한 경우 생명을 위협할 수도 있으므로 결코 가볍게 넘겨서는 안 되고 폐렴 예방을 비롯해 호흡기 건강 유지에 도움 되는 식품들을 평소에 잘 챙겨야 한다.

6) 급성호흡곤란증후군(Acute respiratory distress syndrome)

평소에 증상이 심하지 않다고 간과하게 되면 응급상황이 발생하였을 때, 빠르게 사망에 이를 수 있다. 평소 코골이가 심하거나 흥분할 때 호흡을 어려워한다면 이후 호흡곤란을 겪게 될 수 있다.

불독, 시츄, 페키니즈 등 특정 품종에서 주로 관찰되는 단두종 증후군, 연구개 노장, 인후두의 문제 등으로 상부 호흡기계가 폐색되면 급격한 호흡곤란을 유발할 수 있으며 심한 경우 사망에 이를 수 있다.

호흡곤란 때문에 사료를 제대로 못 먹고, 입맛이 없어 보일 때는 사료의 주성분이나 질감 등에 변화를 주면서 사료를 급여해 보는 것도 좋다.

Ⅲ 피부 질환과 영양관리

학습목표

1. 반려동물의 피부 질환에 대한 영양관리의 개념을 알 수 있다.
2. 반려동물의 피부 질환에 따른 각각의 영양관리를 비교하여 정리할 수 있다.

1) 식이 역반응

식사 후 일어나는 유해반응에는 면역이 관계하는 식이성 알러지와 면역반응과는 관계없는 식이불내성이 있다.

식이불내성은 식중독이나 식품첨가물에 대한 특이체질, 음식에 포함되어 있는 물질에 대한 반응, 예를 들면 선도가 떨어지는 고등어 등을 섭취한 경우에 발생하는 알러지와 같은 반응, 유당 불내증 등이 있다. 또한, 음식 이외의 것을 먹는 이식증이나 폭식, 쓰레기 뒤지기 등 소화기 증상을 일으키는 음식의 무분별한 섭취도 식이 역반응으로 분류한다.

2) 식이 알러지

식이 알러지로 인해 가려움이나 피부의 염증이 초래될 수 있다. 반려견의 경우

다리, 얼굴 측면, 겨드랑이 아래, 회음 부위, 귀, 넓적다리 안쪽 등에서 증상이 발생하고, 반려묘의 경우, 머리, 귀, 목에서 증상이 나타난다.

식이 알러지가 자주 발생하는 품종은 코카스파니엘, 래브라도 리트리버, 푸들, 화이트 테리어, 닥스훈트, 치와와, 시추, 시바견 등이 있다.

음식에 함유된 알러지 유발 항원(allergen)에 의해 일어나는 식이 알러지와 달리 유전 요인과 관련된 피부과민증인 천식, 습진 등을 아토피(atopy)라고도 하는데 환경 중의 꽃가루나 곰팡이, 집먼지진드기, 연기 등이 원인이 되고 있다.

아토피성 피부염의 특징으로는 피부의 가려움증과 좌우대칭성의 습진이 있다.

그동안 반려동물이 먹은 경험이 있는 원재료가 포함되지 않는 사료를 섭취하는 것이 가장 중요하다.

4~8주간 급여한 후, 알러지 증상이 나타나지 않는지, 또는 증상이 개선되는지를 확인해야 하는데 가려움증의 감소 여부, 분변 횟수 감소 등을 확인해야 한다.

증상이 개선된 이후, 이전에 먹어 왔던 식품이나 제품 중의 원재료를 이용하여 알러지 증상이 재발하는지를 확인해보는 유발 시험을 시행할 수 있다.

3) 수제 사료

반려동물에게 급여하는 원재료를 제한하기 쉽고 원재료 선택의 폭이 넓어진다는 이점이 있지만, 영양소의 과부족, 나쁜 기호성, 복잡한 조리법 등의 단점이 있다. 또한 성장기의 동물에게 장기간에 걸쳐 수제간식을 급여하는 것은 영양결핍으로 인한 질환을 일으킬 가능성도 있다.

필수 지방산을 충분히 공급하기 위해 부족한 칼로리를 보충하기 위해서는 각 개체가 요구하는 에너지 요구량의 5~15%를 지방으로 공급하고 미네랄이나 비타민류는 종합비타민, 미네랄제로 공급해야 하며 고양이는 타우린 첨가가 필수적이다.

탄수화물이나 식물성 단백질은 소화율을 향상시키기 위해 장시간 찌거나 삶고, 동물성 단백질은 80℃에서 10분 이상 가열조리하거나 전자레인지로 조리한다.

각각의 조리가 끝난 식재료는 잘게 썰어 혼합하거나 믹서기로 혼합하여 동물이 골라 먹는 것을 방지하기도 한다.

지방공급원인 우지, 돈지는 가열조리가 필요하다.

시중 판매 사료와 비교해 수분함량이 많고 포장단위가 한 번에 섭취하기에는 많을 수 있으므로 적어도 1일 2회로 나누어 급여하는 것을 권장한다.

에너지가 부족하거나 영양소의 과부족이 발생하기 쉽기 때문에, 정기적으로 체중을 측정하고 신체 컨디션(BCS), 효과 평가, 건강상태 체크가 필요하다.

동물용 수제 간식의 경우 신선한 식재료인 곡류, 콩류, 육류 등을 사용하여 가열 조리하고 야채류는 깨끗이 세척하여, 소화율을 향상시키기 위해서 가볍게 조리한다.

사료를 급하게 변경하는 것은 피하고, 사료를 교체할 때는 1주일 정도의 변경기간을 두고 천천히 교체한다.

4) 기능성 사료

시중에서 판매하는 기능성 사료를 급여하는 것은 영양소 균형도 잡고, 급여량을 정할 수 있다는 이점이 있지만, 원재료 선택의 폭이 한정된다는 단점이 있다. 그러나 대부분의 보호자들은 기능성 사료를 선호한다.

단백질과 탄수화물의 원료를 한 가지로 제한하여 사용한 사료와 알러지 반응을 일으키지 않도록 단백질을 가수분해한 사료, 탄수화물에도 소량의 단백질이 포함되기 때문에 탄수화물 원료로 전분을 사용하는 사료도 있다. 가수분해한 사료라 할지라도 원재료에 알러지의 원인이 되는 것이 있으면 사용하지 않는 것이 좋다.

5) 피부 질환 환자에게 급여하면 안 되는 영양소 관리

힘들게 영양관리를 하더라도 사람이 먹는 과자를 훔쳐 먹거나, 떨어져 있는 음식의 찌꺼기를 주워 먹거나, 식변 등에 의해 영양 조절이 안 되는 경우가 있다.

또한 씹는 형태이거나 젤라틴 캡슐의 약제, 그리고 영양 보충제 등은 때로 증상을 악화시키는 경우가 있기 때문에 증상이 악화된다면 주의할 필요가 종종 있다.

강아지에게 나타나는 알러지 반응 '발 사탕'

강아지에게 눈물이 많아지는 증상이 나타나는 경우가 있는데 알러지 검사를 받아보면 음식 알러지는 대부분 없다. 수의학적 관점에서 보면 음식 알러지 때문에 눈물이 난다면 제일 많이 나타나는 반응이 '발 사탕'이라는 증상이다. 강아지의 발에는 비만세포가 많이 분포해 있기 때문에 알러지 반응이 일어나면 발을 빠는 증상이 나타난다.

강아지에게 나타나는 알러지 치료법

1. 몸에서 항체를 형성하지 않는 음식을 먹인다. 즉, 한 번도 먹어본 적 없는 음식을 먹이면 치료된다. 알러지 치료 사료로 유명한 사료들이 곤충사료인 이유이다. 단, 곤충사료도 일종의 단백질이기 때문에 때에 따라 면역반응이 일어날 수도 있다. 반드시 먹이면서 관찰해야 한다.
2. 사료에 함유된 단백질의 크기를 작게 만든다. 면역반응이 일어나는 이유는 소화가 덜 된 큰 단백질과 항체가 결합하기 때문이다. 단백질을 가수분해한 처방사료도 좋다.
3. 소화를 도울 수 있는 음식을 제공한다. 작게 쪼개고 끓여야 소화가 잘된다. 유산균이나 오메가-3를 먹이는 것도 좋다. 유산균은 소화기 면역뿐만 아니라 전신 면역반응에도 좋고, 오메가-3는 염증반응을 억제하기 때문에 알러지 치료에 많이 사용된다. 단, 과량으로 복용시키면 오히려 면역이 억제될 수 있다.

IV 비뇨기 질환과 영양관리

학습목표

1. 반려동물의 비뇨기 질환에 대한 영양관리의 개념을 알 수 있다.
2. 반려동물의 비뇨기 질환에 따른 각각의 영양관리를 비교하여 정리할 수 있다.

1) 비뇨기 결석의 예방 및 영양관리

비뇨기 결석은 칼슘 옥살레이트(Calcium oxalate)와 스트루바이트(Struvite) 두 종류가 가장 많이 발생한다. 결석은 생활방식과 음식이 주요 원인으로 충분히 예방이 가능하다.

칼슘 옥살레이트(Calcium oxalate)와 스트루바이트(Struvite) 두 결석은 치료 및 예방하는 방법이 서로 다른데 공통적인 것은 물을 많이 마시게 하는 것이다.

물을 많이 마시면 요의 비중(농도)이 작아져 결석의 치료와 재발 방지에 도움을 준다. 기호성이 좋은 습식 사료나 동결건조 사료에 물을 타주는 방식이 쉽고 효과적이며 물은 자주 교체해줘야 하는데 물속 세균 번식 속도가 상당히 빠르기 때문이다.

결석과 단백질은 연관성이 매우 높으므로 단백질 섭취 관리가 가장 중요하다.

칼슘 옥살레이트(Calcium Oxalate) 결석 환자의 경우, 수산은 칼슘 옥살레이트

(Calcium Oxalate) 결석의 성분이므로 수산이 풍부한 식품은 과하게 급여하지 않는 것이 좋고 비타민 C가 많이 함유된 음식은 피하는 게 좋다.

스트루바이트(Struvite) 결석은 세균 감염으로 소변이 알칼리화되어 발생하는 결석이므로 소변을 산성으로 만들어 치료하기도 한다.

2) 요로결석

체내에서 흡수되지 않은 영양분이 작은 돌처럼 단단하게 뭉쳐버리는 경우를 결석이라 하고, 요로에 이러한 결석이 생기는 것을 요로결석이라고 한다.

결석의 원인은 미네랄이나 단백질이 많이 함유된 음식을 지속적으로 섭취하거나 수분 섭취량이 부족한 경우, 세균 감염이나 유전적인 요인 등이 있다.

요로결석은 강아지와 고양이 모두에게 흔히 나타나는 대표적인 질환이다.

스트루바이트의 경우 소변이 알칼리화되면서 만들어지게 되는 결석으로, 식이요법이나 약물을 통해 결석을 녹여 배출하는 치료를 진행할 수 있다.

칼슘 옥살레이트 결석은 약물로 녹지 않는 결석이기 때문에 외과적인 수술로 제거를 해야 하며, 치료 후에도 재발률이 높은 편이다.

요로결석의 재발을 예방하기 위해서는 기존에 먹던 사료를 처방식 사료로 바꿔서 식이 관리를 해주는 것이 중요하며 매일 적정량의 수분량을 섭취할 수 있도록 음수량을 관리해야 한다.

요관은 매우 두께가 얇은 관으로 고양이는 약 0.4mm, 강아지는 크기에 따라 2mm 정도의 직경을 가지고 있어 결석이 신장에서 내려오면 폐색을 일으킬 때가 많다.

신장에서 생성하는 소변을 요관을 통해 배출하지 못하면 신장에서 소변이 모이는 구조물인 콩팥깔때기(신우)에 소변이 축적되면서 확장을 일으키게 되는데 이를 수신증이라고 하며, 수신증이 지속하면 신장 기능을 잃을 수 있으므로 빠르게 해결해주어야 한다.

3) 요독증

요독증의 원인은 신장 기능의 저하인데 결국 요독증은 만성 신부전증의 대표적인 합병증이다. 신장질환이나 비정상적인 신장 기능으로 요소, 질소 등의 노폐물이 소변으로 배출되지 못하므로 체내에 독소가 축적되면서 요독증이 된다.

신장결석, 요로결석, 당뇨병, 혈관질환, 고혈압, 신우신염, 사구체신염 등의 질병으로 인한 합병증으로 요독증이 발생될 수 있다.

주요 증상은 체력저하, 식욕저하, 구토, 설사, 빈혈, 암모니아 냄새가 섞인 입냄새, 복부에 덩어리감, 부종이 나타날 수 있다. 체중감소, 푸석한 모질, 빈혈, 부정맥의 증상이 나타나는데 중증의 경우 경련, 혼수상태 등 신경 증상을 일으킬 수 있다.

특히 페르시안 고양이는 유전적으로 신장에 커다란 물주머니가 생기는 PKD (Polycystic Kidney Disease)라는 질병 때문에 신부전이 발생하기도 한다.

수액 처치와 신장 처방식 및 신장 보조제의 급여 등이 도움이 될 수 있다.

V 기타 질환과 영양관리

학습목표

1. 반려동물의 기타 질환에 대한 영양관리의 개념을 알 수 있다.
2. 반려동물의 기타 질환에 따른 각각의 영양관리를 비교하여 정리할 수 있다.

1) 당뇨병

평소에 당뇨병은 노령의 반려동물에게 꽤 흔한 질환이지만 어리거나 임신한 반려동물에서도 발생할 수 있다. 하지만 조기에 적절한 치료와 관리가 이뤄진다면 당뇨가 있는 반려동물도 오랫동안 행복한 삶을 누릴 수 있다.

인슐린은 순환 혈액으로부터 포도당을 운반하는 데 필요한 호르몬인데 인슐린이 충분하지 않거나 몸이 인슐린을 이용할 수 없는 경우 포도당이 혈액 내에 쌓이게 된다. 이를 '고혈당증'이라고 부른다.

혈당이 일정 수준을 넘어서면 포도당과 함께 과다한 수분이 소변으로 빠져나가는데 그래서 당뇨가 있는 반려동물은 물을 더 많이 마시고 더 자주 배뇨한다.

당뇨병 상태에서는 혈액 내 당분 종류나 그 양에 상관없이 신체 세포에 충분한 포도당을 전달하지 못한다. 그래서 세포들이 정상적으로 기능하기 위한 에너지가 부족해지고, 결국 신체조직들이 부족한 포도당 대신 지방과 근육조직을 분해해

에너지원으로 사용하게 되어, 체중이 감소하게 된다.

개와 고양이는 어느 연령대에서나 당뇨병이 발생할 수 있지만, 개는 주로 7~10세 때, 고양이는 대부분 6세 이상에서 많이 발생한다.

개의 경우 암컷이 발생 위험이 높고, 고양이는 수컷에서 더 잘 발생하는 경향이 있다. 특히 비만은 당뇨병의 중요한 위험 요소이다.

개와 고양이 역시 나이가 들면서 여러 가지 질환이 생길 수 있는데 개에서의 부신피질기능항진증, 고양이에서의 갑상선기능항진증, 췌장염, 심장질환 등은 당뇨병을 유발할 수 있는 원인이 된다. 또한 장기간 코티코스테로이드 같은 약물을 복용하게 되어도 이차적으로 당뇨병이 유발되는 경우가 있다.

당뇨병으로 확진되면 인슐린의 종류와 초기 용량을 결정하고, 식이요법도 치료의 중요한 부분이다. 당뇨병의 치료에 실패하면 케톤성 당뇨병으로 악화되어 생명이 위험해질 수 있어 당뇨병에 걸린 반려동물은 일반적으로 특화된 음식공급과 적절한 체중관리를 통해 평생 관리해야 한다.

반려견의 당뇨병을 관리하는 데 있어서 핵심은 치명적인 수준의 고혈당이나 저혈당을 피하고 혈당을 정상 수준으로 유지하는 것이다. 어떤 반려동물에게 잘 듣는 치료 방식이 다른 반려동물에게는 다른 결과로 나타날 수 있기 때문에 새로운 식사와 약물에 적응하는 데는 모두의 인내심이 필요하다.

섬유질이 많이 함유된 식사를 추천하고, 반려동물의 체중 및 건강상태와 나이 등을 고려해 적절한 운동계획을 세우는 것이 필요하다.

2) 노령 동물의 질병 예방 및 영양관리

노령 동물의 영양 요건은 어린 동물과 성숙한 동물의 영양 요건과도 상당히 다르다. 반려동물도 규칙적인 신체 활동을 통해 근육량을 유지하고 체중을 조절할 수 있으며 치아와 털 상태도 관찰해야 한다.

연령과 건강 문제에 따라 반려동물의 활동량이 달라지기 때문에 필수로 섭취해야 하는 에너지양을 고려하여 음식의 섭취량도 맞춰야 한다. 예를 들면 관절염이 있는 경우, 덜 움직이기 때문에 에너지 소비가 적어 체중 증가의 위험이 있고 동물이 과체중이라면 저 열량식이 필수적이다.

활동량 감소가 노화에 따른 것이라고만 생각하지 말고 질병을 앓고 있는지 검사해야 한다.

노령 동물을 위한 사료는 노화를 일으키는 산화 스트레스로부터 몸을 보호하기 위해 항산화제인 비타민 E와 C의 함량이 높다.

나이든 동물은 소화 기능이 떨어지기 때문에 어린 반려동물만큼 단백질을 효과적으로 활용하지 못하므로, 단백질 품질을 개선하는 것이 중요하다.

신부전의 위험이 있는 경우에는 인의 섭취를 줄여야 하고 철, 구리, 아연, 망간 등의 영양소들은 피부와 털 상태를 양호하게 유지하는 데 도움을 준다.

무기염이 비해 훨씬 소화하기 쉬운 유기염의 형태를 급여하는 것이 좋고 고도불포화 지방산이 다량 함유된 대두유 또는 어유도 모질을 유지하는 데 사용된다.

또한, 섬유질 함량을 높이면 노령 동물의 신체 활동 감소에 동반되는 변비의 위험을 줄이는 데 도움이 된다.

반려동물의 치아 문제는 나이가 들수록 많아지므로 충분한 양의 음식을 섭취할 수 있도록 사료의 모양, 크기, 단단한 정도를 고려해야 한다.

3) 노령동물을 위한 영양식

(1) 면역력 향상 및 저항력 증가

베타카로틴, 비타민 E, C 및 아연과 같은 미네랄이 도움이 될 수 있다.

(2) 피부와 털의 아름다움

오일은 털의 광택과 피부의 탄력에 긍정적인 영향을 주며 아연은 털 상태가 좋지 않은 노령 동물에게 권장된다.

(3) 관절염 완화

글루코사민과 황산콘드로이친 및 EPA/DHA는 노령견의 활동성 증가에 도움을 주고 강황 추출물, 폴리페놀, 가수분해 콜라겐 등의 일부 새로운 기능성 식품이 개발되었으며 노령 동물의 활동성 및 삶의 질 향상에 효과적이라고 입증되었다.

많은 경우에, 식이요법은 만성 질환의 임상적 증상 발현을 예방하거나 적어도 제한하는 역할을 할 수 있다.

CHAPTER

10

입원 환자의 영양관리

Ⅰ. 지시되는 상황

Ⅱ. 영양 급여의 종류

Ⅲ. 영양관리 방법

CHAPTER 10

입원 환자의 영양관리

입원 환자의 영양관리는 일반 환자나 만성 소모성 질환을 가진 환자의 영양실조를 예방하거나 회복시키는 것이다. 영양실조는 환자의 사망률 증가와 입원 기간 연장과 관련이 있다. 가능한 위장관을 통한 영양 공급이 중요하며, 장관 경로를 통해 적절한 영양 공급을 하는 것은 다양한 질환 상태인 환자의 치료에 큰 도움이 될 수 있다. 또한 장관 급여가 어려운 환자에서는 비경구 영양법이 환자의 영양 요구를 충족시키기 위한 필수적인 방법이다.

I 지시되는 상황

학습목표

1. 장관 영양 급여를 이해할 수 있다
2. 비경구 영양 급여를 이해할 수 있다.

1. 장관 영양 급여

장관급여는 자발적인 섭취를 포함한 다양한 방법으로 수행될 수 있다. 자발적인 섭취는 사료의 맛을 변경하는 다양한 방법으로 촉진될 수 있다. 식욕이 일부 또는 전혀 없는 환자의 경우, 주사기나 기타 방법을 사용한 강제 급여나 장관 식이관을 사용한 급여 방식이 선택된다. 강제 급여는 질식이나 오연성 폐렴을 유발하며, 일부 환자들에서는 사료 거부나 원치 않는 반응(공격성, 공포 등)을 유발할 수 있다. 장관 식이관은 적절한 양의 적합한 식이를 제공하기 위해 추천되는 방법이며, 식이관의 종류가 많으므로 장기간 사용하기에도 적합하다.

영양 공급은 영양 결핍이 인식되거나, 예상되는 순간부터 즉시 제공한다. 오랜 기간 영양 섭취가 충분하지 않았거나, 만성 질환으로 열악한 동물들은 초기에 영양 공급을 실시한다. 식욕부진이 3~5일 이상이거나, 2~3일 동안 사료를 섭취하지 못한 경우에는 영양 공급을 실시한다.

식이관은 고양이 지방간증과 같은 흔한 질환에서 표준화된 치료법이며, 신부전, 췌장염 및 외상과 같은 질환에서 더 많이 사용되고 있다. 대부분의 장관 식이관은 통원 치료가 가능하다. 많은 환자들이 먹기는 하지만 충분한 열량을 섭취하지 못하거나, 질병에 적합한 식이를 섭취하지 않을 수도 있다. 특히, 신부전은 식욕이 증가했다가 감소하기를 반복한다. 신부전 환자들은 닭 가슴살이나 기타 고단백사료를 선호하지만, 단백질 섭취를 제한하는 것이 주요 영양학적 치료 방법이다. 또한, 식이관은 환자들이 싫어하는 알약을 액상 사료에 혼합하여 쉽게 투여할 수 있다.

2. 비경구 영양 급여

비경구 영양법을 고려해야 할 첫 번째 기준은 환자의 영양상태이다. 환자의 영양상태를 판단하는 데 가장 중요한 도구 중 하나는 자세한 식이력이다. 완전한 식욕부진의 기간과 부적절한 영양 섭취의 기간을 파악하는 것이 중요하다.

적절한 영양 공급을 평가하기 위해 현재의 에너지 섭취량을 측정하고, 환자의 DER과 비교하는 것이 중요하다. 모든 환자에서 체중, BCS, 근육량을 반드시 평가해야 한다. 현재 체중보다 체중 변화가 더 중요한 정보이고, 체중의 2% 이상의 감소는 심각한 것으로 간주된다. 근육량의 평가는 측두골, 갈비뼈, 요추골, 골반뼈를 촉진하고, 먼 거리에서 뼈의 돌출부를 시각적으로 평가한다.

혈청 알부민 농도는 항상 직접적으로 영양 상태와 일치하지는 않을 수 있지만, 중환자에서 유용한 예후 지표가 될 수 있다. 만성 질환을 가진 환자들은 영양 상태가 좋지 않을 가능성이 높으며, 자발적인 사료 섭취가 감소하거나 없을 것이므로, 가능한 한 빨리 집중적인 영양 공급이 필요하다.

비경구 급여는 제어할 수 없는 구토나 설사, 마취나 구토 반사의 결여, 심한 위장관절제 후의 회복, 식이관 장착을 위한 마취가 위험할 때, 장관 경로로 에너지 요구량 충족이 어려운 경우에 실시한다. 비경구 영양이 필요한 질환은 췌장염, 위장관 질환, 간질환과 지방간 등이다.

Ⅱ 영양 급여의 종류

학습목표

1. 장관 영양 급여의 종류를 이해할 수 있다.
2. 비경구 영양의 종류를 이해할 수 있다.

1. 장관 영양 급여

1) 비강 장관식이관

종류에는 비강식도관, 비위관, 비강공장관이 있다. 단기간 영양 공급에 가장 적합한 방법이고, 마취가 필요하지 않으므로 물이나 사료를 즉시 공급 가능하다.

2) 식도조루술 식이관

개와 고양이에서 가장 일반적으로 사용되는 방법이다. 단점은 마취가 필요하고, 장점은 장착이 빠르고 간편하다. 통원 치료도 효과적이다. 6~8주까지 유지 가능하다.

3) 위조루술 식이관

장기간 영양 보조가 필요한 만성 질환 환자에게 특히 유용하다. 마취가 필요하고, 캔사료, 건사료 등을 갈아서 물과 함께 급여한다.

4) 공장조루술 식이관

췌장염 환자에게 적합하다.

2. 비경구 영양 급여

비경구 영양은 중심 정맥이나 말초 정맥 접근을 통해 급여된다. 목부상이 있는 대형 환자 또는 크기와 무관하게 응고장애가 있는 환자에서 말초 카테터가 선호된다.

비경구 영양법의 경로와는 관계없이, 환자를 지속적으로 재평가하고 장관 영양의 시작을 고려하는 것이 중요하다. 많은 환자가 장관 영양으로 천천히 전환되거나 일부 에너지 및 영양소 요구량을 장관 경로로 동시에 제공받을 수 있다. 병행적인 급여는 장의 상태와 면역력, 장벽의 기능을 유지하는 데 도움이 될 수 있으며, 동시에 충분한 에너지를 제공하고 영양소 요구량을 충족시키는 데 도움이 된다.

III 영양관리 방법

학습목표

1. 장관 급여의 영양관리 방법을 이해할 수 있다.
2. 비경구 급여의 영양관리 방법을 이해할 수 있다.

1. 장관 급여

1) 장관 급여의 시작

첫 식사는 유동식, 캔사료, 불린 건사료, 코티지 치즈와 밥 등을 제공한다. 첫 식사를 급여하기 전에 환자가 허용하는지 확인하기 위해 먼저 물을 제공한다. 위조루술 식이관의 경우, 사료와 물은 시술 12~24시간 후에 제공한다. 매우 쇠약하거나 식이관 시술이 어려운 환자는 첫날에 4~6회에 걸쳐 DER의 25~33%를 제공한 후, 둘째 날에는 DER의 50~67%를 제공한다. 환자가 DER을 완전히 섭취할 때까지 병원에 충분히 입원하는 것이 좋다.

초기에는 구토와 메스꺼움의 발생 빈도를 줄이기 위해 천천히 급여하는 것이 중요하다. 입원 환자 중 일부는 보조적인 내장 영양 공급에 대한 용량 불내성을 보일 수 있다. 대부분의 개와 고양이는 절식 기간 이후, 체중 kg당 5~10mL의 식이량을 견딜 수 있다. 급여 중 침흘림, 구역질, 구토 등이 관찰된다면 급여 속도 또는 급여량을 줄인다. 필요한 경우, 장운동 촉진제(예: 에리트로마이신, 라니티딘, 시사프라이드, 메토클로프라미드)를 투여한다. 시간이 지남에 따라 더 많은 양의 식사와 더 적은 빈도의 식사를 견딜 수 있다.

2) 식이의 선택

식이 선택 시 튜브 크기, 열량 밀도, 영양소 분포, 입자 크기, 성분, 비용 및 가용성 등이 포함된다. 예상되는 급여 기간과 선택한 식이가 환자에게 완전하고 균형 잡힌 식이인지도 고려해야 한다. 많은 환자에서 기저 질환(신부전, 간부전, 지방 불내성 등)으로 인해 식이 선택이 제한된다. 다양한 습식과 건사료를 사용할 수 있다. 장관에 좋은 영향을 주는 영양소는 글루타민, 아르기닌, 오메가-3 지방산, 단쇄지방산 등이다. 장 기능을 저하시키는 환자의 영양관리 시에 발효성 섬유소, 프락토올리고당을 추가하는 것이 고려된다.

3) 에너지 요구량 계산

RER에 비해 더 많은 에너지를 제공받은 입원된 개와 고양이는 잠재적인 부작용이 있을 수 있으므로 주의해야 한다. RER로 시작하고, 체중을 관찰해서 필요 시 급여량을 조절하는 것이 바람직하다.

4) 환자의 자발적인 섭취로 전환

일부 환자들은 오랜 기간 또는 평생 장관 식이관 급여가 필요할 수 있고, 반면에 단기간만 필요할 수도 있다. 기저 질환이 개선되거나 해결되면 식욕이 회복되고 사료에 대한 관심도 회복될 수 있다. 반드시 환자가 배고플 때 식이를 제공하고, 만약 사료의 일부 또는 전체를 자발적으로 섭취하지 않는다면 식이관을 통해 급여해야 한다. 이러한 방법은 식이관에서 자발적 섭취로 종종 성공적으로 전환된다.

2. 비경구 영양의 구성성분

1) 단백질

단백질 요구량은 아미노산 수액으로 제공된다. 아미노산 수액은 100% 생체 이용 가능하다. 비경구 영양에서 단백질량은 개에서 4~5g/100kcal(ME 기준 16~20%)이고, 고양이는 6g/100kcal(ME 기준 24%)이다.

2) 지방

지방은 에너지와 필수 지방산을 모두 제공하는 중요한 구성 요소이다. 가장 일반적으로 사용되는 지질 유탁액은 20% 용액으로 2kcal/mL를 제공한다.

3) 탄수화물

탄수화물 칼로리를 제공하기 위해 농도가 5~70%로 다양한 포도당 수액이 사용된다. 50% 포도당이 중심정맥 영양수액으로 1.7kcal/mL의 에너지를 제공한다. 5% 포도당이 말초정맥 영양수액으로 대체되며, 에너지 밀도가 0.17kcal/mL이다. 개는 비경구 영양 투여 후 1~2일 동안 높은 포도당 주입에 적응하는 것으로 보이지만, 고양이는 비경구 영양 투여 후 3일 이상 지속적으로 고혈당이면, 고양이에게는 낮은 탄수화물 조성이 더 적절하다.

4) 전해질과 미량 미네랄

칼륨과 인은 개와 고양이의 비경구 영양 혼합물에 가장 일반적으로 첨가되는 전해질이다. 인산 칼륨 수액으로 인을 공급한다. 고인혈증이나 고칼륨혈증의 환자는 염화칼륨으로 대체하거나 생략한다. 짧은 기간 동안 비경구 영양을 적용하는 환자에서는 영양결핍이 발생할 가능성이 낮기 때문에, 미량 미네랄을 비경구 영양 혼합물에 첨가하지 않고, 2주 이상의 비경구 영양법을 받는 환자에서 첨가를 고려한다.

전해질과 미량 미네랄을 비경구 영양 혼합물에 첨가할 때, 수액의 불안정성과 침전 형성의 잠재적인 위험을 인식하는 것이 중요하다. 혼합물 내의 미네랄 안정성은 사용된 종류, 수액의 pH, 주위 온도, 수액 내 포함된 아미노산, 포도당, 전해질의 농도에 따라 달라진다. 1가 이온은 안정적인 반면, 2가와 3가 이온은 불용성 복합체를 잘 형성한다.

5) 비타민

비타민 B는 비경구 영양 수액의 중요한 구성 요소이다. 대부분의 수의용 비타민 B 복합체에는 티아민, 니아신, 피리독신, 판토텐산, 리보플라빈, 시아노코발라민이 포함된다. 엽산은 비타민 B 복합체 용액에 포함되지 않는다. 간질환 환자에서 비타민 K 결핍과 같은 특정 영양문제가 있는 환자에게는 비경구 제제를 별도로 투여한다. 또한, 장기간 지방 흡수 장애가 있는 환자에게는 비타민 A, D, E 복합체(Vital E-A+D, Schering-Plough Animal Health Crop., Kenilworth, NJ)를 일회성으로 근육 주사하면 최대 3개월 동안 필요한 영양소를 공급받는다.

6) 에너지요구량

환자는 처음에는 RER의 약 25%부터 시작하여 8~12시간마다 25%씩 증가시켜 RER의 전체를 달성할 때까지 단계적으로 증가시켜야 한다. RER의 전체가 달성된 후에는 환자를 재평가하여 더 높은 수준이 필요한지 여부를 결정한다. RER 이상의 에너지 수준이 거의 필요하지 않으며, 과다 급여와 관련된 대사 합병증을 감소시키는 데 도움된다.

3. 조제

비경구 급여 용액은 무균 기법으로 제조한다. 조제 방법에 관계없이 적절한 혼합 절차를 따르는 것이 중요하다.

첫째, 모든 미량 원소와 전해질(인산 제외)을 포도당 용액에 첨가

둘째, 인 첨가제는 아미노산과 함께 혼합

셋째, 아미노산과 포도당 용액을 혼합

넷째, 지방 유화액을 포도당과 아미노산 혼합물에 첨가

침전물의 생성과 지방 유화에 대한 평가를 위해 정기적으로 관찰한다.

4. 비경구 영양법 시작하기

비경구 영양 급여의 목표 속도는 환자의 DER과 에너지 밀도에 의해 결정된다. 24시간 동안 투여될 총 용량은 환자의 RER과 동일하다. 목표 속도의 25%부터 시작하여 8~24시간마다 25%씩 증가시킨다. 투여 속도는 환자의 개별적인 반응에 따라 결정되며, 고혈당, 고지질혈증 또는 전해질 이상 등의 증상이 있는지 여부도 고려한다. 완전히 금식한 상태로 긴 시간을 보낸 환자는 급여 후 전해질 불균형 발생 위험이 증가하므로, 투여량을 천천히 증가시키고 더 자주 관찰한다.

5. 비경구적 영양의 중단

환자가 허용할 수 있는 한 빨리 장관 또는 경구 급여로 전환되어야 한다. 경구 급여로 전환할 때는 비경구 영양 급여 속도를 감소시켜 환자의 식욕을 회복시키는 것이 필요하다. 비경구 급여의 갑작스러운 중단은 저혈당을 유발할 수 있으므로 주의해야 한다. 비경구 영양 급여 속도는 천천히 점진적으로 감소시켜야 하며, 처음에는 투여 속도를 25% 감소시킨 후, 추가적으로 4시간에서 12시간 간격으로 25%씩 감소시키면서 저혈당을 관찰한다.

Q & A

입원 환자의 영양관리란?

입원 환자의 영양관리는 환자의 영양실조를 예방하거나 회복시키는 것이다. 영양실조는 환자의 사망률 증가와 입원 기간 연장과 관련이 있다. 가능한 위장관을 통한 영양 공급이 중요하며, 장관 경로를 통해 적절한 영양 공급을 하는 것은 다양한 질환 상태인 환자의 치료에 큰 도움이 될 수 있다. 또한 장관 급여가 어려운 환자에서는 비경구 영양법이 환자의 영양 요구를 충족시키기 위한 필수적인 방법이다.

알아두기

장관 급여 환자의 자발적인 섭취로 전환

일부 환자들은 오랜 기간 또는 평생 장관 식이관 급여가 필요할 수 있고, 반면에 단기간만 필요할 수 있다. 기저 질환이 시간이 지나면서 개선되거나 해결되면 식욕이 회복되고 사료에 대한 관심도 회복될 수 있다. 반드시 환자가 배고플 때 식이를 제공하고, 만약 사료의 일부 또는 전체를 자발적으로 섭취하지 않는다면 식이관을 통해 급여하며, 이러한 방법은 식이관에서 자발적 섭취로 종종 성공적으로 전환된다.

단원 학습 정리

01. 강제 급여는 질식이나 흡인을 유발하며, 일부 환자들에서는 사료 거부나 원치 않는 반응(공격성, 공포 등)의 발생을 유발할 수 있다.

02. 오랜 기간 영양 섭취가 충분하지 않았거나, 만성 질환으로 열악한 동물들은 초기에 영양 공급을 실시한다.

03. 또한, 식욕부진이 3~5일 이상이거나, 2~3일 동안 사료를 섭취하지 못한 경우에는 장관 영양 공급을 실시한다.

04. 장관 식이관은 고양이 지방간증과 같은 일부 흔한 질환에서 표준화된 치료법이며, 신부전, 췌장염 및 외상과 같은 질환에서 더 많이 사용되고 있다.

05. 비경구 급여는 제어할 수 없는 구토나 설사, 마취나 구토 반사의 결여, 심한 위장관절제 후의 회복, 식이관 장착을 위한 마취가 위험할 때, 장관 경로로 에너지 요구량 충족이 어려운 경우에 실시한다.

06. 비경구 영양 급여의 목표 속도는 환자의 DER과 에너지 밀도에 의해 결정된다.

07. 비경구 영양 급여의 목표 속도는 25%부터 시작하여 8~24시간마다 25%씩 증가한다.

08. 완전히 금식한 상태로 긴 시간을 보낸 환자는 급여 후 전해질 불균형 발생 위험이 증가하므로, 비경구 투여량을 천천히 증가시키고 더 자주 모니터링해야 한다.

09. 비경구 급여의 갑작스러운 중단은 저혈당을 유발할 수 있으므로 주의해야 한다.

쉬어가기

수액으로 음식을 대체할 수 없다.

5% 포도당 수액을 하루 종일 투여해도 필요 열량의 20%에도 미치지 못한다. 수액으로 밥을 절대 대체할 수 없다. 심한 구토가 있거나 위장관 천공이 의심되는 경우가 아니라면, 경구 섭취가 회복에 중요하다. 그러나, 상황에 따라 부분적 혹은 전체적인 비경구적 영양 공급을 선택할 수 있다. 가장 좋은 것은 자발적 식이인데, 식욕이 없다면 경구를 통한 강제 급여를 고려하고, 항상 전해질 불균형과 탈수를 먼저 생각한 뒤, 단백질과 지방을 고려해야 한다.

출처: flyingpetclinic(2020.7.29.). 반려동물 수액과 비경구적 영양공급.

참고문헌

강남이 외(2017). 영양생리학 제3개정판. 지구문화사.
김영민(2009). 열대어의 보석 구피. 춘천: 씨밀레북스.
김옥진(2012). 애완동물학. 서울: 동일출판사.
김옥진(2016). 동물의 영양과 사양관리. 서울: 동일출판사.
김옥진(2020). 동물영양과 사양관리. 서울: 동일출판사.
김옥진(2022). 반려동물학. 서울: 형설출판사.
김옥진, 김현주 외(2015). 동물질병학. 서울: 동일출판사.
김옥진, 정태호 외(2014). 동물해부생리학 개론. 서울: 범문에듀케이션.
김유용 외(2022). 동물영양학 제3판. 서울: ㈜라이프사이언스.
동물공중보건학 수험연구회(2021). 동물보건사 대비 동물공중보건학. 서울: 동일출판사.
동물병원실무 교재연구회(2022). 동물병원실무. 서울: 범문에듀케이션.
매리고먼 지음(2014). 고고한 우관의 속삭임 왕관앵무 (성민혁, 이수현 옮김). 춘천: 씨밀레북스.
문대승, 정성곤(2011). 낯선 원시의 아름다움 도마뱀. 춘천: 씨밀레북스.
반려동물학 수험연구회(2021). 반려동물학. 서울: 동일출판사.
베라 애플야드 지음(2015). 아프리카의 보석 모란앵무 (김은지 옮김). 춘천: 씨밀레북스.
샤론 린밴더리프 지음(2018). 슬픈 역사 공존의 시작 친칠라 (이수현, 장진영 옮김). 춘천: 씨밀레북스.
서기원(2013). 귀여운 가시천사 고슴도치. 춘천: 씨밀레북스.
송덕진(2005). 가공사료와 비타민 역가. *Kor. Poultry J. 37*, 138-139.
스사키 야스히코(2018). 강아지 영양학 사전 (박재영 옮김). 서울: 보누스.
식품의약품안전처(2007). 비타민 무기질 위해평가설명서. 서울: 식품의약품안전처.
심용주(2010). 깃털 달린 아인슈타인 앵무새. 춘천: 씨밀레북스.
왕태미(2019). 개와 고양이를 위한 반려동물 영양학. 서울: 어니스트북스.
왕태미(2020). 반려동물영양학. 서울: 어니스트북스.
왕태미(2021). 당신의 반려동물 잘 먹고 있나요?. 서울: 어니스트북스.
왕태미(2022). 개와 고양이를 위한 반려동물영양학. 서울: 어니스트북스.

이태원(2013). 선과 색의 어울림 뱀. 춘천: 씨밀레북스.
이태원(2018). 새로운 만남 가까워진 이별 양서류. 춘천: 씨밀레북스.
이태원, 박성준(2011). 낮은 시선 느린 발걸음 거북. 춘천: 씨밀레북스.
임동주(1999). 열대어 대백과. 서울: 도서출판 마야.
정천용, 김유용(2018). 가축영양학. 서울: 한국방송통신대학교출판문화원.
조우재 외(2022). 반려동물 영양학. 서울: 라이프사이언스.
조우재(2021). 고양이 영양학. 서울: 동그람이.
천병수(2004). 영양생리화학. 서울: 청문각.
캔자스주립대학 동물과학산업학과(2023). 동물과학과 산업. K-State 홈페이지. USA
하정헌(2022). 이상한 영양소 셀레늄. 식품저널 foodnews, 한국식품영양과학회. 부산.
한국수의영양학회(2021). 소동물 임상영양학. 서울: 농경애니텍.

AAFCO(2014). Dog and Cat Food Nutrient Profiles. The Association of American Feed Control Officials. USA.
American Pet Products Association(2010). Industry statistics & trends.
Araujo, J. A., Strdzinski, C. M., Larson, B.T., Milgram, N. W. (2004). Comparison of the cognitive palatability assessment protocol and the two-pan test for use in assessing palatability of two similar foods in dogs. *Am J Vet Res, 65*, 1490-1496.
Association of American Feed Control Officials(AAFCO) (2010). Official feed term.
Bradshaw, J. W. (2006). The evolutionary basis for the feeding behavior of domestic dogs (*canis familiaris*) and cats(*Felis catus*). *J Nutr, 136,* 1927S-1931S.
Bradshaw, J. W. S., Healey, L. M., Thorne, C. J., and others (2000). Differences in food preferences between individuals and populations of domestic cats. *Felis sylvestris catus, Appl Anim Behav Sci 68,* 257-268.
Case, L. P. (2010). *Canine and Feline Nutrition*, 3rd edition. Mosby. USA
Chow, C. K. et al. (2001). *Handbook of vitamins*. Marcel Dekker. USA.
David G. Wellock. (1992). *Health and Nutrition for Dogs and Cats*. Rowman & Littlefield Publishers, Inc. USA.
FEDIAF (2019). *Nutritional Guidelines. The European pet food industry*. Federation. Belgium.
FEDIAF (2021). *Nutritional Guidelines. The European pet food industry*. FEDIAF. Bruxelles.
Goodman, D. S. (1984). Vitamin A and retinoids in health and disease. *N Engl. J. Med. 310*, 1023-1031.

Griffin, R. W., Scott, G. C., Cante, C. J. (1984). Food preferences of dogs housed in testing-kennels and in consumers` homes: some comparisons. *Neurosci Biobehav Rev, 8*, 253-259

Hand, M S. (2010). *Small Animal Clinical Nutrition*, 5th edition. Mark Morris Institute, USA.

Harlow, J. (1997). *US petfood trends In proceedings of the petfood forum*. Watts Publishing. Chicago.

Huber, T. L., Wilson, R. C., McGarity, S. A. (1986). Variations in digestibility of dry dog foods with identical label guaranteed analysis. *J Am Anim Hos Assoc, 22,* 571-575.

Kallfelz, F. A. (1989). Evaluation and use of pet foods: general considerations in using pet foods for adult maintenance. *Vet Clin North Am small Anim Pract, 19*, 387-403.

Kendall, P. T. (1981). Comparable evaluation of apparent digestibility in dogs and cats. *Proc Nutr Soc, 40*, 45a.

Kestrel-Rickert D. (1995). *What constitutes palatability? In Proceedings of the petfood forum*. Watts Publishing. Chicago.

Khadim, R. M. & Al-Fartusie, F. S. (2021). Antioxidant vitamins and their effect on immune system, J. of Phys.: Conference Series.

Kirkwood, J. K. (1985). The influence of size on the biology of the dog. *J small Anim Pract, 26*, 97-110.

Kuo, Z. Y. (1967). *The dynamics of behaviour development: an epigenetic view.* New York: Random house.

Lankhorst, C., Tran, Q. D., Havenaar, R., and others (2007). The effect of extrusion on the nutritional value of canine diets as assessed by in vitro indicators. *Anim Feed Sci Tech, 138*, 285-297.

Lazarus, C. (1996). *Resealable treats*. Pet Food Ind.

Linda P. (2011). *Canine and Feline Nutrition*. Third edition. Mosby. USA.

Michel, K. E. (2006). Unconventional diets for dogs and cats. V*et Clin North Am Small Anim Pract, 36*, 1269-1281.

Morgan, T. (1997). *Treat trends*. Pet Food Ind.

Mugford, R. A. (1977). Comparative and developmental studies of feeding in dogs and cats. *Br Vet J*, 133:98.

Mugford, R. A. (1977). *External influences on the feeding of carnivores*. Academic

Press. New York.

Naito, H. 1986. The mechanism of enhancement in intestinal calcium absorption with phosphate derived during casein digestion. *J. Jpn. Soc. Nutr. Food. Sci. 39*, 433-439.

National Academy of Sciences. (2006). *Your dog's nutritional needs*. The National Academies Press. USA.

National Research Council. (2006). *Nutrient requirements of dogs and cats*. National Academy Press. Washington DC.

NRC. (2006). *Nutrient Requirements of Dogs and Cats*. National Research Council of the National Academies. USA.

Roberto E. Minguez. (2017). *Practical atlas of nutrition and feeding in cats and dogs* (Volumen II). Grupo Asís Biomedia. Spain.

Shields, R. G. (1993). *Digestibility and metabolizable energy measurement in dogs, and cats*. Watts Publishing.

Shurson, G.C. et al. (2011). Effect of metal specific amino acid complexes and norganic trace minerals on vitamin stability in premixes. *Anim Feed Sci. Technol, 163*, 200–6.

Stasiak, M. (2001). The effect of early specific feeding on food conditioning in cats. *Dev Psychobiol, 39*, 207-215.

Stasiak, M. (2002). The development of food preferences in cats: the new direction. *Nutr Neurosci, 5*, 221-228.

Thorne, C. J. (1997). *Behaviour and palatability testing. In proceedings of the petfood forum*. Watts Publishing. Chicago.

BTSA Co. Mexico.
https://www.btsa.com/en/antioxidants-for-animal-nutrition/

flyingpetclinic(2020.7.29.). 반려동물 수액과 비경구적 영양공급.
https://blog.naver.com/flyingpetclinic/222045269778

Steves Real Food(2018.10.31.). The Surprising History of Commercial Pet Food.
https://stevesrealfood.com/2018/10/31/the-surprising-history-of-commercial-pet-food/

국가 생물다양성 정보공유체계. 생물자원 – CITES – 종정보검색. kbr.go.kr

나무위키. https://namu.wiki/w/

사이언스타임즈(2016.10.28). '인간수명 150년'에 내기 걸었다. 두 과학자 판돈 걸어, 2050년에 승부. https://www.sciencetimes.co.kr/?p=156688

식품영양위키. https://nutri.fandom.com/ko/wiki

아시아 경제(2019.03.13.). [과학을 읽다]①칼로리(㎈)의 비밀, 맹신의 함정.

https://www.asiae.co.kr/article/2019031216073049891
아시아타임즈(2020.06.30). [펫 스토리] 숙종 · 처칠 · 허밍웨이 · 프레디머큐리 · 나이팅게일 의 공통점은. https://www.asiatime.co.kr/1065585332117791#_enliple
위키백과. https://ko.wikipedia.org/wiki/
위키피디아. Pet humanization. https://en.wikipedia.org/wiki/Pet_humanization
최낙언의 자료연구소. http://www.seehint.com/

저자소개

■ 대표저자

김옥진
원광대학교 동물보건학과 교수 / 대학원 반려동물산업학과 학과장
• 미국 농무부 USDA 동물질병연구소 해외과학자 역임
• 한국동물매개심리치료학회 회장

이미진
원광대학교 보건과학대학 동물보건학과 학과장
• 서울대학교 수의과대학 수의학과 임상조교수 역임
• 한국수의영양학회 학술이사

■ 공동저자

오승민
호서대학교 동물보건복지학과 학과장
• 호서대학교 Pet Loss센터 센터장
• 한국동물매개심리치료학회 상임이사

이경동
동신대학교 반려동물학과 교수
• McGill University Post Doc., 선임연구원 역임
• 한국동물매개심리치료학회 상임이사

이라미
㈜베츠 대표
• ㈜풀무원 반려동물 식품 브랜드 런칭 및 상품개발 담당 역임
• 분당 행복이있는동물병원 부원장

조현정
원광대학교 반려동물산업학과 외래교수
• LG생명과학 연구원 역임
• 서정대학교 반려동물학과 외래교수

최영복
디지털서울문화예술대학교 반려동물학과 외래교수
• 동물자원 중등교사 역임
• 코만동물교감치유연구소 소장

최 혁
광주여자대학교 반려동물보건학과 학과장
• 미국 버지니아 폴리테크닉 주립대학교 방문과학자 역임
• 서정대학교 애완동물과 조교수 역임

함희진
호서대학교 동물보건복지학과 부교수
• 안양대학교 교양대학 전임교수 역임
• 호서대학교 대학원 동물보건복지학과 학과장

동물보건영양학

초판 1쇄 인쇄 / 2024년 6월 20일
초판 1쇄 발행 / 2024년 6월 25일

공저자 / 김옥진 이미진
오승민 이경동 이라미 조현정
최영복 최 혁 함희진
발행인 / 이 중 수
발행처 / **동 문 사**

서울특별시 서대문구 홍제원 1길 12
(홍제동 137-8)
Tel : 02)736-3718(대), 736-3710, 3720
Fax : 02)736-3719
등록번호 : 1974.04.27. 제9-17호
가격 : 30,000원

ISBN : 979-11-6328-589-2 (93490)
E-mail : dong736@naver.com
www.dongmunsa.com